SwiftUI
自学成长笔记

刘铭 郭艳玫 李钢 陈雪峰 李冬然 著

电子工业出版社
Publishing House of Electronics Industry
北京·BEIJING

内 容 简 介

本书是以实战为基础的 iOS 应用程序开发教程,以项目实战的方式教会读者如何运用全新的 Xcode 12 和 SwiftUI 2.0 框架开发商业级别的 iOS 和 iPadOS 应用程序。SwiftUI 框架是苹果公司于 2019 年推出的全新用户界面框架,阅读本书的读者需要具备 Swift 程序设计语言基础。本书结合了 8 个应用程序案例,让读者在模仿和学习的过程中快速地找到实战的感觉。本书内容翔实、结构清晰、循序渐进,将基础知识与案例实战紧密结合,既可作为 iOS 初学者的入门教材,也适合中高级用户进一步学习新技术。

未经许可,不得以任何方式复制或抄袭本书之部分或全部内容。
版权所有,侵权必究。

图书在版编目(CIP)数据

SwiftUI 自学成长笔记 / 刘铭等著. —北京:电子工业出版社,2021.9
ISBN 978-7-121-41822-8

Ⅰ. ①S… Ⅱ. ①刘… Ⅲ. ①移动终端-应用程序-程序设计 Ⅳ. ①TN929.53

中国版本图书馆 CIP 数据核字(2021)第 174350 号

责任编辑:张　晶
印　　刷:北京天宇星印刷厂
装　　订:北京天宇星印刷厂
出版发行:电子工业出版社
　　　　　北京市海淀区万寿路 173 信箱　邮编 100036
开　　本:787×980　1/16　印张:28.75　字数:644 千字
版　　次:2021 年 9 月第 1 版
印　　次:2021 年 9 月第 1 次印刷
定　　价:99.00 元

凡所购买电子工业出版社图书有缺损问题,请向购买书店调换。若书店售缺,请与本社发行部联系,联系及邮购电话:(010)88254888,88258888。
质量投诉请发邮件至 zlts@phei.com.cn,盗版侵权举报请发邮件至 dbqq@phei.com.cn。
本书咨询联系方式:010-51260888-819,faq@phei.com.cn。

前 言

坦白地说，在苹果公司 2017 年和 2018 年的全球开发者大会（WWDC）上，我并没有看到任何惊喜，每次的 WWDC 似乎只是对前一个版本的 Swift 语言进行程式化的升级。但是在 2019 年的 WWDC 上，苹果公司发布了基于 Swift 语言建立的声明式框架——SwiftUI，它可以用于 iOS、iPadOS、watchOS、tvOS 和 macOS 等苹果公司旗下所有主流平台的应用程序开发。毫无疑问，对于具有 iOS 开发经验或学习 iOS 应用程序开发的人来说，SwiftUI 是近年来 iOS 应用程序开发中最为重大的改变。

我从事 iOS 程序开发和相关的教学工作已有十多年的时间，已经习惯使用 UIKit 框架搭建用户界面。通过混合使用故事板（Storyboard）和 Swift 代码来构建用户界面，曾经是非常流行和普遍的布局方式。但是，无论你是喜欢使用 Interface Builder 在故事板中以可视化的方式创建用户界面，还是喜欢完全使用 Swift 代码创建用户界面，它们最终都会依赖 UIKit 框架实现。可能你会有这样一个疑惑：我为什么非要使用 SwiftUI 框架而抛弃之前的 UIKit 框架来搭建用户界面呢？原因有以下三点。

1. 新技术必须掌握

SwiftUI 是苹果公司于 2019 年推出的界面布局框架，目的就是取代之前的 UIKit 框架，从而实现更高效的界面搭建，以适应现在及将来可能推出的更多规格和型号的苹果产品。

诚然，SwiftUI 目前依然有很多不足之处，如果你是使用 UIKit 框架的高手，那么利用 SwiftUI 搭建界面的确需要花费更多的学习成本。但这就和从 Objective-C 过渡到 Swift 一样，需要一个过程，一旦走过去，你就会发现前方的路"异常平坦"，且"风景如画"。

2. 新的框架带来新的设计思路

SwiftUI 类似于 MVVM 架构，它比之前应用程序开发的 MVC 架构更先进，更便于代码的维护，设计思路更清晰。

3．执行效率高，更新迭代快

其实，在 iOS 开发的过程中，最耗费时间的并不是代码逻辑，而是对用户界面的处理。SwiftUI 框架可以给你更快速的迭代和测试体验，帮你更快捷地实现你想要的功能。

对于我来说，SwiftUI 不仅是一个全新的框架，而且从根本上改变了在 iOS 或其他苹果系统平台上创建用户界面的方法。苹果系统不再使用命令式的编程风格，而是提倡使用声明式、函数式的编程风格；不是确切指定用户界面控件的布局和功能，而是专注于描述在构建用户界面时需要哪些控件，以及通过声明式编程指明需要执行哪些操作。

2020 年，苹果公司将更多的功能和用户界面控件添加到了 Xcode 12 的 SwiftUI 框架中，并将设计提升到了一个更高的水准。与之前的 UIKit 相比，我们可以使用更少的代码来开发精美的动画效果。

利用 SwiftUI 设计用户界面并不是要求你马上放弃使用 Interface Builder 和 UIKit 框架，但是，SwiftUI 代表了苹果系统各个平台上应用程序开发的未来。为了能够始终站在技术创新的最前沿，推荐你从现在开始使用这种新的界面开发方式。

希望本书能够帮助你使用 SwiftUI 框架开发并构建一些令人惊叹的应用程序。

本书共 8 章。第 1 章带领读者制作一个简单的卡片应用程序，了解利用 SwiftUI 实现界面布局的基础知识。第 2 章利用结合北京的地域特色，使用 Tab View 和滚动视图制作一个介绍北京美食和胡同的应用程序。第 3 章制作的"蔬菜百科全书"应用程序涉及导航视图、自定义按钮外观和使用微动画效果提升用户体验。第 4 章将带领读者制作一个介绍中国十大名胜古迹的应用程序，其中会使用到 MapKit 框架呈现地图。第 5 章通过购物应用程序"爱上写字"介绍如何在程序中利用网格视图进行布局并创建自定义形状。第 6 章带领读者制作"奇妙水果机"游戏程序，了解游戏设计的基本原理，并使用 User Defaults 将游戏数据存储到本地。第 7 章会制作一款 Todo 类应用程序，介绍如何使用 Core Data 将数据存储到数据库之中，并由用户自定义应用程序的主题颜色。第 8 章通过制作卡片选择应用程序，让读者了解如何在 SwiftUI 中实现滑动手势。

致谢

感谢伟大到可以改变这个世界的史蒂夫·乔布斯，他的精神对我产生了非常大的影响。感谢刘颖、刘怀羽、张燕，以及我身边的同事们，感谢你们对我的支持与帮助，并时时刻刻给我信心和力量。

  谨以此书献给我最亲爱的家人，以及众多热爱 iOS 开发的朋友们！

刘铭

2021 年 7 月

本书项目资源可通过微信扫描封底二维码获取。

目　录

第 1 章　我的第一个 iOS 应用程序 1
1.1　使用 Xcode 快速创建项目 1
1.1.1　为项目添加程序图标和相关图片素材 3
1.1.2　为项目添加预定义颜色 5
1.1.3　为项目添加图片素材 7
1.2　创建启动画面 9
1.3　创建卡片视图布局 10
1.3.1　创建 CardView 10
1.3.2　创建线性渐变色背景 14
1.3.3　为 CardView 添加图像和文本 15
1.3.4　为 CardView 添加按钮 17
1.4　循环生成多张卡片视图 21
1.5　为卡片创建数据模型 22
1.5.1　创建卡片数据模型 23
1.5.2　为静态数据创建数组 24
1.5.3　在卡片中显示数据信息 24
1.6　在应用程序中播放声音 28
1.7　创建动画效果 29
1.7.1　为卡片人物创建淡入动画 29
1.7.2　为标题创建下滑入动画效果 31
1.7.3　为按钮创建上滑入动画效果 31
1.8　为应用程序添加触控反馈效果 33

目录

　　1.9　呈现警告对话框 34
　　1.10　为应用程序创建 iMessage 贴图 36

第 2 章　这里是北京 40
　2.1　使用 Xcode 创建项目 40
　　2.1.1　为项目添加程序图标和相关图片素材 41
　　2.1.2　为项目添加适配颜色集和图像集 42
　2.2　创建支持浅色和深色模式的启动画面 46
　　2.2.1　创建 Launch Screen 故事板 46
　　2.2.2　设计 Launch Screen 用户界面 48
　　2.2.3　在项目中设置启动画面 51
　2.3　创建 Tab View 导航 52
　　2.3.1　创建 4 个场景视图 53
　　2.3.2　创建 Tab View 54
　2.4　创建北京简介视图 55
　　2.4.1　创建简介视图 55
　　2.4.2　为简介视图添加动画效果 58
　2.5　创建小吃视图页面 59
　　2.5.1　设计横幅视图布局 59
　　2.5.2　创建横幅滚动视图 62
　　2.5.3　获取 HeaderView 所需的静态数据 63
　　2.5.4　创建灵活的表格式布局 65
　　2.5.5　创建横幅滚动视图 71
　　2.5.6　创建特色小吃店卡片视图 75
　　2.5.7　创建小吃店详细页面视图 82
　　2.5.8　使用 Sheet 修饰器呈现新的视图 87
　2.6　创建胡同视图页面 89
　2.7　使用 SwiftUI 设计表单 95

第 3 章　蔬菜百科全书 100
　3.1　使用 Xcode 快速创建项目 100
　　3.1.1　设置 iOS 设备的屏幕允许方向 101

3.1.2 为项目添加程序图标和蔬菜图片 ... 102
3.1.3 为项目添加颜色集 ... 104
3.1.4 在模拟器中查看效果 ... 106
3.2 利用 Page Tab View 创建引导画面 ... 106
3.2.1 整理项目文件的结构 ... 107
3.2.2 创建可复用的蔬菜卡片视图 ... 107
3.2.3 创建自定义外观按钮 ... 111
3.2.4 为蔬菜卡片增加动画效果 ... 113
3.2.5 创建蔬菜卡片分页视图 ... 114
3.3 创建数据模型和获取数据 ... 116
3.3.1 创建数据模型 ... 116
3.3.2 创建蔬菜数据 ... 117
3.3.3 在蔬菜卡片中显示蔬菜数据 ... 117
3.3.4 在引导页面中显示蔬菜数据 ... 119
3.4 使用 AppStorage 封装器存储数据 ... 120
3.4.1 SwiftUI 中应用程序的生存期 ... 121
3.4.2 完成按钮的执行代码 ... 124
3.5 通过循环创建列表视图 ... 125
3.5.1 创建行视图 ... 125
3.5.2 创建列表视图 ... 128
3.5.3 设置导航视图的属性 ... 130
3.6 创建蔬菜的详情视图 ... 130
3.6.1 创建视图文件 ... 130
3.6.2 添加导航链接 ... 131
3.6.3 设计详情页面视图 ... 132
3.6.4 创建独立的蔬菜图片视图 ... 135
3.6.5 在详情页面中调用蔬菜图片视图 ... 137
3.6.6 创建链接视图 ... 139
3.6.7 创建蔬菜分类视图 ... 141
3.6.8 Disclosure Group 的使用 ... 141
3.7 创建 App 的设置页面 ... 144
3.7.1 创建 SettingsView ... 145

3.7.2 为设置视图添加关闭功能 146
3.7.3 为列表视图添加开启设置页面功能 147
3.7.4 完善设置页面的第一部分功能 148
3.7.5 实现设置页面的第三部分功能 150
3.7.6 实现设置页面的第二部分功能 154

第 4 章 名胜古迹 App 158

4.1 使用 Xcode 创建名胜古迹项目 158
4.1.1 添加图片和视频素材 159
4.1.2 添加 JSON 格式的数据文件 161
4.1.3 设置程序的启动画面 162
4.1.4 创建 TabView 163

4.2 解析 JSON 格式文件并获取相应数据 165
4.2.1 横幅封面视图 165
4.2.2 JSON 相关知识 166
4.2.3 解析 JSON 数据 168
4.2.4 使用 JSON 数据生成封面图片 170

4.3 利用 Swift 范式创建 SwiftUI 列表 172
4.3.1 设计浏览页面列表视图的行布局 172
4.3.2 创建数据模型 174
4.3.3 Swift 的范式 174
4.3.4 实现动态数据行信息的设置 175

4.4 创建名胜古迹的详细视图 177
4.4.1 初步创建详细视图 178
4.4.2 设计横幅图片、标题和提要 180
4.4.3 创建可复用的 Heading 视图 181
4.4.4 创建画册视图 183
4.4.5 使用 NavigationLink 创建链接 185
4.4.6 创建相关信息视图 186
4.4.7 创建地图视图 188
4.4.8 创建链接组件 192

4.5 创建视频播放视图 194

            4.5.1　创建数据模型和行视图 194
            4.5.2　生成列表视图 197
            4.5.3　触控反馈 200
            4.5.4　创建视频播放页面 201
            4.5.5　视频播放页面的附加设置 204
            4.5.6　为视频浏览页面添加链接 206
        4.6　创建带有标注的复杂地图 207
            4.6.1　创建数据模型 207
            4.6.2　创建复杂地图 207
            4.6.3　自定义标注 210
            4.6.4　为视图添加细节素材 213
        4.7　创建运动动画 216
        4.8　创建照片视图 222
            4.8.1　创建基本的网格视图 222
            4.8.2　实现照片视图的基本功能 225
            4.8.3　实现照片视图的滑动条功能 226
            4.8.4　对网格视图的改进 228
        4.9　创建复杂的网格视图布局 229
            4.9.1　工具栏的设置 230
            4.9.2　利用 Group 实现模式切换 231
            4.9.3　实现网格视图的基本功能 233
            4.9.4　实现网格视图的列数动态变换效果 235
        4.10　创建 iMessage 扩展功能 238
        4.11　将应用程序适配到 iPadOS 和 macOS 平台 241
            4.11.1　创建 App 的关于面板 241
            4.11.2　自定义修饰器 242
            4.11.3　将项目迁移到 macOS 平台 244

第 5 章　爱上写字 247
        5.1　使用 Xcode 创建项目 247
            5.1.1　为项目添加程序图标和相关图片素材 248
            5.1.2　为项目添加启动画面 249

	5.1.3	整理项目文件架构	250
	5.1.4	创建 FooterView	251
	5.1.5	快速输入自定义代码块	253
5.2	创建自定义导航栏		254
	5.2.1	创建导航栏视图	255
	5.2.2	设计导航栏中的 Logo 视图	256
	5.2.3	为主场景视图添加导航栏	257
5.3	创建图像滑动视图		260
	5.3.1	创建数据模型	260
	5.3.2	创建 JSON 解析方法	261
	5.3.3	创建用于滑动的图像视图	261
	5.3.4	将图像滑动视图添加到主场景视图	263
5.4	为文具分类创建网格布局视图		264
	5.4.1	创建文具分类数据模型	264
	5.4.2	创建文具分类子视图	265
	5.4.3	创建文具分类网格视图	267
	5.4.4	为网格视图创建 Header 和 Footer 视图	268
5.5	为商品创建网格布局视图		270
	5.5.1	创建可复用的标题组件	270
	5.5.2	创建商品的数据模型	272
	5.5.3	创建商品子视图	272
	5.5.4	创建商品网格视图	274
5.6	创建品牌网格布局视图		275
	5.6.1	创建品牌的数据模型	275
	5.6.2	创建品牌子视图	276
	5.6.3	创建品牌网格视图	277
5.7	创建商品详细页面视图		278
	5.7.1	创建产品详细页面视图	278
	5.7.2	创建详细页面导航栏	279
	5.7.3	创建 Header 视图	280
	5.7.4	创建详细页面的上半部分视图	281
	5.7.5	创建详细页面的商品描述视图	283

5.7.6　创建自定义形状 284
　　　5.7.7　创建评星和笔尖规格视图 287
　　　5.7.8　创建数量和"设为最爱"视图 290
　　　5.7.9　创建添加到购物车视图 291
　5.8　完成最后的设置 293
　　　5.8.1　创建 Shop 类 293
　　　5.8.2　在 ContentView 类中添加 Shop 实例 294
　　　5.8.3　实现返回按钮的功能 295
　　　5.8.4　完善详细页面视图功能 297
　　　5.8.5　添加触控反馈特性 299

第 6 章　奇妙水果机 302

　6.1　使用 Xcode 创建项目 302
　　　6.1.1　为项目添加程序图标和相关图片素材 303
　　　6.1.2　为项目添加启动画面 304
　6.2　创建 Header 视图 305
　　　6.2.1　创建场景页面代码架构 305
　　　6.2.2　单独创建 Logo 视图 307
　　　6.2.3　添加重置和相关信息按钮 308
　　　6.2.4　创建记分牌视图 310
　6.3　创建游戏主界面 314
　　　6.3.1　设计水果机的槽位视图 314
　　　6.3.2　搭建游戏主界面视图 316
　6.4　添加 Footer 视图 318
　　　6.4.1　创建 Footer 界面 318
　　　6.4.2　重构 Footer 视图的代码 320
　6.5　创建游戏信息视图页面 323
　　　6.5.1　创建信息视图 323
　　　6.5.2　实现关闭信息页面功能 327
　6.6　编写游戏逻辑代码 329
　　　6.6.1　实现随机生成槽位水果的逻辑 329
　　　6.6.2　实现判断输赢的逻辑 331

6.6.3 实现玩家选择游戏分值的功能 333
6.6.4 创建游戏结束时的自定义窗口 335
6.7 利用 User Defaults 存储和获取数据 340
6.8 为游戏添加动画效果 342
6.9 为游戏添加声效和背景音乐 345

第 7 章 TODO 应用程序 350

7.1 使用 Xcode 创建项目 350
    7.1.1 创建 Todo 项目 350
    7.1.2 创建添加待办事项视图页面 353
7.2 了解 Core Data 特性 357
    7.2.1 Core Data 简介 357
    7.2.2 为项目创建实例 358
    7.2.3 Core Date 的工作方式 359
    7.2.4 为页面添加 managedObjectContext 361
    7.2.5 改善 AddTodoView 的用户体验 364
    7.2.6 显示待办事项数据信息 365
    7.2.7 删除和更新数据记录 367
7.3 显示随机视图 369
    7.3.1 创建 EmptyListView 页面 369
    7.3.2 为视图添加微动画 373
    7.3.3 显示随机内容 374
7.4 改进表单的外观 375
    7.4.1 改进 AddTodoView 的外观 375
    7.4.2 改进 ContentView 的外观 377
7.5 设置视图页面 381
    7.5.1 创建设置视图页面 381
    7.5.2 创建表单静态行视图 382
    7.5.3 创建可链接的静态行视图 384
7.6 创建可切换应用程序图标功能 388
    7.6.1 添加并设置可替换图标 388
    7.6.2 从配置文件中获取可替换图标信息 391

7.6.3　生成应用程序图标选择器 393
　7.7　为应用程序创建颜色主题 398
　　7.7.1　创建颜色主题相关文件和文件夹 398
　　7.7.2　在 SettingsView 页面中添加切换颜色主题功能 399
　　7.7.3　更新用户界面 402
　　7.7.4　完成设计上的最后改进 404

第 8 章　InYourHeart 应用程序 406

　8.1　使用 Xcode 创建项目 406
　8.2　卡片视图 409
　　8.2.1　创建卡片视图的数据模型 409
　　8.2.2　创建卡片视图 410
　8.3　创建 Header 和 Footer 视图 413
　　8.3.1　创建 HeaderView 页面 413
　　8.3.2　创建 Footer 视图页面 415
　8.4　创建可复用组件 416
　8.5　创建指南视图页面 419
　8.6　利用 Binding 实现视图之间的数据交换 421
　　8.6.1　Binding 封装属性 422
　　8.6.2　使用环境对象关闭视图 424
　　8.6.3　生成信息导览页面视图 426
　　8.6.4　实现 InfoView 的呈现和关闭 432
　8.7　照片卡牌 434
　　8.7.1　创建照片卡牌 434
　　8.7.2　对照片卡牌的改进 436
　　8.7.3　实现左右滑动手势 437
　　8.7.4　显示喜爱或不喜爱的图标 442
　8.8　移除和添加照片卡牌 444

第 1 章
我的第一个 iOS 应用程序

在本书的起始章节中，我们将创建一个简单的人物卡片式应用程序，虽然该项目不包含什么实用功能，但可以帮助我们快速了解 iOS 应用程序开发的基本流程。

在本章中，我们将学习如何设置一个新的 iOS 项目，为项目添加应用程序图标，使用 SwiftUI 创建卡片式布局视图以及显示警告对话框，从数据文件载入相关信息，播放声音，为用户界面元素添加动画效果，为程序添加触控反馈特性，为应用程序创建 iMessage 贴图等。

1.1 使用 Xcode 快速创建项目

在开始学习程序开发之前，我们先要确认自己的苹果电脑中是否安装了 Xcode 软件，如果没有，那么请在 App Store 中下载，因为它是我们开发 iOS 程序的前提。

在启动 Xcode 以后，选择 **Create a new Xcode project** 选项创建一个项目，在弹出的项目模板选项卡中，你会发现有各种不同类型的项目预设模板，其中包括手机（iOS）、手表（watchOS）、电视（tvOS）、电脑（macOS）和多平台（Multiplatform），这里我们选择 **iOS / App**，代表我们所创建的项目是基于 iOS 平台的应用程序，如图 1-1 所示。选择好预设模板以后，单击 **Next** 按钮。

图 1-1　通过项目预设模板创建第一个 iOS 项目

在随后出现的项目选项卡中，做如图 1-2 所示的设置。

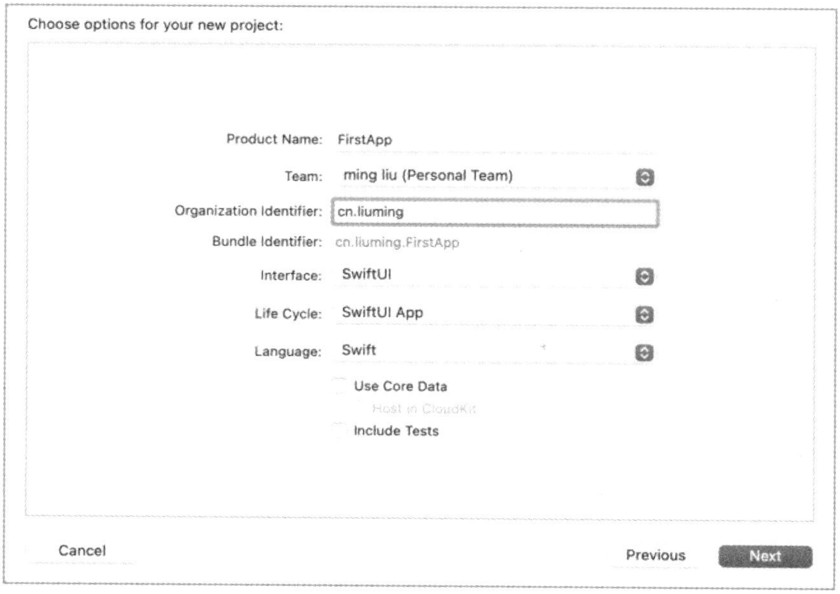

图 1-2　设置项目选项

- 在 Product Name 对话框中填写 **FirstApp**。
- 如果没有苹果的开发者账号，那么请将 Team 设置为 **None**；如果有，则可以设置为你的开发者账号。
- Organization Identifier 项可以随意输入，但最好是你拥有的域名的反向，例如：cn.liuming。如果你目前还没有拥有任何域名，那么使用 cn.swiftui 是一个不错的选择。
- Interface 选为 **SwiftUI**。
- Lift Cycle 选为 **SwiftUI App**。
- Language 选为 **Swift**。

对于 Team 选项的设置，如果你现在还没有加入苹果开发者计划，那么可以暂时忽略它。因为绝大部分项目都可以在预览窗口中查看或者在 iOS 模拟器中运行。另外，Xcode 允许接入一台 iOS 设备进行真机测试。如果你真的想加入该计划，则需要每年支付苹果公司 688 元人民币的年费。

生存期（Life Cycle）选项必须为 SwiftUI App，这是 Swift 一个全新的特性，它意味着我们可以创建百分之百的 SwiftUI 程序。该特性相比之前的 UIKit 的视图生存期管理方式，性能有了很大提升。

请在该选项卡中，确认 Use Core Data 和 Include Tests 选项处于未勾选状态。然后单击 **Next** 按钮。

在确定好项目的保存位置以后，单击 **Create** 按钮完成项目的创建。

1.1.1 为项目添加程序图标和相关图片素材

在 Xcode 左侧的项目导航面板中选择 **Assets.xcassets**，它属于资源分类，其中有一个空的应用程序图标组（AppIcon）。如果你选中它，则会发现需要为该项目提供许多不同尺寸的图标。

以 iPhone App iOS 7-14 60pt 为例，我们需要为其提供一个 2 倍和一个 3 倍的程序图标，两个图标的像素分别为 120×120 和 180×180。

在本章的项目资源包中找到"项目资源/AppIcon"文件夹，将 Icon-60@2x 和 Icon-60@3x 两个图标拖曳到 AppIcon 相应的空白框中，如图 1-3 所示。

图 1-3　为项目添加两个应用程序图标

其余的图标我们也可以通过该方式依次添加。但是，现在我们使用另一种更快捷的方式：右击 AppIcon 图标，选择 **Show in Finder**。此时可以看到 AppIcon.appiconset 文件夹，将本书提供的"项目资源/AppIcon"里面的所有文件全部复制到 AppIcon.appiconset 文件夹中，并覆盖原有的 Contents.json 和两个 60pt 的图标文件，这样就可以将所有尺寸的图标全部添加到 AppIcon 中了，如图 1-4 所示。

图 1-4　为项目添加所有应用程序图标

1.1.2 为项目添加预定义颜色

在 Assets.xcassets 中，我们不仅可以为应用程序添加图片素材，还可以为其定义一些常用的颜色。在本项目中，我们会频繁使用阴影效果，所以接下来让我们为项目设置一些颜色。

在 Xcode 左侧的项目导航面板中确认当前选中的是 Assets.xcassets，在右侧编辑区域的底部找到加号（+）按钮，然后在弹出的快捷菜单中单击 **Color Set** 选项，一个全新的白色颜色集就会出现在项目之中，如图 1-5 所示，修改该颜色集的名称为 **ColorShadow**。

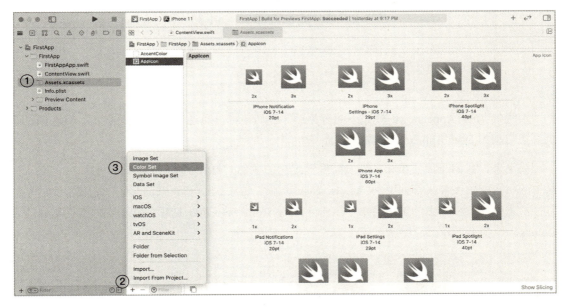

图 1-5　为项目添加预定义颜色

在 ColorShadow 中一共有两个颜色块，一个用于**任意模式**（Any Appearance），一个用于**深色模式**（Dark Appearance），它们现在都是白色，让我们将两个颜色块的颜色修改为黑色，透明度为 60%。

选中 Any Appearance 颜色块，然后单击 Xcode 右上角的**显示/隐藏检视窗**（**Hide or Show the Inspectors**）按钮，通过它打开 Xcode 最右侧的属性检视窗。在 Color 部分将 Content 设置为 sRGB，将 Input Method 设置为 Floating point（0.0-1.0），将红色、绿色、蓝色的颜色滑块均设置为 0，最后将颜色透明度（Opacity）设置为 60%，如图 1-6 所示。

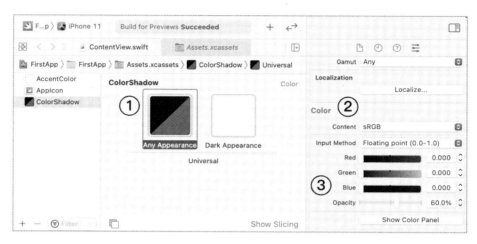

图 1-6　设置预定义颜色和透明度

设置好 Any Appearance 模式下的颜色后,我们还可以通过复制/粘贴的方式,将该颜色效果直接复制到 Dark Appearance 颜色块上。

接下来,我们还需要添加另外 14 种预定义的颜色。打开"项目资源/Colors"文件夹,将其中的所有配色文件夹都拖曳到 Assets.xcassets 中。选中包括 ColorShadow 在内的 15 种颜色集,右击鼠标,在弹出的快捷菜单中单击 Folder from Selection 选项,并将文件夹名称修改为 **Colors**,如图 1-7 所示。

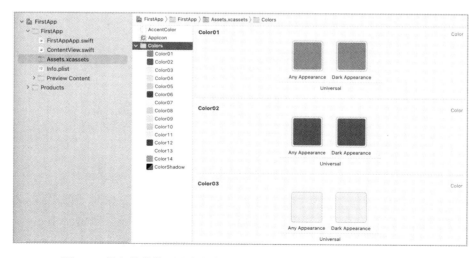

图 1-7　导入其他的预定义颜色并将所有颜色组织到 Colors 文件夹中

1.1.3　为项目添加图片素材

除了必要的颜色，我们还要将"项目资源/人物"里面的图片拖曳到 Assets.xcassets 中，形成 7 组独立的**图片集**（Image Set）。

接着，把所有的人物图片组织起来，选中所有的图片，右击 **Folder from Selection** 选项，将文件夹命名为 **Developer**，如图 1-8 所示。

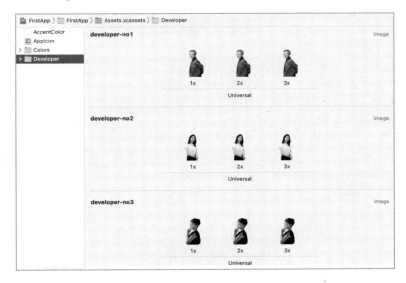

图 1-8　导入图片素材

最后，将"项目资源/启动画面"里面的 launch-screen-image.svg 矢量图和 launch-screen-color.colorset 颜色集拖曳到 Assets.xcassets 中，为这两个素材创建一个新的文件夹，将其命名为 **LaunchScreen**。我们将利用这两个素材制作应用程序的启动画面。

因为导入的 launch-screen-image 是矢量图片，所以我们还需要在 Xcode 中多做一项工作。在 LaunchScreen 文件夹中选中该图片，在右侧的属性检视窗中的 Image Set 部分勾选**保护矢量数据**（Preserve Vector Data）选项，如图 1-9 所示。

之所以这样做，是因为从 iOS 8 开始，我们可以在 Xcode 中使用矢量图，但是 Xcode 会将矢量图编译为固定大小的静态图像使用。这相当于矢量图在程序运行时不管是放大还是缩小都会发生图像失真的情况。

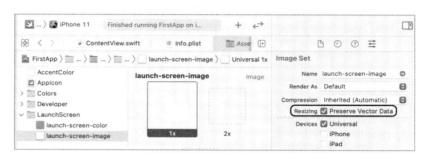

图 1-9　设置矢量图的缩放保护特性

因此，我们需要在 Assets.xcassets 属性检视窗中勾选 "保护矢量数据"选项。选中该选项后可以确保 Xcode 在编译的二进制文件中保存矢量数据的副本。这样，在运行的时候无论是在代码中还是在 Storyboard 场景中，都可以自动对矢量数据进行缩放，在应用中输出矢量图像，不会发生图像放大或缩小时失真的情况。

至此，我们已经完成了素材资源的添加工作。如果你愿意，那么可以通过<command+R>组合键在 iOS 模拟器中编译并运行项目，效果如图 1-10 所示。现在，FirstApp 运行以后只会显示一个白底外加一行"Hello，world！"文本的视图界面，但是在主屏幕上可以看到我们设置好的应用程序图标。

图 1-10　在模拟器中运行后的效果

1.2 创建启动画面

启动画面是用户在启动应用程序时第一眼看到的视图画面，通过它可以给用户留下深刻的印象。

之前，我们是依靠 Xcode 的故事板和布局约束技术来创建启动画面的。在 2020 年的全球开发者大会（WWDC）上，苹果公司推出了为应用程序快速添加启动画面的新方法，该方法简单到我们只需在 **Info.plist** 文件中添加三个选项即可。

在项目导航中找到 Info.plist 文件，可以看到在字典列表中有一个空的 **Launch Screen** 键。当我们单击它右边的加号按钮时，会弹出与启动画面相关的设置选项，如图 1-11 所示。现在，让我们遍历所有这些选项，并学习如何使用它们来设置启动画面。

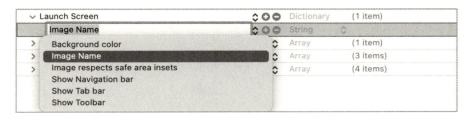

图 1-11　在 Info.plist 文件中为 Launch Screen 添加配置选项

首先，设置启动画面的背景色。之前我们已经在 Assets.xcassets 中导入了 launch-screen-color 颜色集。如果没有指定，则 iOS 会使用系统默认背景颜色。在 Launch Screen 里面添加新的 Background Color 键，并设置其值为 **launch-screen-color**。现在，当我们启动该程序的时候会看到所设置的背景颜色。

在设置好背景颜色后，接下来让我们继续设置启动画面所呈现的图片。这里可以使用两个选项进行配置：

- Image Name：Assets.xcassets 中的图像名称。
- Image respects safe area insets：一个布尔值，描述所插入的图像是否需要遵守安全区域规则。如果是，它将不会超出屏幕安全区域的边界。

之前，我们在 Assets.xcassets 中添加了一个 SVG 类型的 Swift 徽标图像。在 Xcode 12 中，能够完美地支持 SVG 图像。

添加 Image Name 键到 Launch Screen 字典中，并设置其值为 **launch-screen-image**。再将"Image respects safe area insets"选项设置为 **true**，可以确保图像正确缩放并且不会超出安全区

域。因为图像采用了 SVG 矢量图文件格式，所以能够完美缩放，而图像质量不会受影响。

构建项目并在模拟器中启动应用程序，可以在应用程序刚刚启动的时候看到背景色和 Swift 徽标，如图 1-12 所示。

图 1-12　设置好的启动画面效果

1.3　创建卡片视图布局

在本节中，我们将为项目创建一个卡片视图。

1.3.1　创建 CardView

在项目导航中右击 FirstApp 条目（黄色图标的），在弹出的快捷菜单中单击 "New File..."，然后在弹出的文件模板对话框中选择 **iOS / User Interface / SwiftUI View** 类型，并将新建文件命名为 **CardView**。

作为一名优秀的程序员，对源代码添加必要的注释是一个非常好的习惯，我们需要对 CardView 文件的三个地方添加注释语句。

```
struct CardView: View {
  // MARK: - Properties
```

```
// MARK: - Body
var body: some View {
  Text("Hello, World!")
}
}

// MARK: - Preview
struct CardView_Previews: PreviewProvider {
  static var previews: some View {
    CardView()
  }
}
```

几乎每个 SwiftUI 类型的初始文件都会包含 3 个 Mark 的部分，**Properties** 部分用于放置属性，**Body** 部分是 SwiftUI 中最关键的部分，我们所有的视图设计与布局都是在这里完成编码的，最终呈现到设备屏幕上的。**Preview** 部分用于让开发者在 Xcode 中实时查看界面的布局效果。

现在，我们可以在 Xcode 编辑区域的预览窗口中查看 CardView 布局效果，如果没有看到，那么可以单击右上角的 **Resume** 按钮重新生成，如图 1-13 所示。

图 1-13　在预览窗口中查看 CardView 效果

修改 CardView 的 Body 部分代码如下。

```
// MARK: - Body
var body: some View {
  ZStack {
    Text("卡片")
  } //: ZStack
  .frame(width: 335, height: 545)
  .background(Color.pink)
  .cornerRadius(16)
  .shadow(radius: 8)
}
```

最新版本的 SwiftUI 有用于创建前后重叠内容的专用堆栈类型容器 **ZStack**。如果我们想在图片上放置一些文本，那么它会非常有用。与其工作方式类似的还有横向（HStack）与纵向（VStack）堆栈容器。在默认情况下，ZStack 的对齐方式为**中心对齐**。

在上面的代码中，我们还为 ZStack 添加了几个修饰器，frame 用于设置容器的像素为 335×545，该容器的背景是粉色视图，针对粉色的背景视图设置了圆角和阴影，效果如图 1-14 所示。

图 1-14　在预览窗口中查看 CardView 的最终效果

接下来，我们需要将 CardView 嵌入 ContentView 中，因为在预生成的项目模板中，应用程序总是从 ContentView 开始运行的，我们会在 ContentView 中嵌入 CardView。

在项目导航中打开 ContentView.swift 文件，一如既往地在三个位置添加 Properties、Body 和 Preview 注释语句。

修改 Body 部分的代码如下。

```
// MARK: - Body
var body: some View {
  CardView()
}
```

在 ContentView 的 Body 部分，我们嵌入了 CardView。这样，在应用程序的启动画面消失以后，就会看到一个粉色的卡片了。

当然，苹果公司发展到现在已经有了各种不同型号和尺寸的 iPhone、iPad 产品，为了方便我们在预览窗口中查看视图在不同尺寸产品中的呈现效果，还可以在 Preview 部分指定产品型号，修改 Preview 部分的代码如下。

```
// MARK: - Preview
struct ContentView_Previews: PreviewProvider {
  static var previews: some View {
    ContentView()
      .previewDevice("iPhone 12")
  }
}
```

这里我们为 ContentView 添加了 previewDevice 修饰器，修饰器的参数为设备名称，例如 iPhone 11 Pro Max、iPhone 12 和 iPad Pro（9.7-inch）等。

除了可以通过 previewDevice 修饰器设置预览设备型号，我们还可以利用 previewLayout 修饰器设置预览方式。打开之前的 CardView，因为我们只把它当作一个可复用，并且会被嵌套到程序主视图中的小视图使用，所以在预览的时候，可以将它的 Preview 部分代码修改成下面这样。

```
// MARK: - Preview
struct CardView_Previews: PreviewProvider {
  static var previews: some View {
    CardView()
      .previewLayout(.sizeThatFits)
  }
}
```

利用 **previewLayout** 修饰器，可以设置预览方式，参数 sizeThatFits 代表预览窗口的尺寸与实际呈现视图的尺寸一致，也就是说布局的界面有多大，预览窗口的尺寸就有多大，它与设备无关，如图 1-15 所示。

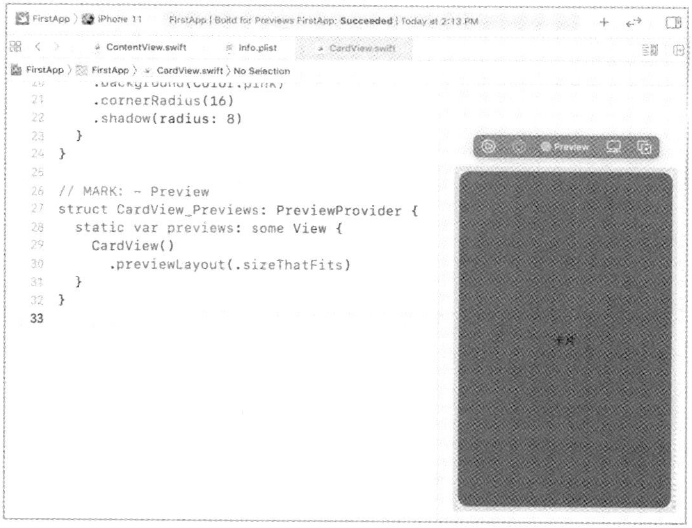

图 1-15 设置 CardView 预览方式为 sizeThatFits

1.3.2 创建线性渐变色背景

接下来，我们为 CardView 创建一个线性渐变色背景。首先需要在 CardView 的 Properties 部分添加相关属性。

```
// MARK: - Properties
var gradient: [Color] = [Color("Color01"), Color("Color02")]
```

变量 gradient 是 Color 类型的数组，里面包含两个颜色元素，其中 Color01 和 Color02 是我们在 1.1 节中向 Assets.xcassets 里面添加的颜色集素材。

在 Body 部分，将 ZStack 的 background 修饰器修改为下面这样。

```
.background(LinearGradient(gradient: Gradient(colors: gradient),
            startPoint: .top,
            endPoint: .bottom))
```

我们称 **LinearGradient** 为线性渐变。在 SwiftUI 中，实现线性渐变非常简单，只需提供三个参数：颜色数组、起点和终点。这里通过 Gradient 初始化方法生成渐变颜色集，然后指明视图的顶部为起点颜色（Color01 定义的颜色），视图的底部为终点颜色（Color02 定义的颜色），在预览窗口的效果如图 1-16 所示。

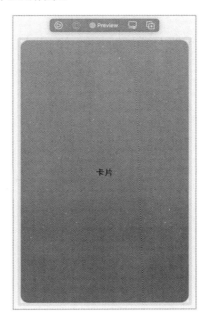

图 1-16　为 CardView 设置线性渐变色背景的效果

1.3.3　为 CardView 添加图像和文本

在创建好线性渐变背景以后，就该为卡片添加图像了，继续修改 Body 部分的代码。

```
// MARK: - Body
var body: some View {
  ZStack {
    Image("developer-no1")
  } //: ZStack
  ……
```

这里将之前的 Text 替换为 Image，使用之前在 Assets.xcassets 中添加的开发人员图片素材，在预览窗口中查看效果，如图 1-17 所示。

图 1-17　为 CardView 添加图像素材之后的效果

接下来，我们需要在卡片上添加文字说明，修改 Body 部分的代码为下面这样。

```
ZStack {
  Image("developer-no1")

  VStack{
    Text("SwiftUI")
      .font(.largeTitle)
      .fontWeight(.heavy)
      .foregroundColor(.white)
      .multilineTextAlignment(.center)
    Text("如此美妙 不同凡响")
      .fontWeight(.light)
      .foregroundColor(.white)
      .italic()
  } //: VStack
  .offset(y: -218)
} //: ZStack
```

在 ZStack 容器中，除了 Image，还添加了一个 VStack 容器，我们用它布局上下排列的两个 Text 文本。第一个文本使用 font 修饰器设置字体，使用 fontWeight 设置文字的粗细，使用 foregroundColor 设置文字颜色，使用 multilineTextAlignment 设置多行文本的对齐方式。第二个文本则使用 italic 修饰器设置文本倾斜。

最后，为 VStack 容器添加 offset 修饰器，将 VStack 容器在父视图中的位置纵向上移 218 点。因为 ZStack 容器中的所有视图都是居中对齐的，所以在水平位置上不用做任何调整。在预览窗口中的效果如图 1-18 所示。

图 1-18　为 CardView 添加文字之后的效果

1.3.4　为 CardView 添加按钮

我们还需要在卡片的底部添加一个按钮，利用 SwiftUI 提供的 Button 结构体直接创建就好，在 VStack 容器的下面添加如下代码。

```
ZStack {
  Image("developer-no1")
  
  VStack{
    ……
  } //: VStack
  .offset(y: -218)
  
  Button(action: {
```

```
      print("按钮被用户单击")
  }){
    Text("技术总监")
      .fontWeight(.heavy)
      .foregroundColor(.white)
      .accentColor(.white)
  } //: Button
  .offset(y: 210)
}
```

Button 包含两个参数，action 参数是用户单击按钮以后执行的代码。Button 尾部的闭包则用于设置按钮的外观，该按钮为一个文本，Text 的 accentColor 修饰器用于设置按钮的强调色。如果不设置强调色，那么它会显示默认的蓝色。Button 的 offset 修饰器用于将按钮的位置下移 210 点，在预览窗口中的效果如图 1-19 所示。

图 1-19　为 CardView 添加按钮之后的效果

接下来，我们需要为按钮添加一个图标，这样对于用户才更有吸引力。苹果公司在 2019 年的 WWDC 期间推出了 **SF 符号**（SF Symbols），这对开发者来说是一个很大的礼物，因为在应用程序中，我们可以免费使用这些符号。到了 2020 年的 WWDC 时，苹果公司又引入了 SF 符号 2.0 版本，它提供了更多、更精美的图标供我们使用。

SF 符号已经被集成到苹果的 San Francisco 系统字体之中，支持的平台有 iOS 13 及更高版本，watchOS 6 及更高版本，tvOS 13 及更高版本，以及 Mac 应用程序。SF 符号 2.0 在 1.0 的基础上，新增了 750 多种符号，包括设备、健康状况、运输符号等。但是新符号仅在 iOS 14、iPadOS 14 和 macOS Big Sur 版中可用。

另外，苹果提供了 SF 符号应用程序，可以让我们浏览、复制和导出任何可用的符号。该应用程序可在苹果公司官方网站下载。安装并运行后，界面如图 1-20 所示。

图 1-20　SF 符号应用程序界面

在 SF 符号应用程序中右上角的搜索栏中输入 **arrow** 关键字，在所有与箭头相关的图标中找到 arrow.right.circle 图标，然后在编辑菜单中单击"拷贝 1 个名称"，这样就可以在 iOS 项目中使用它了。

回到 CardView.swift 文件之中，在 Button 闭包中 Text 外部嵌套一个 HStack 容器，并添加如下代码。

```swift
Button(action: {
  print("按钮被用户单击")
}){
  HStack {
    Text("技术总监")
      .fontWeight(.heavy)
      .foregroundColor(.white)
      .accentColor(.white)
    Image(systemName: "arrow.right.circle")
      .font(Font.title.weight(.medium))
      .accentColor(.white)
  } //: HStack
  .padding(.vertical)
  .padding(.horizontal, 24)
  .background(LinearGradient(gradient: Gradient(colors: gradient),
            startPoint: .leading,
            endPoint: .trailing))
  .clipShape(Capsule())
  .shadow(color: Color("ColorShadow"), radius: 6, x: 0, y: 3)
} //: Button
```

被 HStack 容器封装的 Text 的右侧为 Image，systemName 参数用于指明所调用的 SF 符号的名称，因为 SF 符号也属于字体，所以可以使用与字体相关的修饰器进行设置。

对于 HStack 容器的设置，首先利用 padding 修饰器将水平方向的间隔距离增加至系统默认的距离，再利用 padding 修饰器设置垂直方向的间隔距离为 24 点。在进行视图布局的时候，我们经常会通过连续使用两次 padding 修饰器来调整视图的布局效果，有时甚至会使用 4 次，因为你可能需要对 4 个方向的间隔距离分别设置不同的数值。

在调整好 HStack 容器的间隔距离以后，为其添加渐变色背景，与之前有一点儿小小的不同，这里的起点是 leading，终点是 trailing，也就是从左到右渐变。

clipShape 修饰器用于将现有的长方形视图裁剪为指定的形状，这里设置为 Capsule()，代表将 HStack 容器裁剪为两边为圆形的胶囊形状。

最后，我们为 HStack 容器添加阴影效果，阴影的颜色为 **ColorShadow**，它是之前我们在 Assets.xcassets 中所定义的颜色集，黑色，透明度 60%。在预览窗口中的效果如图 1-21 所示。

图 1-21　CardView 最终的界面布局效果

此时，回到 ContentView 中，在预览窗口中可以看到相同的界面布局效果。

1.4 循环生成多张卡片视图

本节，我们将通过 ForEach 循环语句生成多个同样的视图。这一过程非常简单，只需通过下面几行代码就可以完美实现。

```
// MARK: - Body
var body: some View {
  ScrollView(.horizontal, showsIndicators: false) {
    HStack(alignment: .center, spacing: 20) {
      CardView()
    } //: HStack
    .padding(20)
  } //: ScrollView
}
```

我们先在 CardView 的外层嵌套一个 HStack 容器，设置该容器的对齐方式为中心对齐，每个视图元素的横向间隔距离为 20 点，之后我们会将其余的 6 张卡片放到这个容器中。再对容器添加 padding 修饰器，让它的边缘与父视图有 20 点的间隔距离。

为了实现横向滚动效果，在 HStack 容器的外层还要嵌套一个**滚动视图**（Scroll View），这里指定滚动方式为横向，不显示滚动条。

继续编写代码，在 HStack 容器的内容中添加循环语句。

```
HStack(alignment: .center, spacing: 20) {
  ForEach(0 ..< 7) { item in
    CardView()
  } //: Loop
}
```

因为最终要显示 7 位不同职位的人物资料，所以先手动指定循环生成 7 张卡片，在预览窗口中的效果如图 1-22 所示。

还记得之前我们定义 Button 的时候，在 action 参数中定义的 "print("按钮被用户单击")" 的语句吗？为了确定用户单击按钮以后是否有效，可以在模拟器中运行该项目，然后单击卡片中的按钮，此时会在 Xcode 底部的调试控制台中显示"按钮被用户单击"的文本信息，如图 1-23 所示。

图 1-22　利用循环在 ContentView 中生成多个卡片视图

图 1-23　在模拟器中测试按钮被单击后的效果

1.5　为卡片创建数据模型

本节我们将创建数据模型对象，有了这样的模型，就可以将真正的数据信息呈现到卡片上供用户浏览了。

1.5.1 创建卡片数据模型

在项目导航中添加一个新的 Swift 类型的文件,如图 1-24 所示,将文件命名为 **CardModel**。

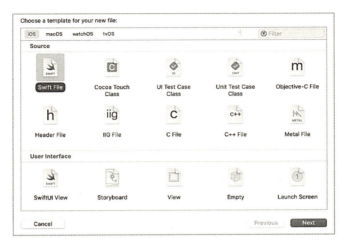

图 1-24　在文件模板对话框中选择 Swift 类型文件

文件创建好以后就可以为卡片的所有关键信息创建数据模型了,代码如下。

```
import SwiftUI

// MARK: - 卡片数据模型
struct Card: Identifiable {
  var id = UUID()
  var title: String
  var headline: String
  var imageName: String
  var callToAction: String
  var message: String
  var gradientColors: [Color]
}
```

这里使用结构体(Struct)定义卡片的数据模型,在该结构体中会用到 SwiftUI 框架中的 Color 结构体,所以一定要将之前的 Foundation 框架替换为 SwiftUI 框架。

需要注意的是,因为该结构体要符合 **Identifiable** 协议,也就是通过该结构体被实例化的每个对象都必须是唯一的、可标识的,所以必须在结构体中包含一个 **id** 属性,并且 id 属性的值也必须是唯一的、可标识的。因此这里使用 **UUID()** 函数的值作为 id 的值,UUID()函数会随机生成一个唯一的值。

然后，我们在结构体中定义卡片的标题、内容提要、图片文件名、按钮标题、相关信息、背景渐变色。gradientColors 是 Color 类型的数组，之前在 Assets.xcassets 中我们一共添加了 14 种不同的颜色集，这里就利用它们生成线性渐变色背景。

在 CardModel 结构创建完成以后，我们还需要添加一个新的文件存储真正的人物资料数据。

1.5.2　为静态数据创建数组

接下来，我们需要创建供 CardModel 使用的数据信息。因为这一章是本书的起始章节，所以我们会使用最简单、最容易实现的方式来组织这些数据。之后，随着学习的不断深入，我们会使用更为专业的方法。

我们需要在新的 Swift 文件中创建数组。所以先在项目导航中创建一个新的 Swift 类型文件，将其命名为 CardData。需将文件中的代码修改为下面这样。

```
import SwiftUI

// MARK: - 卡片数据
let cardData: [Card] = [
  Card(title: "SwiftUI",
      headline: "如此美妙 不同凡响",
      imageName: "developer-no1",
      callToAction: "技术总监",
      message: "态度决定一切，勤于思考，不断学习。",
      gradientColors: [Color("Color01"), Color("Color02")])
]
```

现在，我们已经为 cardData 数组添加了一个 Card 类型的元素对象，如果你愿意，那么还可以继续添加其余的 6 个元素，或者直接复制已经提供好的数据。在"项目资源/Data"中，将 CardData.txt 文件中的所有数据复制到 let cardData: [Card] = []数组中即可。

1.5.3　在卡片中显示数据信息

本节的主要任务是将数据呈现在卡片上，在对 CardView 的代码进行调整之前，先注释掉 ContentView 中 ForEach 里面对 CardView()的调用。

```
ForEach(0 ..< 7) { item in
  //CardView()
  Text("Card")
} //: Loop
```

之所以这样做，是因为接下来我们会在 CardView 中添加属性，新添加的属性会改变 CardView 的调用方式，如果沿用之前的方式，编译器就会报错，影响我们的测试。

接下来，在项目导航中选择 CardView.swift 文件，为该结构体添加一个属性，代码如下。

```
// MARK: - Properties
var card: Card
var gradient: [Color] = [Color("Color01"), Color("Color02")]
```

你可能会注意到，此时在 Xcode 的顶部会出现一个红圈叉报错，编译器此时会停止工作。导致错误的原因是在 Preview 部分，我们没有在实例化 CardView() 的时候为 card 变量赋值。

要想快速修复这个错误，可以单击错误行右侧的红色圆点，然后在错误描述面板中单击 **Fix** 即可，如图 1-25 所示。

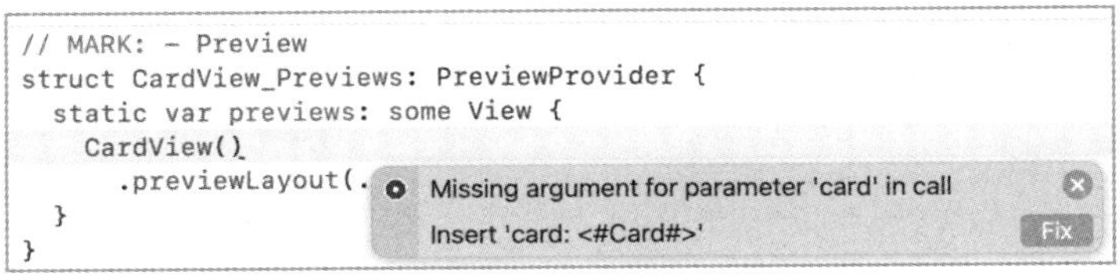

图 1-25　快速修复未初始化属性的错误

此时，我们需要为 CardView() 提供一个 Card 类型的对象参数。之前在 CardData 中已经创建好了 cardData 数组，因此，这里只需要提供给它数组中的一个元素即可。将报错行修改为 CardView(**card: cardData[1]**)，Xcode 顶端的红圈叉消失，编译器又开始正常工作了。

接下来就要修改 Body 部分的代码了，因为之前我们都是手动将信息强行写入代码中的，所以现在需要将这部分代码全部修改为 card 变量的形式，修改代码如下。

```
// MARK: - Body
var body: some View {
  ZStack {
    Image(card.imageName)

    VStack{
      Text(card.title)
        ……
      Text(card.headline)
        ……
    } //: VStack
    .offset(y: -218)

    Button(action: {
```

```
            print("按钮被用户单击")
        }){
            HStack {
                Text(card.callToAction)
                    ......
                
                Image(systemName: "arrow.right.circle")
                    ......
            }
            .padding(.vertical)
            .padding(.horizontal, 24)
            .background(LinearGradient(gradient: Gradient(colors:
card.gradientColors), startPoint: .leading, endPoint: .trailing))
            .clipShape(Capsule())
            .shadow(color: Color("ColorShadow"), radius: 6, x: 0, y: 3)
        } //: HStack
        .offset(y: 210)
    } //: Button
    .frame(width: 335, height: 545)
    .background(LinearGradient(gradient: Gradient(colors: card.gradientColors),
startPoint: .top, endPoint: .bottom))
    .cornerRadius(16)
    .shadow(radius: 8)
} //: ZStack
```

这里我们一共修改了 6 处，调用的是 Card 对象的 5 个属性：title、headline、imageName、callToAction 和 gradientColors。为了验证是否成功，可以修改 Preview 部分 cardData 数组的索引值，看看是否更新了不同的人物信息，如图 1-26 所示。

图 1-26　7 张不同的人物卡片效果

这时，让我们回到 ContentView，如同 CardView 一样，在 Properties 部分添加一个新的属性。

```
// MARK: - Properties
let cards: [Card] = cardData
```

```
// MARK: - Body
var body: some View {
  ScrollView(.horizontal, showsIndicators: false) {
    HStack(alignment: .center, spacing: 20) {
      ForEach(cards) { item in
        CardView(card: item)
      }
    } //: HStack
    .padding(20)
  } //: ScrollView
}
```

因为 cards 数组中的元素均符合 Identifiable 协议,所以在 ForEach 循环中可以直接通过 cards 遍历数组中的每个元素信息。此时的 item 代表的就是 cards 数组中的元素,因此可以将其作为参数传递给 CardView。

构建并在模拟器中运行该项目,效果如图 1-27 所示。

图 1-27 在模拟器中运行的效果

1.6 在应用程序中播放声音

本节,我们将为应用程序添加声音效果,适当、适度的音效可以提升应用程序的用户体验。

首先,需要将音效文件添加到项目之中。在"项目资源/Sound"文件夹中将 sound-transitions.mp3 文件拖曳到项目之中,如图 1-28 所示。然后在弹出的选项对话框中,确认勾选了 **Copy items if needed** 后单击 Finish 按钮。

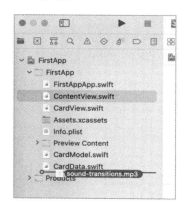

图 1-28 添加音效文件到项目之中

然后在项目中添加一个新的 Swift 类型文件,将其命名为 PlaySound。修改其代码如下。

```
import Foundation
import AVFoundation

// MARK: - 音频播放器
var audioPlayer: AVAudioPlayer?

func playSound(sound: String, type: String) {
  if let path = Bundle.main.path(forResource: sound, ofType: type) {
    do {
      audioPlayer = try AVAudioPlayer(contentsOf: URL(fileURLWithPath: path))
      audioPlayer?.play()
    } catch {
      print("不能播放指定的音效文件。")
    }
  }
}
```

因为需要播放音频,所以需要先导入 **AVFoundation** 框架,该框架包含很多与音视频播放相关的 API。之后声明 AVAudioPlayer 类型的变量 **audioPlayer**，注意该变量为可选类型，这是因为它有可能在初始化该变量的时候出现问题，从而导致系统崩溃。

接下来创建一个函数 playSound()，它包含两个参数，第一个参数为音频文件名，第二个参数为音频文件扩展名，它们都是字符串类型。在函数体内部，我们会创建一个新的变量存储音频文件在系统中的路径。如果该音频文件存在，就在 if 语句内部通过 **do……catch** 代码块播放音效，如果播放不成功，则在 catch 闭包内处理可能发生的错误事件。

如果通过 AVAudioPlayer()正确载入音频文件，就可以通过 play()方法播放音效了。否则会跳转到 catch 部分，在控制台中打印错误信息。

接下来，让我们在 CardView 中调用 playSound()方法。

```
Button(action: {
  print("按钮被用户单击")
  playSound(sound: "sound-transitions", type: "mp3")
}){
  ……
} //: Button
```

回到 ContentView.swift 文件，在预览窗口中启动 Live 模式并单击按钮测试音频播放的效果，当听到声音以后，你是否感觉这个应用程序很不错呢？

1.7 创建动画效果

除了为应用程序添加音效，为项目创建平滑的动画效果也是一件非常酷的事情，因为用户会无意识地去注意一切界面中会动的部分。

在 SwiftUI 中创建动画的方式与其他语言稍有不同，我们并不能用简单的**线性思维**方式去设置视图中的动画，比如直接对某个视图执行某种方式的动画效果。一般来说，我们需要先设置一个私有布尔型变量作为标记。当特定事件发生需要产生动画效果时，就改变变量的值。而 SwiftUI 一旦知道变量值发生变化，就会更新屏幕上与之相关的视图，动画效果也就产生了。

可能上面的这段话会让你产生疑惑，但是不用担心，随着不断地深入学习，我们会在编写代码的过程中领会 SwiftUI 动画的精妙之处。

1.7.1 为卡片人物创建淡入动画

回到 CardView 文件，在 Properties 部分添加一个新的属性。

```
// MARK: - Properties
var card: Card
```

@State private var fadeIn: Bool = false

正如刚才所说，属性 fadeIn 用于标记一个淡入动画，初始值为 false，一旦它的值为 true，就会产生动画效果。

这里使用 **@State** 关键字对 fadeIn 变量进行封装，那 @State 有什么作用呢？简单来说，在程序代码中，一旦你修改了被 @State 封装的变量的值，与其相关的界面就会被同步修改。这是现代界面语言都支持的一种特性。

接下来，我们为 Body 部分的 ZStack 容器添加一个新的修饰器 onAppear，并修改 Body 部分 Image 的代码。

```
ZStack {
  Image(card.imageName)
    .opacity(fadeIn ? 1.0 : 0.0)
    ......
} //: ZStack
......
.shadow(radius: 8)
.onAppear() {
  withAnimation(.linear(duration: 1.2)) {
    self.fadeIn.toggle()
  }
}
```

对于有过 swift 开发经验的人来说，onAppear 就相当于 UIKit 框架中的 viewDidAppear() 方法，当视图出现在屏幕上的时候，会执行其中的代码。

在 onAppear() 修饰器的闭包中，调用了 **withAnimation()** 方法，它会执行一个线性动画，动画时长是 1.2s。那么，怎么执行这 1.2s 的动画呢？在 withAnimation() 方法的闭包中，我们改变了 fadeIn 变量的值，因为它是被 @State 封装的，所以它的值一旦发生变化，相关的视图就会产生相应的动画。

在 ZStack 容器中，我们让 Image 的透明度根据 fadeIn 的变化而变化。如果 fadeIn 为 false，则人物图像隐去，如果 fadeIn 的值变为 true，则透明度会在 1.2s 的时间从 0.0 变为 1.0，从而实现淡入的效果。

在预览窗口中启动 Live 模式，可以查看卡片的动画效果。

1.7.2 为标题创建下滑入动画效果

有了上面一节的实践经验,我们再为标题添加下滑入的动画效果。同样是在 Properties 部分添加一个被@State 封装的私有布尔型变量。

```
// MARK: - Properties
var card: Card

@State private var fadeIn: Bool = false
@State private var moveDownward: Bool = false

// MARK: - Body
var body: some View {
  ZStack {
    Image(card.imageName)
      .opacity(fadeIn ? 1.0 : 0.0)
    
    VStack{
      Text(card.title)
        ……
      Text(card.headline)
        ……
    } //: VStack
    .offset(y: moveDownward ? -218 : -300)
    ……
  } //: ZStack
  ……
  .onAppear() {
    withAnimation(.linear(duration: 1.2)) {
      self.fadeIn.toggle()
    }
    withAnimation(.linear(duration: 0.8)) {
      self.moveDownward.toggle()
    }
  }
}
```

moveDownward 变量相当于标题下滑动画的启动器,一旦卡片视图出现就产生一个 0.8s 的线性动画,这里让负责组织标题的 VStack 容器从 y 方向-300 点的位置下滑到-218 点。

在预览窗口中启动 Live 模式,可以查看卡片中标题的动画效果。

1.7.3 为按钮创建上滑入动画效果

在本节的最后,我们为卡片中的按钮添加上滑入动画效果。依然是在 Properties 部分添加一个被@State 封装的私有布尔型变量。

```
// MARK: - Properties
var card: Card

@State private var fadeIn: Bool = false
@State private var moveDownward: Bool = false
@State private var moveUpward: Bool = false

// MARK: - Body
var body: some View {
  ZStack {
    Image(card.imageName)
      .opacity(fadeIn ? 1.0 : 0.0)

    VStack {
      ……
    } //: VStack
    .offset(y: moveDownward ? -218 : -300)

    Button(action: {
      print("按钮被用户单击")
      playSound(sound: "sound-transitions", type: "mp3")
    }){
      ……
    } //: Button
    .offset(y: moveUpward ? 210 : 300)
  } //: ZStack
  ……
  .onAppear() {
    withAnimation(.linear(duration: 1.2)) {
      self.fadeIn.toggle()
    }
    withAnimation(.linear(duration: 0.8)) {
      self.moveDownward.toggle()
      self.moveUpward.toggle()
    }
  }
}
```

因为是与标题下滑入相同时长的线性动画，所以在 onAppear 修饰器中的第 2 个 withAnimation 中添加了对 moveUpward 的设置。一旦该值发生变化，就让 Button 从 y 方向 300 点的位置上滑到 210 点。

目前，针对卡片的 3 个动画效果已经全部完成，可以在 Xcode 顶部的**活动方案**（Set the active

scheme）列表中选择 iPad 设备进行测试，这里选择 iPad Pro（9.7-inch），然后在模拟器中运行，效果如图 1-29 所示。

图 1-29　在 iPad 模拟器中测试项目的运行效果

1.8　为应用程序添加触控反馈效果

为了增加应用程序的趣味性，我们可以为其添加触控反馈效果，实现起来相当简单。触控反馈也叫触控，当用户与 iPhone 设备进行交互操作的时候，可以用该技术实现触感层面的反馈。

在本项目中，我们希望当用户单击按钮的时候，激活 iPhone 设备的触控反馈，从而引起使用者的注意，修改 CardView 的代码如下。

```
// MARK: - Properties
var card: Card
……
var hapticImpact = UIImpactFeedbackGenerator(style: .heavy)

// MARK: - Body
var body: some View {
  ZStack {
    ……
    Button(action: {
      print("按钮被用户单击")
      playSound(sound: "sound-transitions", type: "mp3")
```

```
        hapticImpact.impactOccurred()
    }){
        ……
    } //: Button
    .offset(y: moveUpward ? 210 : 300)
} //: ZStack
```

我们分别在两个地方添加了代码，在 Properties 部分声明了一个 UIImpactFeedbackGenerator 类型的变量，并设置触控风格为重（heavy）。除此以外，还有软（soft）、轻（light）、中度（medium）、硬（rigid）和自定义（custom）5 种不同的风格。

在 Button 的 action 中，在播放音效代码的下面，直接调用 hapticImpact 的 impactOccurred() 方法就可以引发触控反馈了。

对于触控反馈的测试，我们只能在真机上面进行。好在苹果公司允许我们接入一台真机进行测试，用数据线连接好 iPhone 以后，在 Xcode 顶部的活动方案列表中选择接入的真机即可。

1.9 呈现警告对话框

本节我们需要做的是在用户单击按钮以后呈现一个警告对话框，用它来显示更多的信息。仍旧在 CardView 的 Properties 部分添加一个被 @State 封装的私有布尔型变量。

```
// MARK: - Properties
var card: Card

@State private var fadeIn: Bool = false
@State private var moveDownward: Bool = false
@State private var moveUpward: Bool = false
@State private var showAlert: Bool = false
```

在 Body 部分，当用户单击按钮后要改变 showAlert 的值，然后为 ZStack 容器新添加一个 alert 修饰器，代码如下。

```
ZStack {
  Image(card.imageName)
    .opacity(fadeIn ? 1.0 : 0.0)

  VStack{
    ……
} //: VStack

  Button(action: {
```

```
        print("按钮被用户单击")
        playSound(sound: "sound-transitions", type: "mp3")
        hapticImpact.impactOccurred()
        self.showAlert.toggle()
    }){
        ……
    } //: Button
    .offset(y: moveUpward ? 210 : 300)
} //: ZStack
……
.onAppear() {
    ……
}
.alert(isPresented: $showAlert){
    Alert(title: Text(card.title),
          message: Text(card.message),
          dismissButton: .default(Text("OK"))
    )
}
```

　　alert 修饰器带有一个参数，我们将 showAlert 变量传递给它。在传递的时候，showAlert 前面必须加$符号作为前缀。这是为什么呢？

　　在一般情况下，iOS 开发中参数的传递都是以值拷贝的形式进行的，也就意味着系统会将当前变量的值的副本作为参数传递给调用的方法，这样的好处在于速度快，不会造成内存调用的混乱，而且在函数内部修改参数的值，并不会影响上一级层面参数变量的值。

　　但是，有时候我们确实需要在调用的方法中直接修改传递进来的参数值，从而影响上一级层面做出相应的界面更新。

　　分析上面的代码，当用户单击按钮后，showAlert 的值变为 true，alert 修饰器会根据 showAlert 的值是否为 true，决定是否去打开一个警告对话框。在对话框被打开的情况下，一旦用户单击对话框中的确认按钮，Alert 结构体就会将 showAlert 变量的值修改为 false，又因为 showAlert 被@State 封装起来，所以当 showAlert 值变为 false 的时候，CardView 要再次更新用户界面，销毁警告对话框。

　　了解了代码的执行流程以后，你会清楚地知道其中最关键的地方，就是传递给 alert 修饰器的参数绝对不能为值拷贝形式，一定要传递 showAlert 变量的引用地址，也就意味着 alert 修饰器可以直接修改上一级层面的变量的值，$符号用于传递变量的引用地址。

　　如果你现在感觉有些晕的话也没有关系，只要照着样例代码编写就好。随着在后面几个章节中的不断运用，你就会慢慢理解其执行的原理了。

在 alert 修饰器的闭包中，我们通过 Alert 结构体直接打开一个警告对话框，它需要的参数非常直观，包括对话框的标题、信息和关闭按钮的样式。这里将对话框关闭按钮的样式设置为 default，按钮标题为 OK。

构建并在模拟器中运行当前的项目，单击人物卡片上的按钮以后，会看到如图 1-30 的效果。

图 1-30　在模拟器中测试警告对话框的运行效果

1.10　为应用程序创建 iMessage 贴图

在本章的最后，我们将为应用程序创建 iMessage 贴图。iMessage 贴图是 iOS 系统信息应用程序的扩展功能。我们可以把那些想和朋友们分享的图片直接拖曳到 Xcode 中的 Sticker Pack 文件夹中，不用编写任何代码就可以创建应用程序的贴图包。

首先在项目导航中单击最顶端的 FirstApp 条目，然后在编辑区域的左下角单击加号（+）按钮，在弹出的目标模板对话框中搜索 sticker，找到 **Sticker Pack Extension** 后单击 Next 按钮，如图 1-31 所示。

图 1-31　为应用程序创建 iMessage 贴图包

在之后弹出的选项对话框中将 Product Name 设置为 **stickers**，然后单击 Finish 按钮，在弹出的警告对话框中，单击 **Activate** 按钮确认激活 stickers 方案即可。

接下来，在编辑区域中单击 **TARGETS / stickers**，在 General 标签的 Identity 部分，将 Display Name 修改为 **First App**，如图 1-32 所示。

图 1-32　设置 iMessage 贴图包

现在，项目中会出现一个 stickers 文件夹，打开以后可以看到 Stickers.xcassets 资源目录，它和之前的 Assets.xcassets 资源目录类似，只不过这里面只有两个条目：**iMessage App Icon** 和 **Sticker Pack**。

我们先将"项目资源/iMessage-Icon"中的图标素材，根据尺寸大小拖曳到相应的框中，效果如图 1-33 所示。

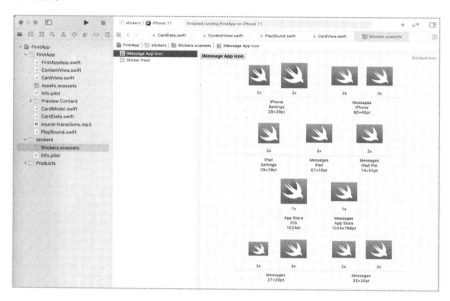

图 1-33　添加 iMessage 图标

然后将"项目资源/iMessage-Stickers"中的 7 张贴图拖曳到 Sticker Pack 之中，如图 1-34 所示。

图 1-34　向 Sticker Pack 添加 iMessage 贴图

现在，你可以构建并在模拟器中运行该项目，进入信息应用程序就可以进行贴图发送的测试了，如图 1-35 所示。

图 1-35　在模拟器的信息应用程序中发送贴图

至此，我们的第一个 iOS 应用程序已经制作完成。通过对本章的学习，我们了解了如何创建一个新的 iOS 项目，为项目添加应用程序图标，使用 SwiftUI 创建卡片视图。知道了 @State 封装的特性和从数据文件载入不同人物的相关信息的方法。学会了播放声音以及显示警告对话框。了解了如何为界面元素添加动画效果，并为程序添加触控反馈特性，最后尝试了为应用程序创建 iMessage 贴图。

第 2 章 这里是北京

本章我们将创建一个介绍北京小吃和北京胡同的应用程序。需要说明的是，考虑到某些因素，请读者不要过多纠结应用程序中的内容逻辑是否合理，请更多关注技术层面的内容是如何通过 SwiftUI 实现的。

本章我们学习的重点是使用 SwiftUI 进行用户界面的开发，其中包括：使用 SwiftUI 创建 iOS 项目，了解利用故事板（Storyboard）创建自定义启动画面的方法；在纵向滚动视图中嵌入横向滚动视图的方法；为项目创建自适应的颜色集和图像；掌握创建自定义修饰器的方法；为 Tab 视图创建自定义标签；利用 HStack 容器和 VStack 容器进行视图布局的技巧；掌握让应用程序同时支持浅色和深色模式的方法；为用户界面设置微动画效果，以及利用 SwiftUI 创建表单的方法等。

2.1 使用 Xcode 创建项目

在启动 Xcode 后，选择 **Create a new Xcode project** 选项创建一个项目，在弹出的项目模板选项卡中选择 **iOS / App**，单击 **Next** 按钮。

在随后出现的项目选项卡中，做如下设置。

- 在 Product Name 处填写 **ThisIsBeijing**。
- 如果没有苹果公司的开发者账号，那么请将 Team 设置为 **None**；如果有，则可以设置为你的开发者账号。
- Organization Identifier 项可以随意输入，但最好是你拥有的域名的反向，例如：cn.liuming。如果你目前还没有拥有任何域名的话，使用 cn.swiftui 是一个不错的选择。
- Interface 选为 **SwiftUI**。

- Lift Cycle 选为 **SwiftUI App**。
- Language 选为 **Swift**。

在该选项卡中，确认 Use Core Data 和 Include Tests 选项处于未勾选状态，然后单击 **Next** 按钮。

在确定好项目的保存位置后，单击 **Create** 按钮完成项目的创建。

因为本章的程序界面设计只适合 iPhone 纵向显示，所以当项目创建好后，需要先在项目导航中进行如图 2-1 所示的设置。在 Device Orientation 中去掉 **Landscape Left/Right** 的勾选。

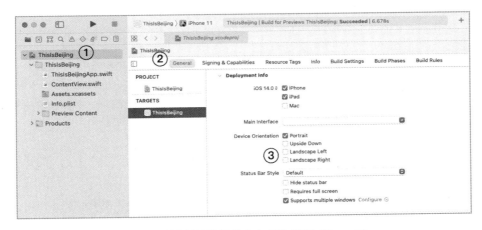

图 2-1　设置项目的设备方向仅为纵向（Portrait）

另外，我们可以在这里修改 **Display Name** 选项，将其设置为**这里是北京**，这样在模拟器中我们就会看到中文的应用程序名称了。

2.1.1　为项目添加程序图标和相关图片素材

在 Xcode 项目导航面板中选择**资源分类**（Assets.xcassets）。鼠标右击**应用程序图标**组（AppIcon），并在弹出的快捷菜单中选择 Show in Finder。在弹出的 Finder 程序中进入 AppIcon.appiconset 文件夹，将本章"**项目资源/AppIcon**"中的所有文件复制到里面，根据提示覆盖原有的 Contents.json 文件，这样就可以将所有尺寸的图标全部添加到 AppIcon 中，如图 2-2 所示。

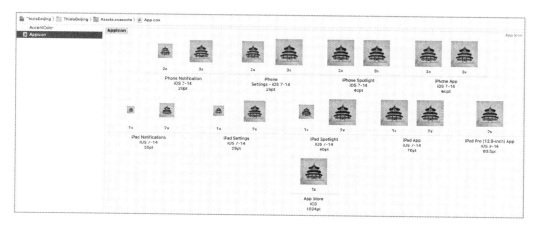

图 2-2 为项目添加所有应用程序图标

接下来，我们需要在"项目资源"文件夹中找到 FoodIcons、Foods、Hutongs、Logo 和 SnackBar 5 个文件夹，将它们直接拖曳到 Assets.xcassets 中。接着，在 Xcode 中打开 FoodIcons 文件夹并选中其中的 8 个图标，因为它们都是矢量图，所以需要在属性检视窗中勾选 **Preserve Vector Data**，确保程序会以矢量图格式呈现图标，如图 2-3 所示。

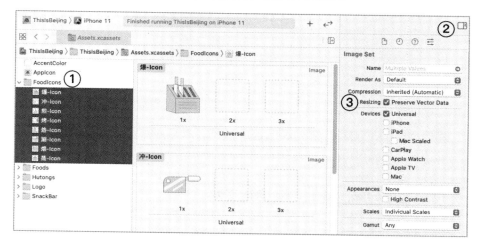

图 2-3 勾选矢量图的 Preserve Vector Data 选项

2.1.2 为项目添加适配颜色集和图像集

接下来，我们需要为项目添加一些颜色集和图像集，因为它们都是用来适配 iOS 系统的浅色和深色两种不同显示模式的，所以需要逐个手动添加。

选中 Assets.xcassets，在右侧编辑区域的底部单击加号（+）按钮，然后在弹出的快捷菜单中选择 **Color Set** 选项，一个全新的白色颜色集就会出现在项目中，将该颜色集的名称修改为 **ColorBlackTransparentLight**。选中当前的颜色块，然后打开 Xcode 最右侧的属性检视窗。在 Color 部分将 Content 设置为 sRGB，将 Input Method 设置为 Floating point（0.0-1.0），将红色、绿色、蓝色的颜色滑块均设置为 0，最后将颜色透明度（Opacity）设置为 25%。如法炮制，再创建一个 **ColorBlackTransparentDark** 颜色集，颜色同样为黑色，只不过将透明度设置为 80%，如图 2-4 所示。从字面我们可以看出，这两个颜色集一个用于浅色模式，一个用于深色模式。

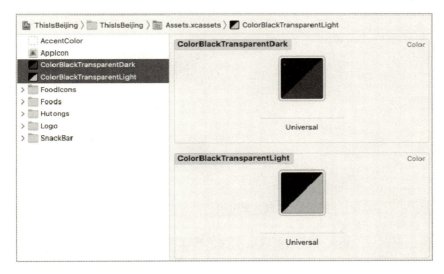

图 2-4　设置 BlackTransparent Light/Dark 颜色集

继续创建一个新的颜色集并将其命名为 ColorAppearanceAdaptive，这次我们会为这个颜色集同时添加浅色和深色两种模式。选中默认的白色，在属性检视窗中将 Appearances 设置为 **Any,Light,Dark**。这样，程序在使用该颜色集的时候，就会根据不同的模式，选用不同颜色了。设置 Any Appearance 和 Light Appearance 均为白色，Dark Appearance 为黑色。

接下来，我们需要设置 ColorBrown、ColorBrownAdaptive、ColorBrownDark、ColorBrownMedium 和 ColorBrownLight 5 种颜色集，直接将它们从"项目资源/Colors"文件夹中拖曳到 Assets.xcassets 即可。

最后，在 Assets.xcassets 中新建一个 Colors 文件夹，并将刚才创建的 8 个颜色集拖曳到里面，如图 2-5 所示。

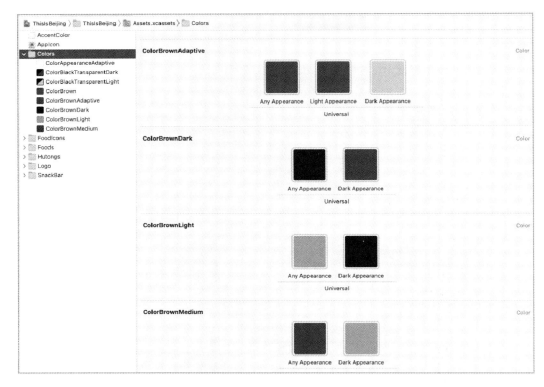

图 2-5　将颜色集组织到 Colors 文件夹中

创建好颜色集以后，还需要添加可以适配浅色和深色的图像集。在 Assets.xcassets 中添加一个新的文件夹，将其命名为 LaunchScreen。在里面添加一个 Image Set，并将其命名为 Background。

在"项目资源/LaunchScreen"中将 Background、Background@2x 和 Background@3x 这 3 个文件拖曳到 Background 图像集中。然后在属性检视窗中将 Appearance 设置为 **Any,Light,Dark**，此时 Background 图像集会出现两行空白图片框分别对应 Light 和 Dark 模式，直接将 Any 一行的图片复制到 Light 一行。最后将项目资源中有关 Background-dark 的 3 张图片拖曳到相应图片框即可，如图 2-6 所示。这样，当我们在程序中调用 Background 图像集时，系统就会根据当前模式呈现相应的图片了。

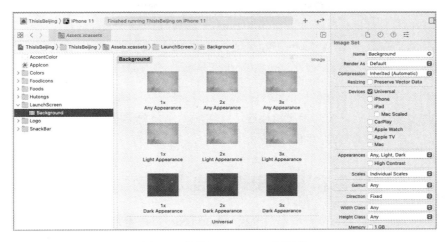

图 2-6　设置 Background 图像集

除了 Image Set，我们还需要将"项目资源/LaunchScreen"中的 LaunchScreen-Color.colorset 文件夹拖曳到 Assets.xcassets 的 Launch Screen 中。

继续在 Assets.xcassets 中添加一个文件夹，将其命名为 **FoodHeaders**。然后将"项目资源/FoodHeaders"中所有**不带 Dark 后缀的**图片文件拖曳到 FoodHeaders 中，跟 Background 图像集的操作方法一样，这次需要选中 FoodHeaders 中所有的图像集，在属性检视窗中将 Appearance 设置为 **Any,Light,Dark**，让 Any 和 Light 的图片保持一致，再将带 Dark 后缀的图片放入相应的图片框中，效果如图 2-7 所示。

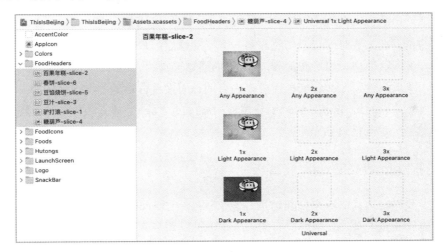

图 2-7　设置 FoodHeaders 中的图像集

最后在 Assets.xcassets 中添加一个 **TabIcons** 文件夹，我们需要添加 4 个用在 TabView 上面的图像集。将"项目资源/TabIcons"中 4 个**不带 Dark 后缀**的矢量图片拖曳到 TabIcons 中，然后仿照之前的操作，完成 Any、Light 和 Dark 三行图片的添加。

现在，我们终于完成了所有颜色集和图像集的添加与组织，虽然你可能会觉得比第 1 章的项目开始阶段复杂了一些，但是当应用程序运行以后，你会发现程序会根据不同的环境使用不同的素材，这是一个非常酷的体验。

2.2 创建支持浅色和深色模式的启动画面

在 2019 年之前，我们通常会使用故事板（Storyboard）搭建用户界面，再利用约束和自适应布局技术以可视化的方式设计用户界面。它的好处在于可以帮助我们设计出既适用于不同屏幕尺寸的 iPhone 设备，又适用于不同屏幕尺寸的 iPad 设备的用户界面。在当时看来，这种用户界面设计方式还是很先进的，但是某复杂的约束往往会让界面设计者抓狂，因为在一般情况下，确定一个视图的大小与位置，需要对它建立 4 种约束关系，按一个场景有 10 个视图计算，我们需要建立大约 40 种约束关系，所以一旦某个约束出现问题，就会因为连锁反应导致整个场景的布局错位。

当苹果公司在 2019 年的 WWDC 上推出 SwiftUI 的时候，读者都认为这是以代码开发用户界面来代替故事板的重要里程碑。事实也确实如此，通过对第 1 章的学习，我们会发现利用 SwiftUI 技术进行界面设计，可以完全不用纠结视图与视图之间具体的约束关系，从而提高了界面布局的开发效率，可以让我们将重心放在功能的代码实现上。

但不幸的是，在某些时候我们仍然需要一个启动画面的故事板，以便在应用程序启动时有定制化的内容呈现给用户。虽然在第 1 章，我们通过项目的 Info.plist 文件来设置启动画面，但它还是有一些局限性。比如我们虽然可以为启动画面设置背景颜色，却无法为启动画面设置背景图片。虽然可以通过 Image Name 设置应用程序的 Logo，却无法再单独设置一个文本说明，除非将文字说明也写到 Image 里。

2.2.1 创建 Launch Screen 故事板

接下来，我们会用故事板来创建这里是北京 App 的启动画面，并且让它自动适配浅色和深色模式。需要注意的是，如果你没有使用故事板开发用户界面的经验，那么请一定注意每一步的操作细节，否则会导致界面布局的失败。

首先，在项目导航中新建一个文件，在文件模板选择面板中搜索 launch，然后选中 iOS/Launch Screen 类型，单击 Next 按钮，如图 2-8 所示。

图 2-8　选择 Launch Screen 类型文件

确认文件名称为 Launch Screen 后，单击 Create 按钮。此时项目中会出现一个 Launch Screen.storyboard 文件，选中它以后，你会发现在 Xcode 的编辑区域中出现了一个 iPhone 模样的故事板，如图 2-9 所示，我们之后设计启动画面的操作都会在这里进行。

图 2-9　Launch Screen 故事板的工作界面

2.2.2 设计 Launch Screen 用户界面

在编辑区域的列表框中，可以找到"**View Controller Scene / View Controller / View**"中有 2 个 Label，它们的名字分别是 **Label** 和 **ThisIsBeijing**。在列表框中选中并删除这两个 Label，然后在 Xcode 菜单中选择"**View/Show Library**"调出 Library 面板，找到 Image 控件并将其拖曳到故事板中。

选中 Image 控件，然后在 Xcode 右侧属性检视窗中将 Image View 中的 Image 设置为之前在 Assets.xcassets 中添加好的 **Background**，如图 2-10 所示。

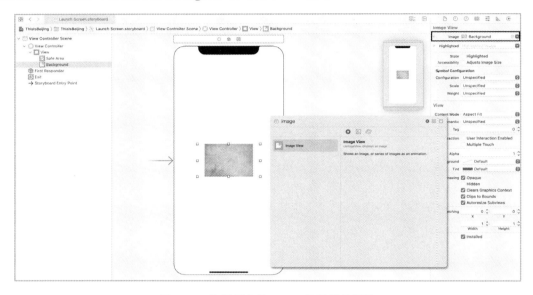

图 2-10　为新插入的 Image 设置相关属性

继续在属性检视窗中将 Content Mode 设置为 **Aspect Fill**，因为之后我们要将图片放大并填充到整个屏幕，所以需要为该 Image 添加 4 个约束，让其四边与屏幕的上、下、左、右边缘重合。

单击 Xcode 编辑区域底部的 **Add New Constraints** 按钮，此时会弹出约束设置面板，先去掉 **Constrain to margins** 前面的勾选，然后单击 Image 上边缘数值**右侧**的**下三角**按钮，确认一定要勾选 **View**（current distance = xxx）而不是 Safe Area（current distance = xxx），再将数值修改为 0。用同样的方法修改左、右和下边缘的参数及数值。最后单击 Add 4 Constraints 按钮即可，如图 2-11 所示。

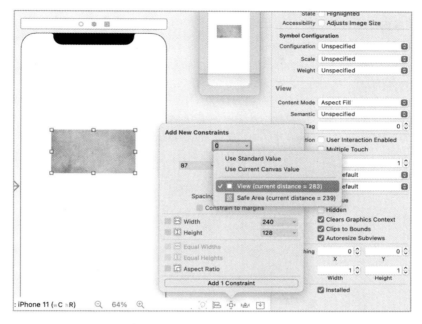

图 2-11　为 Image 设置上、下、左、右边缘的约束

当我们为背景图片添加好 4 个约束以后，就可以看到整个故事板屏幕呈现出图 2-12 所示的效果。这里特别说明一下，如果你是第一次使用故事板为视图创建约束，那么可能失败，不要着急，删除掉这个 Image 以后重新再来一次，直到成功就好。

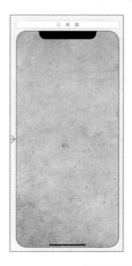

图 2-12　为 Launch Screen 设置背景图片的效果

继续在故事板中添加另一个 Image，把它放到中央偏上的位置，在属性检视窗中将 Image 设置为 **Beijing-Logo**，并确认 Content Mode 选项为 **Aspect Fit**。打开 Add New Constraints 面板，将 width 和 height 均设置为 240 点后，同时勾选这两个选项，然后单击 Add 2 Constraints 按钮。这意味着该 Image 的宽度和高度会被固定在 240 点。

除了为当前的 Image 设置高度和宽度约束，我们还需要为其设置对齐方式。打开 Align 面板，勾选 Horizontally in Container 和 Vertically in Container 两个选项，并分别将数值设置为 0 和 -150，如图 2-13 所示。这意味着 Beijing 图片会处于屏幕水平居中，垂直居中但向上 150 点的位置。最后单击 Add 2 Constraints 按钮，就完成了在大小和位置方面的 4 个约束。

图 2-13　为 Beijing 图片设置水平和垂直约束

最后，我们还需要为启动画面添加一个文本，在 Library 面板中搜索 Label 并将其拖曳到 Beijing-Logo 图片的下方，修改文本内容为**这里是北京**。在属性检视窗中将 Font 的 Size 设置为 36，效果如图 2-14 所示。

图 2-14　设置 Label 的字号为 36 的效果

继续在 Label 的属性检视窗中打开 Color 设置选项，从下拉列表中找到 LaunchScreen-Color，它是我们之前从项目资源中导入的颜色集。如果你在 Assets.xcassets 中点开该颜色集，那么会发现它包含 Any 和 Dark 两种模式，在浅色模式下面会使用深棕色，而在深色模式下会使用浅棕色。

最后，我们还要为这个 Label 设置约束，再次打开 Add New Constraints 面板，将上边缘数值设置为 25，这意味着 Label 的上边缘与 Beijing-Logo 图片的下边缘有 25 点的间隔距离，单击面板底部的 **Add 1 Constraint**。再打开 Align 面板，勾选 Horizontally in Container 选项，同样单击面板底部的 **Add 1 Constraint**。

至此，Label 在启动画面中的约束就创建好了。可能你会有些疑惑，为什么对于 Label 我们只设置 2 个约束，而对于 Image 要设置 4 个约束才行呢？简单来说，就是因为系统对于 Label 这样的控件，会自动计算它实际呈现内容的宽度和高度，并作为两个约束条件。因此我们只需要再确定它的位置在纵向上与 Beijing-Logo 有 25 点的间隔距离，水平方向居中即可。

2.2.3　在项目中设置启动画面

在启动画面故事板制作好以后，我们还要回到项目导航并单击顶端的 ThisIsBeijing 条目，在编辑区域中将 App Icons and Launch Images 中的 Launch Screen File 设置为 **Launch Screen**，如图 2-15 所示。

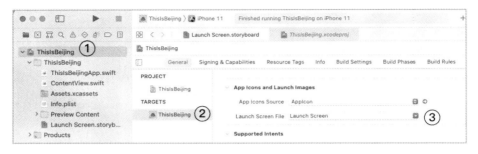

图 2-15　设置项目的启动画面为 Launch Screen

所有这些都做好以后，就可以在模拟器中查看启动画面的运行效果了。模拟器在默认情况下进入的是浅色模式，你可以在模拟器的设置应用中找到"开发者"，进入以后打开"Dark Appearance"开关，这会让系统进入深色模式，再次运行应用程序，则会看到自动适应深色模式的启动画面，效果如图 2-16 所示。通过两张图的对比可以发现，不同模式下的背景图和文字颜色有所不同，唯一相同的就是 Beijing-Logo 图片，因为在 Assets.xcassets 中，我们并没有单独创建 Dark 模式下的图片。

图 2-16　浅色和深色模式下的启动画面

2.3　创建 Tab View 导航

在本节中，我们将为项目创建一个 Tab View 导航，通过它可以帮助我们更有效地组织项目中的视图。

首先，我们需要将整个项目的结构调整一下，让它更规范，以便于提高我们的开发速度。

在项目中新添加 Data、Model、View 和 App 4 个文件夹，根据前一章的经验你应该知道，Data 是存放数据文件的，Model 是存放数据模型文件的，View 是存放可复用或小视图文件的，而 App 是存放场景视图的。我们将 ThisIsBeijingApp 和 ContentView 两个 swift 文件拖曳到 App 文件夹中。

2.3.1 创建 4 个场景视图

本项目中的 Tab View 一共要组织 4 个场景视图，分别为简介、小吃、胡同和设置。所以我们需要先在 App 文件夹中创建好这 4 个视图。

首先在项目导航中选择 ContentView 文件，我们将来会用它呈现介绍北京小吃的视图，所以将该结构体的名字修改为 **FoodView**。但是直接修改名称显然费时费力，还可能出现意想不到的问题。所以需要使用 Xcode 的 Refactor 方法。

在编辑区域中右击 ContentView 选项，在弹出的快捷菜单中选择 Refactor > Rename，此时在 Xcode 编辑区域中会列出项目中所有与 ContentView 相关的代码（code）、文件（file）、备注（comment），一共 5 处，如图 2-17 所示。直接将其修改为 FoodView 即可。

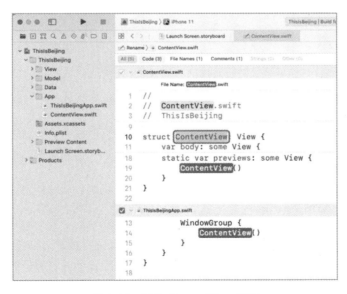

图 2-17　修改 ContentView 名称

重新回到 FoodView，将 Text 的内容修改为 Food View。

在 App 文件夹中再新建 3 个 SwiftUI 类型的文件，文件名称分别为 BeijingView、HutongView 和 SettingsView，并将每个文件中的 Text 内容修改为 Beijing、Hutong 和 Settings。

2.3.2 创建 Tab View

在 App 文件夹中新建一个 SwiftUI 类型文件，将其命名为 AppView，我们将在该文件中创建 Tab View，并将该文件作为程序的主视图文件。修改 Body 部分的代码如下。

```
//MARK: - Body
 var body: some View {
   TabView {
     BeijingView()
       .tabItem({
         Image("TabIcon-Beijing")
         Text("北京")
       })
     FoodView()
       .tabItem {
         Image("TabIcon-Food")
         Text("小吃")
       }
     HutongView()
       .tabItem {
         Image("TabIcon-Hutong")
         Text("胡同")
       }
     SettingsView()
       .tabItem {
         Image("TabIcon-Settings")
         Text("设置")
       }
   } //: TabView
   .accentColor(Color.primary)
 }
```

在 Body 部分，我们创建了一个 Tab View，然后在其内部添加之前创建好的 4 个场景视图，每个视图都设置了 tabItem 修饰器。通过该修饰器，配置了标签部分的图标和文字信息。最后，我们还为 TabView 添加了 accentColor 修饰器，让文本的颜色为系统主色，这样在浅色和深色模式下，文字会呈现与之相匹配的颜色。

为了可以同时看到浅色和深色模式的效果，我们可以修改 Preview 部分的代码如下。

```
//MARK: - Preview
struct AppView_Previews: PreviewProvider {
  static var previews: some View {
    Group {
      AppView()
        .preferredColorScheme(.light)
      AppView()
        .preferredColorScheme(.dark)
    }
  }
}
```

此时的预览窗口中会同时显示两个 iPhone 屏幕，一个是浅色模式，一个是深色模式，效果如图 2-18 所示。

图 2-18　两种模式下 Tab View 的显示效果

2.4　创建北京简介视图

本节我们将使用 BeijingView 创建一个全屏幕场景，并在该场景中运用 SwiftUI 的动画技术让用户有一个良好的视觉体验。

2.4.1　创建简介视图

首先，让我们打开 BeijingView.swift 文件，修改 Body 部分的代码如下。

```
// MARK: - Body
var body: some View {
  VStack{
    Spacer()
    Image("Beijing")
      .resizable()
      .scaledToFit()
      .frame(width: 240, height: 240, alignment: .center)
      .shadow(color: Color("ColorBlackTransparentDark"),
              radius: 12, x: 0, y: 8)

    Text("Beijing")
```

```
    Spacer()
} //: VStack
.background(
    Image("Background")
        .resizable()
        .scaledToFill()
)
.edgesIgnoringSafeArea(.all)
}
```

在 VStack 容器内部，我们依次添加了 Spacer、Image、Text 和 Spacer，利用上下两个 Spacer 可以撑开 VStack 容器内部的空间。这样就可以把 Image 和 Text 调整到屏幕的中央位置。这里设置 Image 的尺寸为 240 点×240 点，阴影的颜色为之前所设置的颜色集 ColorBlackTransparentDark。

接下来，我们为 VStack 容器添加 background 修饰器，使用 Background 图像集作为背景。为了可以全屏显示背景，再为 VStack 容器添加 edgesIgnoringSafeArea 修饰器，让其忽略屏幕 4 个方向的安全区域限制，从而让 VStack 容器充满屏幕，效果如图 2-19 所示。

图 2-19　BeijingView 添加 Image 和 Text 后的效果

我们还要继续对视图中的文本进行调整，将 Text 嵌入一个新的 VStack 容器中，代码如下。

```
VStack {
    Spacer()
```

```
Image("Beijing-Logo")
  .resizable()
  ……
VStack{
  Text("这里是北京")
    .font(.system(size: 42, weight: .bold, design: .serif))
    .foregroundColor(Color.white)
    .padding()
    .shadow(color: Color("ColorBlackTransparentDark"), radius: 4, x: 0, y: 4)
  Text("北京,是一座朴实亲切而又大气磅礴的城市。既能海纳百川,又有着自己独特的风姿,既能独树一帜,又不孤芳自赏。")
    .lineLimit(nil)
    .font(.headline)
    .foregroundColor(Color("ColorBrown"))
    .multilineTextAlignment(.center)
    .lineSpacing(8)
    .padding(.horizontal, 20)
    .frame(maxWidth: 640, minHeight: 120)
} //: VStack
.padding()

Spacer()
} //: VStack
```

我们将之前代码中 Text 那一行的代码替换为一个新的 VStack 容器,在该容器中有两个 Text。相信在你照着写代码的时候就可以体会到每个修饰器的作用。其中,lineLimit(nil)用于将 Text 设置为无行数限制。lineSpacing 修饰器用于设置 Text 的行间距。

现在,我们可以仿照 AppView 的代码,在 Preview 部分开启浅色和深色两种模式的预览效果,在预览窗口中的效果如图 2-20 所示。

图 2-20　为 BeijingView 设置文本效果

2.4.2 为简介视图添加动画效果

接下来，我们要为当前的视图添加一个简单的动画效果。修改 BeijingView 中的代码如下。

```
// MARK: - Properties
@State private var pulsateAnimation: Bool = false

// MARK: - Body
var body: some View {
  VStack{
    Spacer()
    Image("Beijing-Logo")
      .resizable()
      .scaledToFit()
      .frame(width: 240, height: 240, alignment: .center)
      .shadow(color: Color("ColorBlackTransparentDark"),
              radius: 12, x: 0, y: 8)
      .scaleEffect(pulsateAnimation ? 1.0 : 0.9)
      .opacity(pulsateAnimation ? 1.0 : 0.9)
      .animation(Animation.easeInOut(duration: 1.5)
                          .repeatForever(autoreverses: true))
    VStack {
      ……
    } //: VStack
    .padding()

    Spacer()
  } //: VStack
  .background(
    ……
  )
  .edgesIgnoringSafeArea(.all)
  .onAppear {
    self.pulsateAnimation.toggle()
  }
}
```

我们先在 Properties 部分添加一个被@State 封装的布尔型属性 pulsateAnimation。然后在最外层的 VStack 容器添加一个 onAppear 修饰器，当视图出现在屏幕上的时候，将该属性值修改为 true。一旦该值为 true，Image 就会产生两个动画效果。通过 scaleEffect 修饰器让图像的大小从原来的 0.9 倍变成 1.0 倍，通过 opacity 修饰器让透明度从 0.9 变成 1.0。动画方式为 easeInOut，动画时长为 1.5s，并且是永久正反向动画效果。

为了查看程序的整体运行效果，我们可以在 AppView 的预览窗口中启动 Live 模式查看

BeijingView 的动画效果。

2.5 创建小吃视图页面

在本节中我们会为这里是北京 App 创建界面布局最为复杂的视图场景。

2.5.1 设计横幅视图布局

我们先设计一个横幅图片视图，它包括特定小吃的图片及相关文字说明。

在 View 文件夹中创建一个新的 SwiftUI 类型文件，将其命名为 HeaderView。修改 Body 部分的代码如下。

```swift
// MARK: - Body
var body: some View {
  ZStack {
    Image("驴打滚-slice-1")
      .resizable()
      .scaledToFill()
    
    HStack(alignment: .top, spacing: 0) {
      Rectangle()
        .fill(Color("ColorBrownMedium"))
        .opacity(0.8)
        .frame(width: 4)
      
      VStack(alignment: .leading, spacing: 6) {
        Text("驴打滚")
          .font(.title)
          .fontWeight(.bold)
          .foregroundColor(Color.white)
          .shadow(radius: 3)
        
        Text("驴打滚，是东北地区、老北京和天津卫传统小吃之一，成品黄、白、红三色分明，煞是好看。")
          .font(.footnote)
          .lineLimit(2)
          .multilineTextAlignment(.leading)
          .foregroundColor(Color.white)
          .shadow(radius: 3)
      } //: VStack
      .padding(.vertical, 0)
      .padding(.horizontal, 20)
```

```
        .frame(width: 281, height: 105)
        .background(Color("ColorBlackTransparentLight"))
      } //: HStack
      .frame(width: 285, height: 105, alignment: .center)
      .offset(x: -66, y: 80)
    } //: ZStack
    .frame(width: 480, height: 320, alignment: .center)
}
```

考虑到要在图片上面呈现介绍小吃的相关文字，在 Body 部分，我们使用层叠堆栈（ZStack）作为最外层的容器。需要注意的是，ZStack 容器中的所有视图的对齐方式默认都是居中对齐，这里使用 frame 修饰器将 ZStack 容器的尺寸设定为 480 点×320 点。

ZStack 中的底层是一个 Image，其上面则是一个 HStack 容器。我们利用它呈现文字信息。它的尺寸是 285 点×105 点，因为想将其放置在图片的左下角，所以这里需要通过 offset 修饰器将其从中央沿 x 轴方向向左移动 66 点，向下移动 80 点。

在 HStack 容器的内部是一个矩形图形和一个 VStack 容器，这里通过参数设置其子视图为顶端对齐，间隔距离为 0。矩形图形为文字信息框添加竖条颜色块效果，VStack 容器则用于组织竖排放置两个 Text，并且两个 Text 左对齐，上下有 6 点的间隔距离。通过计算可以知道，将矩形图形的宽度设置为 4 点，VStack 容器的宽度设置为 281 点，两个加起来正好是 HStack 容器的宽度 285 点。另外，我们为 VStack 容器设置了 ColorBlackTransparentLight 背景色，让文字信息可以更突出一些。

在预览窗口中我们可以看到如图 2-21 所示的效果。因为我们提供了两种不同模式下的**驴打滚-slice-1** 图片，所以系统会根据情况自适应载入相应图片。

图 2-21　两种模式下呈现的横幅图片效果

接下来，我们继续为 HStack 容器添加动画效果。仿照 BeijingView 的样子，在 Properties 部分添加一个被 @State 封装的属性 showHeadline，再添加一个和动画相关的计算属性 slideInAnimation，然后将 Body 部分的代码修改成下面的样子。

```
// MARK: - Properties
@State private var showHeadline: Bool = false
var slideInAnimation: Animation {
  Animation.spring(response: 1.5, dampingFraction: 0.5, blendDuration: 0.5)
    .speed(1)
    .delay(0.25)
}

// MARK: - Body
var body: some View {
  ZStack {
    ......
    HStack(alignment: .top, spacing: 0) {
      ......
    } //: HStack
    .frame(width: 285, height: 105, alignment: .center)
    .offset(x: -66, y: showHeadline ? 80 : 190)
    .animation(slideInAnimation)
    .onAppear {
      showHeadline = true
    }
    .onDisappear {
      showHeadline = false
    }
  } //: ZStack
  .frame(width: 480, height: 320, alignment: .center)
}
```

showHeadline 变量是启动动画的标志，因为是对 HStack 容器添加动画效果，所以为其添加 onAppear 和 onDisappear 修饰器，当容器出现在屏幕上时，showHeadline 的值为 true，反之则为 false。根据 showHeadline 值的变化，通过 HStack 容器的 offset 修饰器，我们让其 y 值从 190 移动到 80。

那么，HStack 容器会执行一个什么样的动画效果呢？这里通过 slideInAnimation 计算其属性，生成一个 Animation 类型的对象，我们将这个动画设置为弹簧效果，response 参数代表弹簧的刚度系数，它是以秒为单位的近似时间，如果值为 0 则代表动画为无刚度的弹簧动画。dampingFraction 参数代表阻尼系数，它控制着视图反弹的时间。如果为 0 则意味着无阻尼，它将永远反弹。如果阻尼值大于 1 则根本不会有弹起的效果。在通常情况下，我们会选择一个介于 0 到 1 之间的值，较大的值会降低速度。blendDuration 参数用于调整弹簧的响应值。最后，我们为 HStack 容器添加 animation 修饰器，将 slideInAnimation 作为修饰器参数即可。

2.5.2 创建横幅滚动视图

创建好 HeaderView 以后，我们就可以借助 ScrollView 在 FoodView 中创建横幅滚动视图了。在项目导航中打开 FoodView.swift 文件，修改 Body 部分代码如下。

```swift
// MARK: - Body
var body: some View {
  ScrollView(.vertical, showsIndicators: false) {
    VStack{
      // MARK: - Header
      ScrollView(.horizontal, showsIndicators: false) {
        HStack(alignment: .top, spacing: 0) {
          HeaderView()
        }
      }
      
      // MARK: - Footer
      VStack(alignment: .center, spacing: 20) {
        Text("关于北京的小吃")
          .font(.title)
          .fontWeight(.bold)
          .foregroundColor(Color("ColorBrownAdaptive"))
          .padding(8)
        
        Text("北京小吃，历史悠久，技艺精湛，品种繁多。荟萃我国大江南北、长城内外的风味。愿《这里是北京》App 能拓宽您的视野，丰富您的生活！")
          .font(.system(.body, design: .serif))
          .multilineTextAlignment(.center)
          .foregroundColor(Color.gray)
          .frame(minHeight: 60)
      } //: VStack
      .frame(maxWidth: 640)
      .padding()
      .padding(.bottom, 85)
    } //: VStack
  } //: ScrollView
  .edgesIgnoringSafeArea(.all)
}
```

因为在 FoodView 中要呈现的内容比较多，所以在 Body 部分的代码中，最外层是一个纵向滚动视图，其内部则通过一个 VStack 容器组织所有的视图。VStack 容器的顶端为横向滚动视图，里面会嵌套一个 HStack 容器，用于呈现所有的 HeaderView。注意 HStack 容器的对齐方式为顶端对齐，内部子视图之间的距离为 0，这样才能保证视图会紧密连接在一起。

在 Header 部分的下面，我们再添加一个 Footer 视图，同样利用 VStack 容器组织。其内部的两个 Text 间隔 20 点。有意思的是，我们为 VStack 容器连续设置了两个 padding，第一个为容器的四周添加默认的间隔距离，第二个为容器的底部添加 85 点的间隔距离，这样相当于左、右、上的间隔相同，底部间隔则大一些。

对于最外层的 ScrollView，我们还要添加 edgesIgnoringSafeArea 修饰器，这样就可以充满整个屏幕了，在预览窗口中的效果如图 2-22 所示，你甚至可以启动 Live 模式，尝试横向滚动 HeaderView，只不过现在只有一个视图而已。

图 2-22　FoodView 在预览窗口中的效果

2.5.3　获取 HeaderView 所需的静态数据

本节我们将从文件中获取 Header 相关的静态数据，完成 HeaderView 横向滚动视图。在 Model 文件夹中新建一个 Swift 类型文件，将其命名为 HeaderModel，数据模型的代码如下。

```
import SwiftUI

// MARK: - HEADER MODEL
struct Header: Identifiable {
  var id = UUID()
```

```
    var image: String
    var headline: String
    var subheadline: String
}
```

Header 结构体必须符合 Identifiable 协议，这样我们就可以在 ForEach 循环语句中遍历所有的静态数据。因为要符合 Identifiable 协议，所以结构体中必须有 id 属性，image、headline 和 subheadline 三个属性则是需要在 HeaderView 中显示的数据内容。

在 Data 文件夹中新建一个 Swift 类型文件，将其命名为 HeaderData。将 "**项目资源/Data**" 文件夹里面 HeaderData.swift 文件中的全部代码复制到其中即可。该文件会提供一个 Header 类型的数组 **headersData**。

```
import SwiftUI

// MARK: - HEADERS DATA
let headersData: [Header] = [
  Header(
    image: "驴打滚-slice-1",
    headline: "驴打滚",
    subheadline: "驴打滚，是东北地区、老北京和天津卫传统小吃之一，成品黄、白、红三色分明，煞是好看。"
  ),
  ……
]
```

接下来，回到 HeaderView 中，在 Properties 部分添加一个属性。

```
// MARK: - Properties
@State private var showHeadline: Bool = false
var header: Header

// MARK: - Preview
struct HeaderView_Previews: PreviewProvider {
  static var previews: some View {
    HeaderView(header: headersData[1])
    ……
  }
}
```

Header 类型的属性用于接收从外部传递进来的 Header 信息，因此在 HeaderView_Previews 的内部，需要为 HeaderView 实例添加相应的调用参数。

最后，我们还需要在 Body 部分将之前的 Image 和两个 Text 修改为下面这样。

```
Image(header.image)
```

```
Text(header.headline)
Text(header.subheadline)
```

让我们回到 FoodView 中，在 Properties 部分添加一个属性，然后修改 Body 部分与 Header 相关的代码。

```
// MARK: - Properties
let headers: [Header] = headersData

// MARK: - Body
var body: some View {
  ScrollView(.vertical, showsIndicators: false) {
    VStack{
      // MARK: - Header
      ScrollView(.horizontal, showsIndicators: false) {
        HStack(alignment: .top, spacing: 0) {
          ForEach(headers) { item in
            HeaderView(header: item)
          } //: Loop
        } //: HStack
      } //: ScrollView
      ……
}
```

headers 属性用于获取所有的 Header 数据，然后在 Body 部分通过 ForEach 循环遍历 headers 中所有的 Header 类型元素，再将每一个元素都传递给 HeaderView 即可，在预览窗口中启动 Live 模式，可以看到如图 2-23 所示的效果。

图 2-23 FoodView 的两种模式在预览窗口中的效果

2.5.4 创建灵活的表格式布局

本节我们将创建一个非常灵活的表格式布局，外观如图 2-24 所示。它的布局结构看似复杂，但是利用 SwiftUI 不用太费力就可以快速完成搭建，只不过在布局的过程中一定要合理使用各种容器，并设置容器的对齐方式。

通过观察你应该可以在头脑中形成一个初步的布局了，最外层应该是一个 HStack 容器，其内部从左到右是 3 个 VStack 容器，第一个 VStack 容器与第三个大致相同，里面都含有 4 个 HStack 容器，只不过左边的是图标+文字，而右边的是文字+图标，文字和图标之间的空间则通过 Spacer 撑开，HStack 容器之间靠 Divider 分割线分割。

对于中间的 VStack 容器，其内部分为上中下 3 部分，上下两部分都是 HStack 容器，用于呈现竖线，中间则是一个 Image。

图 2-24　FoodView 中的表格式布局

在 View 文件夹中新建一个 SwiftUI 类型文件，将其命名为 CookingWayView。因为该视图具有固定的宽度和高度，所以先修改 Preview 部分代码如下，该视图的尺寸被固定在 414 点 ×280 点。

```
CookingWayView()
  .previewLayout(.fixed(width: 414, height: 280))
```

继续修改 Body 部分的代码，我们把表格视图的架构搭建好。

```
HStack {
  // 第一列
  VStack(alignment: .leading, spacing: 4) {
    HStack() {
      Image("蒸-Icon")
        .resizable()
        .frame(width: 42, height: 42, alignment: .center)
      Spacer()
      Text("蒸")
    } //: HStack
  } //: VStack
  
  // 第二列
  Image(systemName: "heart.circle")
    .font(Font.title.weight(.ultraLight))
```

```
    .imageScale(.large)

    // 第三列
    VStack(alignment: .leading, spacing: 4) {
      HStack() {
        Text("烤")
        Spacer()
        Image("烤-Icon")
          .resizable()
          .frame(width: 42, height: 42, alignment: .center)
      } //: HStack
    } //: VStack
} //: HStack
.font(.callout)
.foregroundColor(Color.gray)
.padding(.horizontal)
.frame(maxHeight: 220)
```

在顶层的 HStack 容器中，我们设置了三列，第一列和第三列为 VStack 容器，第二列目前只是一个 Image。其中第一列和第三列中均只有一个 HStack 容器，不同的地方是内容 Image 和 Text 的呈现顺序。另外，在设置 HStack 容器的 font 修饰器的时候，启用了 callout 风格，它是插图标注样式。

如果继续编写代码，那么读者可能都会想到，我们还需要添加 6 个 Image，并且要为这些 Image 添加 frame 修饰器来设定大小，将来的问题可能就出现在这里，因为现在 Image 的尺寸是 42 点×42 点，如果客户需要将其调整为 45 点×45 点，那么我们一共要修改 16 处。优秀的代码一定要避免出现这种手动硬性调整的情况，所以接下来我们会创建自定义视图修饰器（custom view modifier），从而实现复用。

在 CookingWayView 结构体下面，Preview 部分的上面，添加一个新的结构体。

```
struct IconModifier: ViewModifier {
  func body(content: Content) -> some View {
    content
      .frame(width: 42, height: 42, alignment: .center)
  }
}
```

自定义视图修饰器 IconModifier 必须符合 ViewModifier 协议，该协议要求结构体中必须有 body 方法，其中，参数 content 是将要添加修饰器效果的视图对象，返回值是添加好修饰器效果的视图对象。这里为传递进来的视图对象添加 frame 修饰器，设定宽度和高度为 42 点，对齐方式为中心对齐。

在需要调用自定义视图修饰器的地方,我们只需要为其添加下面的语句即可。

```
Image("蒸-Icon")
  .resizable()
  .modifier(IconModifier())
```

modifier 修饰器的功能是调用自定义视图修饰器,这样不管客户最终对于图标的尺寸要求是多少,我们都只需要修改一个地方。

继续修改 CookingWayView 的 Body 部分如下。

```
HStack(alignment:.center, spacing: 4) {
  // 第一列
  VStack(alignment: .leading, spacing: 4) {
    HStack() {
      Image("蒸-Icon").resizable().modifier(IconModifier())
      Spacer()
      Text("蒸")
    } //: HStack
    Divider()
    HStack() {
      Image("煎-Icon").resizable().modifier(IconModifier())
      Spacer()
      Text("煎")
    } //: HStack
    Divider()
    HStack() {
      Image("烙-Icon").resizable().modifier(IconModifier())
      Spacer()
      Text("烙")
    } //: HStack
    Divider()
    HStack() {
      Image("爆-Icon").resizable().modifier(IconModifier())
      Spacer()
      Text("爆")
    } //: HStack
  } //: VStack
  
  // 第二列
  VStack(alignment: .center, spacing: 16) {
    HStack {
      Divider()
    } //: HStack
    Image(systemName: "heart.circle")
      .font(Font.title.weight(.ultraLight))
```

```
      .imageScale(.large)
    HStack {
      Divider()
    } //: HStack
  } //: VStack

  // 第三列
  VStack(alignment: .leading, spacing: 4) {
    HStack() {
      Text("烤")
      Spacer()
      Image("烤-Icon").resizable().modifier(IconModifier())
    } //: HStack
    Divider()
    HStack() {
      Text("涮")
      Spacer()
      Image("涮-Icon").resizable().modifier(IconModifier())
    } //: HStack
    Divider()
    HStack() {
      Text("冲")
      Spacer()
      Image("冲-Icon").resizable().modifier(IconModifier())
    } //: HStack
    Divider()
    HStack() {
      Text("煨")
      Spacer()
      Image("煨-Icon").resizable().modifier(IconModifier())
    } //: HStack
  } //: VStack
} //: HStack
```

虽然需要添加的代码很多，但是并没有什么技术难度，只要保证结构清晰就可以做出如图 2-24 所示的效果。

让我们打开 FoodView.swift 文件，在添加 CookingWayView 之前，可以为标题创建一个全新的自定义视图修饰器，在 FoodView 结构体下方添加下面的代码。

```
// MARK: - TitleModifier
struct TitleModifier: ViewModifier {
  func body(content: Content) -> some View {
    content
      .font(.system(.title, design: .serif))
      .foregroundColor(Color("ColorBrownAdaptive"))
```

```
    .padding(8)
  }
}
```

这里设置标题的字体为 title，颜色为 ColorBrownAdaptive，这样就可以自动适应不同的模式了，它的四周有 8 点的间隔距离。

然后在 Body 部分添加下面的代码。

```
// MARK: - Body
var body: some View {
  ScrollView(.vertical, showsIndicators: false) {
    VStack(alignment: .center, spacing: 20) {
      ScrollView(.horizontal, showsIndicators: false) {
        ……
      } //: ScrollView

      Text("小吃的烹制方式")
        .fontWeight(.bold)
        .modifier(TitleModifier())

      CookingWayView()
        .frame(maxWidth: 640)
```

对于 Text 我们为其添加了 TitleModifier 自定义视图修饰器，对于 CookingWayView，我们设置了它的最大宽度为 640 点。在预览窗口中看到的效果如图 2-25 所示。

图 2-25　FoodView 在预览窗口中的效果

2.5.5 创建横幅滚动视图

接下来我们要在烹制方法视图的下面创建一个北京特色小吃的横幅滚动视图,与之前 FoodView 顶部的横幅滚动视图类似,这里需要先创建一个北京特色小吃卡片视图。

北京特色小吃卡片视图的设计比较有意思,它由 Image 和 Text 组成,但是这次我们借助 ZStack 容器将二者组合到一起,形成如图 2-26 所示的样子。对于 Image 部分,这回不仅对其进行了圆形裁剪,而且在其外面嵌套了三个圆环,其中的一个圆环还使用了线性渐变色的特性,相信将来在你的应用程序中会经常用到这样的布局方式。

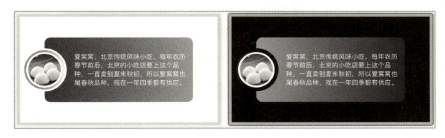

图 2-26 北京特色小吃卡片在不同模式下的效果

在 View 文件夹中新建一个 SwiftUI 类型的文件,将其命名为 FoodCardView。在 Preview 部分,通过下面的代码将预览视图的大小设置为 400 点×220 点。

```
FoodCardView()
  .previewLayout(.fixed(width: 400, height: 220))
```

接着,修改 Body 部分的代码如下。

```
// MARK: - Body
var body: some View {
  Text("爱窝窝,北京传统风味小吃,每年农历春节前后,北京的小吃店要上这个品种,一直卖到夏末秋初,所以爱窝窝也属春秋品种,现在一年四季都有供应。")
    .padding()
    .frame(width: 300, height: 135, alignment: .center)
    .background(
      LinearGradient(gradient:
                    Gradient(colors: [Color("ColorBrownMedium"),
                                      Color("ColorBrownLight")]),
                  startPoint: .leading, endPoint: .trailing))
    .cornerRadius(12)
    .lineLimit(6)
    .multilineTextAlignment(.leading)
    .font(.footnote)
```

```
        .foregroundColor(Color.white)
}
```

对于多行文本，我们设定它的尺寸为 300 点×135 点，背景色为从 ColorBrownMedium 到 ColorBrownLight 的线性渐变色，方向为从左到右。整个视图采用圆角矩形，文本行数限制在 6 行，文本的颜色为白色，效果如图 2-27 所示。

图 2-27　FoodCardView 在预览窗口中的效果

为了可以呈现出图片与文字的叠加效果，接下来，我们要在 Text 的外层嵌套一个 ZStack 容器，并且在 Text 的下面添加一个 Image，代码如下。

```
// MARK: - Body
var body: some View {
  ZStack {
    Text("爱窝窝，北京传统风味小吃，每年农历春节前后，北京的小吃店要上这个品种，一直卖到夏末秋初，所以爱窝窝也属春秋品种，现在一年四季都有供应。")
      .padding(.leading, 55)
      .padding(.trailing, 10)
      .padding(.vertical, 3)
      .frame(width: 300, height: 135, alignment: .center)
      ……

    Image("爱窝窝-fact-1")
      .resizable()
      .frame(width: 66, height: 66, alignment: .center)
      .clipShape(Circle())
      .offset(x: -150)
  } //: ZStack
}
```

在 ZStack 容器中的 Image 的大小为 66 点×66 点，将其裁剪为圆形，再利用 offset 修饰器将其向左移动 150 点。此时的 Image 会遮挡 Text 中的部分文字，所以在 Text 中，用 3 个 padding 修饰器替换了之前的一个 padding 修饰器，让其左侧空出 55 点的空间，右侧空出 10 点的空间，上下各空出 3 点的空间，此时的效果如图 2-28 所示。

图 2-28　FoodCardView 在预览窗口中的效果

最后，我们需要为圆形图片添加由小到大的 3 层圆环，为 Image 添加 3 个修饰器。

```
Image(food.image)
  .resizable()
  .frame(width: 66, height: 66, alignment: .center)
  .clipShape(Circle())
  .background(
    Circle()
      .fill(Color.white)
      .frame(width: 74, height: 74, alignment: .center)
  )
  .background(
    Circle()
      .fill(LinearGradient(gradient: Gradient(colors:
                  [Color("ColorBrownMedium"),Color("ColorBrownLight")]),
                  startPoint: .trailing, endPoint: .leading))
      .frame(width: 82, height: 82, alignment: .center)
  )
  .background(
    Circle()
      .fill(Color("ColorAppearanceAdaptive"))
      .frame(width: 90, height: 90, alignment: .center)
  )
  .offset(x: -150)
```

实际上，我们对 Image 连续添加了 3 个背景视图，每个背景视图都是一个圆，只不过圆的填充色不同，并且尺寸越来越大。另外，第二个圆的填充色使用了线性渐变，所以就产生了如图 2-29 的效果。

在完成了特色小吃卡片的设计以后，需要我们编写相关的数据模型。在 Model 文件夹中新建一个 Swift 类型的文件，将其命名为 FoodModel，添加如下代码。

图 2-29　FoodCardView 在预览窗口中的效果

```
import SwiftUI

// MARK: - Food MODEL
struct Food: Identifiable {
  var id = UUID()
  var image: String
  var content: String
}
```

继续在 Data 文件夹中新建一个 Swift 类型的文件，将其命名为 **FoodData**，并将"项目资源/Data"文件夹里面同名文件的内容复制到该文件中。

让我们回到 FoodCardView，在 Properties 部分添加一个变量属性。

```
// MARK: - Properties
var food: Food
```

然后在 Preview 部分为 FoodCardView 添加必要的参数。

```
FoodCardView(food: foodsData[3])
  .previewLayout(.fixed(width: 400, height: 220))
```

最后，修改 Body 部分 Image 和 Text 的参数即可。

```
Text(food.content)
Image(food.image)
```

如果你愿意，此时可以修改 Preview 部分 food 参数的调用值，将 foodsData 数组的索引值修改为 0 至 11 的任何数字，并在预览窗口中查看效果。

在制作完成特色小吃卡片视图以后，就可以回到 FoodView 生成横向滚动视图了。在项目导航中打开 FoodView，然后在 Properties 部分添加一个新的属性。

```
// MARK: - Properties
let headers: [Header] = headersData
let foods: [Food] = foodsData
```

在 Body 的烹制方法代码的下面，添加一段代码。

```
// MARK: - Beijing Foods
Text("特色北京小吃")
  .fontWeight(.bold)
  .modifier(TitleModifier())

ScrollView(.horizontal, showsIndicators: false) {
  HStack(alignment: .top, spacing: 60) {
    ForEach(foods) { item in
      FoodCardView(food: item)
    } //: Loop
  } //: HStack
  .padding(.vertical)
  .padding(.leading, 60)
  .padding(.trailing, 20)
}
```

在这部分代码中，继续使用自定义视图修饰器来设置标题的样式。在其下面则利用 ScrollView+HStack 容器生成横向滚动视图，效果如图 2-30 所示。

图 2-30　FoodView 在预览窗口中的效果

2.5.6　创建特色小吃店卡片视图

本节，我们将设计并制作北京特色小吃店的卡片视图，该视图用于显示小吃店的特色菜品和基本信息。因为考虑到其他方面的因素，卡片中所呈现的数据并不真实，请读者谅解，并将注意力集中到界面的设计上。

在 Model 文件夹中创建一个新的 Swift 文件，将其命名为 SnackBarModel。将文件修改为下面这样。

```
import SwiftUI
```

```
// MARK: - Snack Bar MODEL
struct SnackBar: Identifiable {
  var id = UUID()
  var title: String
  var headline: String
  var image: String
  var rating: Int
  var serves: Int
  var preparation: Int
  var hot: Int
  var introduction: [String]
  var method: [String]
}
```

当 SnackBar 数据模型创建好以后,在 Data 文件夹中新建一个 Swift 文件,将其命名为 SnackBarData。然后将"项目资源/Data"文件夹里面同名文件的内容复制到该文件之中。

准备好了基础数据以后,在 View 文件夹中新建一个 SwiftUI 文件,将其命名为 SnackBarCardView。在 Properties 部分添加一个属性,并在 Preview 中做出相应修改。

```
 // MARK: - Properties
let snackBar: SnackBar

// MARK: - Preview
struct SnackBarCardView_Previews: PreviewProvider {
  static var previews: some View {
    SnackBarCardView(snackBar: snackBarsData[7])
      .previewLayout(.sizeThatFits)
  }
}
```

接下来,修改 Body 部分的代码如下。

```
// MARK: - Body
var body: some View {
  Image(snackBar.image)
    .resizable()
    .scaledToFit()
    .overlay(
      HStack {
        Spacer()
        VStack{
          Image(systemName: "bookmark")
            .font(Font.title.weight(.light))
            .foregroundColor(Color.white)
            .imageScale(.small)
```

```
            .shadow(color: Color("ColorBlackTransparentLight"),
                    radius: 2, x: 0, y: 0)
            .padding(.trailing, 20)
            .padding(.top, 22)
          Spacer()
        }
      }
    )
}
```

目前卡片视图中只有一个 Image，利用 overlay 修饰器，我们在 Image 的上方创建了一个浮动视图。该视图的核心还是一个 Image 书签图标，白色，具有阴影效果。

因为 overlay 修饰器中的视图是居中对齐的，而我们需要将其定位到图片的右上角，所以这里使用了一个"讨巧"的方式。在 Image 的外层先嵌套一个 VStack 容器，再在容器中通过 Spacer 将 Image "挤"到顶部。然后在 VStack 容器的外层嵌套一个 HStack 容器，并通过另一个 Spacer 将 Image "挤"到尾部。最后，我们通过两个 padding 修饰器将图标定位到距尾部 20 点，距顶部 22 点，效果如图 2-31 所示。

图 2-31　overlay 修饰器中利用 HStack 容器和 VStack 容器将 Image 定位到右上角

在 Image 的下方，继续添加一个 VStack 容器，代码如下。

```
// MARK: - Body
var body: some View {
  VStack(alignment:.leading, spacing: 0) {
    Image(snackBar.image)
    ……
    
    VStack(alignment:.leading, spacing: 12) {
      // Title
      Text(snackBar.title)
        .font(.system(.title, design: .serif))
        .fontWeight(.bold)
        .foregroundColor(Color("ColorBrownMedium"))
```

```
            .lineLimit(1)
          
          // Headline
          Text(snackBar.headline)
            .font(.system(.body, design: .serif))
            .foregroundColor(Color.gray)
          
          // Rating
          
          // Info
      } //: VStack
      .padding()
      .padding(.bottom, 12)
    } //: VStack
    .background(Color.white)
    .cornerRadius(12)
    .shadow(color: Color("ColorBlackTransparentLight"), radius: 8, x: 0, y: 0)
}
```

在 Image 的下方，我们添加一个 VStack 容器，容器中目前实现了 Title 和 Headline 两部分视图。另外，我们为卡片视图添加了 background、cornerRadius 和 shadow 修饰器，将卡片的背景设置为白色、12 点的圆角并指定颜色的阴影。

接下来是小吃店的评星视图，在 View 文件夹中新建一个 SwiftUI 文件，将其命名为 SnackBarRatingView。修改其代码如下。

```
struct SnackBarRatingView: View {
  // MARK: - Properties
  let snackBar: SnackBar
  
  // MARK: - Body
  var body: some View {
    HStack(alignment: .center, spacing: 5) {
      ForEach(1...(snackBar.rating), id: \.self) { _ in
        Image(systemName: "star.fill")
          .font(.body)
          .foregroundColor(Color.yellow)
      } //: Loop
    } //: HStack
  }
}

// MARK: - Preview
struct SnackBarRatingView_Previews: PreviewProvider {
  static var previews: some View {
```

```
    SnackBarRatingView(snackBar: snackBarsData[1])
        .previewLayout(.fixed(width: 320, height: 60))
    }
}
```

在评星视图中，需要接收一个 SnackBar 类型的对象，然后在 Body 部分通过 ForEach 循环生成指定数量的黄色星星。

在预览窗口中的效果如图 2-32 所示。

图 2-32　小吃店评星视图的预览效果

接下来，在 View 文件夹中新建一个 SwiftUI 文件，并将其命名为 SnackBarInfoView。修改其代码如下。

```
struct SnackBarInfoView: View {
    // MARK: - Properties
    let snackBar: SnackBar
    
    // MARK: - Body
    var body: some View {
        HStack(alignment: .center, spacing: 12) {
            HStack(alignment: .center, spacing: 2) {
                Image(systemName: "person.3")
                Text("可用餐人数：\(snackBar.serves)")
            }
            HStack(alignment: .center, spacing: 2) {
                Image(systemName: "clock")
                Text("备时：\(snackBar.preparation)")
            }
            HStack(alignment: .center, spacing: 2) {
                Image(systemName: "flame")
                Text("热度：\(snackBar.hot)")
            }
        } //: HStack
        .font(.footnote)
        .foregroundColor(Color.gray)
    }
}

// MARK: - Preview
```

```
struct SnackBarInfoView_Previews: PreviewProvider {
  static var previews: some View {
    SnackBarInfoView(snackBar: snackBarsData[0])
      .previewLayout(.fixed(width: 320, height: 60))
  }
}
```

与 SnackBarRatingView 类似，这里使用 3 个 HStack 容器显示小吃店可用餐人数、小吃准备时长和小吃热度的信息。

在预览窗口中的效果如图 2-33 所示。

图 2-33　小吃店服务信息视图的预览效果

回到 SnackBarCardView，在// **Rating** 和// **Info** 两行注释语句的下面分别添加两行代码。

```
// Rating
SnackBarRatingView(snackBar: snackBar)

// Info
SnackBarInfoView(snackBar: snackBar)
```

此时，预览窗口中的效果如图 2-34 所示。

图 2-34　特色小吃店卡片视图的预览效果

最后回到 FoodView，在 Properties 部分添加一个属性。

```
// MARK: - Properties
let headers: [Header] = headersData
let foods: [Food] = foodsData
let snackBars: [SnackBar] = snackBarsData
```

接下来,在特色小吃的下面添加如下代码。

```
// MARK: - SnackBar CARD
Text("特色小吃店")
  .fontWeight(.bold)
  .modifier(TitleModifier())

VStack(alignment: .center, spacing: 20) {
  ForEach(snackBars) { item in
    SnackBarCardView(snackBar: item)
  }
}
.frame(maxWidth: 640)
.padding(.horizontal)

// MARK: - Footer
```

这里通过 ForEach 循环遍历了 snackBars 数组,并生成了所有的小吃店卡片视图,效果如图 2-35 所示。

图 2-35　FoodView 中特色小吃店的预览效果

2.5.7 创建小吃店详细页面视图

本节我们将创建小吃店的详细页面视图,依照之前的惯例,我们还是在 View 文件夹中新建一个 SwiftUI 类型文件,将其命名为 SnackBarDetailView。因为在详细页面中要体现出标题、评星、服务信息、美食介绍和制作方法 5 部分内容,所以我们先为其搭建好一个基础框架,修改代码如下。

```
// MARK: - Properties
let snackBar: SnackBar

var body: some View {
  ScrollView(.vertical, showsIndicators: false) {
    VStack(alignment:.center, spacing: 0) {
      Image(snackBar.image)
        .resizable()
        .scaledToFit()
      
      Group {
        // 标题
        // 评星
        // 服务信息
        // 美食介绍
        // 制作方法
      } //: Group
      .padding(.horizontal, 24)
      .padding(.vertical, 12)
    } //: VStack
  } //: ScrollView
  .edgesIgnoringSafeArea(.all)
}
```

对于 SnackBarDetailView 结构体,我们首先在 Properties 部分添加一个 SnackBar 类型的属性,该属性用于呈现指定的小吃店信息。

然后在 Body 部分使用纵向滚动视图,里面是一个 VStack 容器,在 VStack 容器中添加了一个 Image,用于显示小吃店的特色小吃图片。接下来是一个 Group 容器,设置它的左右间隔距离为 24 点,上下间隔距离为 12 点,这里之所以使用 Group 是为了避免在一个容器内部使用过多的视图导致编译器编译失败。在一般情况下,建议在一个容器中最多使用不超过 10 个视图,如果多于 10 个就在容器内部再添加一个容器,比如 Group。

当前,预览窗口中的效果如图 2-36 所示。

图 2-36　SnackBarDetailView 的预览效果

接下来，我们修改// 标题、// 评星和// 服务信息部分的代码如下。

```
// 标题
Text(snackBar.title)
  .font(.system(.largeTitle, design: .serif))
  .fontWeight(.bold)
  .multilineTextAlignment(.center)
  .foregroundColor(Color("ColorBrownAdaptive"))
  .padding(.top, 10)

// 评星
SnackBarRatingView(snackBar: snackBar)

// 服务信息
SnackBarInfoView(snackBar: snackBar)
```

针对标题，我们使用了 ColorBrownAdaptive 颜色集，这样标题就可以在不同模式中呈现不同的颜色。对于评星和服务信息，我们调用了之前的两个视图，这也就解释了之前我们要单独为评星和服务信息创建视图的原因。目前在预览窗口中的效果如图 2-37 所示。

图 2-37　SnackBarDetailView 的预览效果

接下来，让我们继续添加// 美食介绍和// 制作方法的相关代码。

```
// 美食介绍
Text("美 食 介 绍")
  .fontWeight(.bold)
  .modifier(TitleModifier())

VStack(alignment: .leading, spacing: 5) {
  ForEach(snackBar.introduction, id: \.self) { item in
    VStack(alignment: .leading, spacing: 5) {
      Text(item)
        .font(.footnote)
        .multilineTextAlignment(.leading)
      Divider()
    } //: VStack
  } //: Loop
} //: VStack

// 制作方法
Text("制 作 方 法")
  .fontWeight(.bold)
  .modifier(TitleModifier())

ForEach(snackBar.method, id: \.self) { item in
  VStack(alignment: .center, spacing: 5) {
    Image(systemName: "chevron.down.circle")
      .resizable()
      .frame(width: 42, height: 42, alignment: .center)
      .imageScale(.large)
      .font(Font.title.weight(.ultraLight))
      .foregroundColor(Color("ColorBrownAdaptive"))

    Text(item)
      .lineLimit(nil)
      .multilineTextAlignment(.center)
      .font(.system(.body, design: .serif))
      .frame(minHeight: 100)
  } //: VStack
} //: Loop
```

在美食介绍部分，Text 使用了之前在 FoodView 中的自定义修饰器 TitleModifier。然后通过 ForEach 循环遍历了 snackBar 中的 method 数组，它是一个字符串数组，因为不具备 id 属性，所以在 ForEach 中需要设置 id 参数为**\.self**。每一次循环都会生成一个 VStack 容器，而该容器中会包含 Text+Divider。

在制作方法部分，我们对 Text 进行了同样的修饰器设置。在 ForEach 循环中的 VStack 容器里面，则是 Image+Text。

现在，在预览窗口中的呈现效果如图 2-38 所示。

图 2-38　SnackBarDetailView 的预览效果

对于详细页面视图，我们还需要为其添加一个返回按钮，该按钮位于顶部图片的右上角，如图 2-39 所示。

图 2-39　为 SnackBarDetailView 添加返回按钮

在 Body 部分为 ScrollView 添加 overlay 修饰器,代码如下。

```
ScrollView(.vertical, showsIndicators: false) {
  ……
}
.edgesIgnoringSafeArea(.all)
.overlay(
  HStack {
    Spacer()
    VStack{
      Button(action: {
        // ACTION
      }, label: {
        Image(systemName: "chevron.down.circle.fill")
          .font(.title)
          .foregroundColor(Color.white)
          .shadow(radius: 4)
      })
        .padding(.trailing, 20)
        .padding(.top, 24)
      Spacer()
    }
  }
)
```

在 overlay 修饰器中,我们沿用之前的方法,先通过 HStack 容器将按钮挤到右侧,再通过 VStack 容器将按钮挤到顶部。对于按钮来说,它的外观则是一个 Image 图标,白色并带有阴影效果。

接下来,我们为这个按钮添加两个动画效果,当小吃店的详细页面视图出现在屏幕上时,调整按钮的透明度和尺寸。

首先,在 Properties 部分添加一个新的属性。

```
// MARK: - Properties
let snackBar: SnackBar

@State private var pulsate: Bool = false
```

然后为 ScrollView 添加 onAppear 修饰器,将 pulsate 的值修改为 true。

```
ScrollView(.vertical, showsIndicators: false) {
  ……
}
.edgesIgnoringSafeArea(.all)
.overlay(……)
```

```
.onAppear() {
  self.pulsate.toggle()
}
```

最后，修改 Button 的 Label 参数，为 Image 添加 3 个修饰器。

```
Button(action: {
  // ACTION
}, label: {
  Image(systemName: "chevron.down.circle.fill")
    .font(.title)
    .foregroundColor(Color.white)
    .shadow(radius: 4)
    .opacity(self.pulsate ? 1 : 0.6)
    .scaleEffect(self.pulsate ? 1.2 : 0.8, anchor: .center)
    .animation(
      Animation.easeInOut(duration: 1.5).repeatForever(autoreverses: true))
})
```

当 pulsate 的值变为 true 的时候，Image 的透明度会从 0.6 变成 1，尺寸会从原来的 0.8 倍以中心扩展的方式变大到 1.2 倍。而这一切的效果则是以 1.5s 为周期，循环往复一直发生下去。

2.5.8 使用 Sheet 修饰器呈现新的视图

在本节，我们将使用 Sheet 修饰器在现有的视图中呈现一个新的视图窗口，从而实现用户在 FoodView 中单击某一个特色小吃店卡片后，呈现该小吃店的详细页面视图的效果。

为了增强用户的交互体验，我们先在 SnackBarCardView 中添加触控反馈效果。在 SnackBarCardView 的 Properties 部分添加一个属性，该属性用于设置触控反馈的振动力度。

```
// MARK: - Properties
let snackBar: SnackBar
let hapticImpact = UIImpactFeedbackGenerator(style: .heavy)

@State private var showModal: Bool = false
```

除了触控反馈，我们还添加了被 @State 封装的 showModal 变量，该变量用于决定是否开启一个新的视图。

```
VStack(alignment:.leading, spacing: 0) {
  ......
} //: VStack
.background(Color.white)
.cornerRadius(12)
```

```
.shadow(color: Color("ColorBlackTransparentLight"), radius: 8, x: 0, y: 0)
.onTapGesture {
  self.hapticImpact.impactOccurred()
  self.showModal = true
}
.sheet(isPresented: $showModal) {
  SnackBarDetailView(snackBar: self.snackBar)
}
```

对于顶层的 VStack 容器，我们为其添加了 onTapGesture 修饰器，当用户单击卡片的时候，首先会发生振动，然后将 showModal 变量的值修改为 true。

而 sheet 修饰器会侦测 showModal 变量的值，一旦该值变为 true，就会从屏幕底部滑出 SnackBarDetailView。注意，这里一定要在变量 showModal 前使用$符号，代表引用传递参数值形式。这样，只有在 Sheet 修饰器内部 showModal 的值变为 false 的时候，SnackBarCardView 才能关闭滑出的 SnackBarDetailView。

现在，让我们在项目导航中打开 FoodView，在预览窗口中启动 Live 模式，单击某个特色小吃店，此时 SnackBarDetailView 会从屏幕底部滑出。目前还无法通过详细页面右上角的按钮关闭滑出的视图，只能通过点住 SnackBarDetailView 的顶部区域，向下拖曳该视图，效果如图 2-40 所示。

图 2-40　在 FoodView 中单击特色小吃店卡片调出详细页面视图

接下来，让我们回到 SnackBarDetailView，为其添加关闭视图页面的功能。在 Properties 部分添加一个新的属性。

```
// MARK: - Properties
let snackBar: SnackBar
@State private var pulsate: Bool = false
@Environment(\.presentationMode) var presentationMode
```

然后在 Button 的// Action 部分添加下面的代码。

```
Button(action: {
  // ACTION
  self.presentationMode.wrappedValue.dismiss()
}, label: {
```

这里的@Environment 相当于调用系统的全局变量，一旦某个视图通过 sheet 修饰器被调出，相关信息就会被"打入"环境变量 presentationMode 里。通过@Environment 封装器我们可以在视图中获取到该变量的值，然后在用户单击按钮的时候，也就是需要关闭滑出视图的时候，调用其 dismiss()方法，就可以将其关闭了。注意，这里必须使用 **wrappedValue**，否则无法实现关闭功能。

至此，我们已经完成了所有 FoodView 的全部代码，你可以在模拟器中运行该项目，测试所有的功能。

2.6 创建胡同视图页面

本节，我们将针对北京几个比较有特色的胡同创建一个胡同浏览视图。在设计该视图时，我们会创建全新的用户界面，但是会用到之前所学过的各种技能。

在 View 文件夹中新建一个 SwiftUI 类型的文件，将其命名为 HutongRankingView。在 Model 文件夹中新建一个 Swift 类型的文件，将其命名为 HutongModel。在 Data 文件夹中新建一个 Swift 类型的文件，将其命名为 HutongData。

然后，我们将 HutongModel 中的数据模型修改为下面的样子。

```
// MARK: Hutong MODEL
struct Hutong: Identifiable {
  var id = UUID()
  var image: String
  var title: String
  var ranking: String
  var description: String
  var times: String
```

```
    var feature: String
}
```

再将 "项目资源/Data" 中 HutongData.swift 中的代码全部复制到本项目的 HutongData 中。

一切做好以后，打开 HutongRankingView 文件，修改代码如下。

```
//MARK: - Properties
let hutong: Hutong


//MARK: - Preview
struct HutongRankingView_Previews: PreviewProvider {
  static var previews: some View {
    HutongRankingView(hutong: hutongsData[1])
  }
}
```

在 Properties 部分添加一个 Hutong 类型的常量，在 Preview 部分从 hutongsData 数组中传递一个元素。

接下来，就是修改 Body 部分的内容了，先添加下面这段代码。

```
VStack {
  Image(hutong.image)
    .resizable()
    .frame(width: 100, height: 100, alignment: .center)
    .clipShape(Circle())
    .background(
      Circle()
        .fill(Color("ColorBrownLight"))
        .frame(width: 110, height: 110, alignment: .center)
    )
    .background(
      Circle()
        .fill(Color("ColorAppearanceAdaptive"))
        .frame(width: 120, height: 120, alignment: .center)
    )
    .zIndex(1)
    .offset(y: 55)

  VStack(alignment: .center, spacing: 10) {
    // 胡同评分
    VStack(alignment: .center, spacing: 0) {
      Text(hutong.ranking)
        .font(.system(.largeTitle, design: .serif))
        .fontWeight(.bold)

      Text("Ranking")
```

```
            .font(.system(.body, design: .serif))
            .fontWeight(.heavy)
        } //: VStack
        .foregroundColor(Color("ColorBrownMedium"))
        .padding(.top, 65)
        .frame(width: 180)
    } //: VStack
    .zIndex(0)
    .multilineTextAlignment(.center)
    .padding(.horizontal)
    .frame(width: 260, height: 485, alignment: .center)
    .background(LinearGradient(gradient:
     Gradient(colors: [Color("ColorBrownLight"), Color("ColorBrownMedium")]),
                    startPoint: .top, endPoint: .bottom))
    .cornerRadius(20)
} //: VStack
```

在 Body 部分，我们先通过 VStack 容器将所有的视图组织到一个容器中。然后在里面添加一个 Image，通过 clipShape 修饰器将其剪裁为圆形，再通过两个 background 修饰器为其添加两个不同颜色和尺寸的圆环。因为它最终要显示在视图的顶层，所以这里通过 zIndex 修饰器将其层级设置为 1，并通过 offset 修饰器让其下移 55 点。

在 Image 的下方是一个 VStack 容器，该容器的 zIndex 被设置为 0，所以会呈现在 Image 的下方，背景是线性的棕色渐变色，有 20 点的圆角。在容器的内部，先是胡同评分部分，特别说明，此处的评分没有任何依据，完全是根据界面的呈现效果设置的。

图 2-41　HutongRankingView 在预览窗口中的效果

接下来，在 VStack 容器中添加其他内容。

```
// 胡同标题
Text(hutong.title)
  .font(.system(.title, design: .serif))
  .fontWeight(.bold)
  .foregroundColor(Color("ColorBrownMedium"))
  .padding(.vertical, 12)
  .padding(.horizontal, 0)
  .frame(width: 220)
  .background(
    RoundedRectangle(cornerRadius: 12)
      .fill(LinearGradient(gradient:
          Gradient(colors: [Color.white, Color("ColorBrownLight")]),
          startPoint: .top, endPoint: .bottom))
      .shadow(color: Color("ColorBlackTransparentLight"), radius: 6, x: 0, y: 6)
  )

// 描述
  Spacer()
  Text(hutong.description)
    .foregroundColor(Color.white)
    .fontWeight(.bold)
    .lineLimit(nil)
  Spacer()

// 游览时长
Text(hutong.times)
  .foregroundColor(Color.white)
  .font(.system(.callout, design: .serif))
  .fontWeight(.bold)
  .shadow(radius: 3)
  .padding(.vertical)
  .padding(.horizontal, 0)
  .frame(width: 185)
  .background(
    RoundedRectangle(cornerRadius: 12)
      .fill(LinearGradient(gradient:
       Gradient(colors: [Color("ColorBrownMedium"), Color("ColorBrownDark")]),
          startPoint: .top, endPoint: .bottom))
      .shadow(color: Color("ColorBlackTransparentLight"), radius: 6, x: 0, y: 6)
  )

// 特点
Text(hutong.feature)
  .font(.footnote)
```

```
        .foregroundColor(Color("ColorBrownLight"))
        .fontWeight(.bold)
        .lineLimit(3)
        .frame(width: 160)
Spacer()
```

在胡同评分代码的下面，我们要添加胡同标题、描述、游览时长和特点 4 部分代码，其中有两个地方需要设置渐变色背景，而对于其他的代码读者应该都不陌生。在预览窗口中可以看到如图 2-42 所示的效果。

图 2-42　HutongRankingView 在预览窗口中的效果

接着，让我们为 HutongRankingView 添加动画效果。依旧是在 Properties 部分添加如下属性。

```
//MARK: - Properties
let hutong: Hutong
@State private var slideInAnimation: Bool = false
```

然后为 Body 部分顶级 VStack 容器添加 onAppear 修饰器，一旦视图出现在屏幕上，就让 slideInAnimation 的值为 true。

```
//MARK: - Body
var body: some View {
  VStack{
    ……
  }
  .onAppear {
```

```
    slideInAnimation.toggle()
  }
}
```

因为要为 Image 添加纵向位移动画，所以为 Image 添加两个修饰器，代码如下。

```
Image(hutong.image)
  .resizable()
  ……
  .zIndex(1)
  .animation(Animation.easeInOut(duration: 1))
  .offset(y: slideInAnimation ? 55 : -55)
```

这里设置 Image 的动画效果为 easeInOut，动画时长 1s，一旦 slideInAnimation 的值为 true，Image 就会从上向下移动 110 点。

你可以在预览窗口中启动 Live 模式查看动画的执行效果。

最后，让我们回到 HutongView.swift 文件，通过滚动视图和 ForEach 循环生成所有的胡同评分视图。

在 Properties 部分添加一个胡同信息常量，在 Body 部分利用 ScrollView 生成横向滚动视图。

```
// MARK: - Properties
let hutongs: [Hutong] = hutongsData

// MARK: - Body
var body: some View {
  ScrollView(.horizontal, showsIndicators: false) {
    VStack{
      Spacer()
      HStack(alignment: .center, spacing: 25) {
        ForEach(hutongs) { item in
          HutongRankingView(hutong: item)
        } //: Loop
      } //: HStack
      .padding(.vertical)
      .padding(.horizontal, 25)
      Spacer()
    } //: VStack
  } //: ScrollView
  .edgesIgnoringSafeArea(.all)
}
```

我们设定 ScrollView 为横向滚动，其内部是一个 VStack 容器，容器分为、上、中下 3 部分，其中，上、下均为 Spacer，中间则是一个 HStack 容器。通过这样的操作，就可以将 HStack 容器布局到屏幕的中间。在 HStack 容器中再通过 ForEach 循环生成胡同评分视图。

在预览窗口中启动 Live 模式，可以看到如图 2-43 所示的效果。

图 2-43　HutongView 在不同模式下的预览效果

2.7　使用 SwiftUI 设计表单

除了使用 SwiftUI 设计常规的用户界面，我们还可以通过用它设计表单来收集相关的信息，比如用户的订单、购物车等。本节，我们将创建一个最基础的表单，实现简单的交互操作。

打开 SettingsView，将 Body 部分的代码修改为下面这样。

```
//MARK: - Body
var body: some View {
  VStack(alignment: .center, spacing: 0) {
    // MARK: - Header
    VStack(alignment: .center, spacing: 5) {
      Image("Beijing-Logo")
        .resizable()
        .scaledToFit()
        .padding(.top)
        .frame(width: 100, height: 100, alignment: .center)
```

```
            .shadow(color: Color("ColorBlackTransparentLight"),
                    radius: 8, x: 0, y: 4)
            
            Text("这里是北京")
                .font(.title)
                .fontWeight(.light)
                .foregroundColor(Color("ColorBrownAdaptive"))
        } //: VStack
        .padding()
    } //: VStack
    .frame(maxWidth: 640)
}
```

目前的代码实现了设置页面视图中的 Header 部分，在 VStack 容器中包含 Image 和 Text，并设置其最大宽度为 640 点。预览窗口中的效果如图 2-44 所示。

图 2-44　SettingsView 的预览效果

接下来就开始设计表单了，首先在 Properties 部分添加两个属性。

```
//MARK: - Properties
@State private var enableNotification = true
@State private var backgroundRefresh = false
```

在 // MARK: - Header 部分的下面，我们继续添加下面的代码。

```
// MARK: - Form
Form {
    // MARK: - 第一部分
```

```
Section(header: Text("通用设置")){
  Toggle(isOn: $enableNotification) {
    Text("启用消息通知")
  }
  Toggle(isOn: $backgroundRefresh) {
    Text("刷新背景")
  }
} //: Section
} //: Form
```

在 Form 表单中,我们使用 Section 来确定第一部分内容。该部分包含两个开关(Toggle),开关的标题均为 Text。注意,这里需要为开关提供被@State 封装的变量,并使用$符号作为前缀,这意味着参数是引用传递。

在预览窗口中的效果如图 2-45 所示。

图 2-45　SettingsView 的预览效果

在// MARK: - 第一部分的下面添加下面这段代码。

```
// MARK: - 第二部分
Section(header: Text("应用程序")) {
  if enableNotification {
    HStack {
      Text("开发者").foregroundColor(.gray)
      Spacer()
      Text("liuming / Happy")
    }
    HStack {
      Text("设计者").foregroundColor(.gray)
      Spacer()
      Text("Oscar")
    }
    HStack {
```

```
      Text("兼容性").foregroundColor(.gray)
      Spacer()
      Text("iOS 14")
    }
    HStack {
      Text("SwiftUI").foregroundColor(.gray)
      Spacer()
      Text("2.0")
    }
    HStack {
      Text("版本").foregroundColor(.gray)
      Spacer()
      Text("1.2.0")
    }
} else {
    HStack {
      Text("私人信息").foregroundColor(.gray)
      Spacer()
      Text("希望你能够喜欢本章的学习")
    }
  }
}
```

这里通过 if 语句来侦测 enableNotification 变量，如果为 false 则只显示一行信息，否则显示应用程序的相关信息。需要特别说明的是，本章我们的学习重点是用户界面的设计与搭建，某些功能并没有真正实现。

在预览窗口中启动 Live 模式，可以看到如图 2-46 所示的效果。

图 2-46　SettingsView 的最终效果

现在，我们已经完成了对本章所有内容的学习。本章的重点是使用 SwiftUI 进行用户界面的设计与搭建，包括利用故事板搭建用户界面的方法；在纵向滚动视图中嵌入横向滚动视图的方法；为项目创建自适应的颜色集和图像集；创建自定义修饰器的方法；为 Tab 视图创建自定义标签；利用 HStack 容器和 VStack 容器进行视图布局的技巧；让应用程序同时支持浅色和深色模式的方法；为用户界面设置微动画效果，以及利用 SwiftUI 创建表单的方法。

第 3 章
蔬菜百科全书

本章我们将创建一个蔬菜百科全书的应用程序项目。

通过构建这个 App，我们将学习 SwiftUI 2.0 框架中的许多新功能。比如利用 Lift Cycle 设置程序的运行流程，设置令人印象深刻的引导视图，使用 AppStorage 特性保存和加载本地数据，创建自定义视图，利用结构体获取本地数据，使用 ForEach 循环呈现多个视图，在屏幕中使用滚动视图、水平视图和垂直视图容器进行界面布局，以及为项目添加图标等。

3.1 使用 Xcode 快速创建项目

我们通过 Xcode 创建一个 SwiftUI 项目。运行 Xcode，选择 **Create a new Xcode project** 选项。在项目模板选项卡中，依次选择 **iOS / App**，然后单击 **Next** 按钮。

在随后出现的项目选项卡中，做如图 3-1 的设置。

图 3-1　设置项目选项

- 在 Product Name 处填写 **Vegetables**。
- 如果没有苹果公司的开发者账号，那么请将 Team 设置为 **None**；如果有，则可以设置为你的开发者账号。
- Organization Identifier 项可以随意输入，但最好是你拥有的域名的反向，例如：cn.liuming。如果你目前还没有拥有任何域名，那么使用 cn.swiftui 是一个不错的选择。
- Interface 选为 **SwiftUI**。
- Lift Cycle 选为 **SwiftUI App**。
- Language 选为 **Swift**。

对于 Team 选项的设置，如果你现在还没有加入苹果开发者计划，那么可以暂时忽略它。因为绝大部分的项目，都可以在 iOS 模拟器中运行。另外，Xcode 允许接入一台 iOS 设备进行真机测试。如果你真想加入该计划，则需要每年支付苹果公司 688 元人民币的年费。

生存期（Life Cycle）选项必须是 SwiftUI App，这是一个全新的特性，它意味着我们可以创建百分之百的 SwiftUI 程序。该特性相比于之前的 UIKit 的视图生存期管理方式，性能有了很大提升。

请在该选项卡中，确认 Use Core Data 和 Include Tests 选项处于未勾选状态。然后单击 Next 按钮。

在确定好项目的保存位置以后，单击 Create 按钮完成项目的创建。

3.1.1 设置 iOS 设备的屏幕允许方向

如图 3-2 所示，在项目导航栏中，单击蓝色图标的 Vegetables。然后在右侧的编辑区域中，找到 General 选项的 Deployment Info 部分，取消 iOS 14.0 中勾选的 iPad，以及 Device Orientation 中勾选的 Landscape Left 和 Landscape Right。这意味着当前的项目只会匹配 iPhone 设备的竖屏模式。

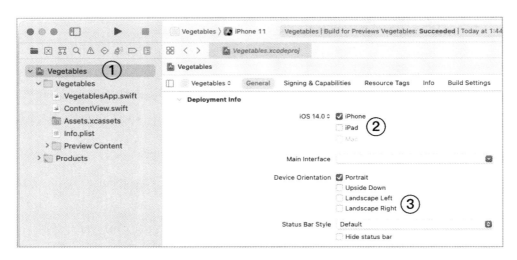

图 3-2　设置设备的屏幕允许方向

3.1.2　为项目添加程序图标和蔬菜图片

在项目导航面板中选择 **Assets.xcassets**，它属于一个资源分类。目前，里面有一个空的应用程序图标组（App Icon）。如果选中它，则会发现我们需要为它提供许多不同尺寸的图标。

以 iPhone App iOS 7-14 60pt 为例，我们需要为其提供一个 2 倍和一个 3 倍的图标，因此两个图标的像素分别为 120×120 和 180×180。

在本章的项目资源包中找到"项目资源/AppIcon"文件夹，将 Icon-60@2x 和 Icon-60@3x 两个图标拖曳到 App Icon 中，如图 3-3 所示。

其余的图标我们也可以通过该方式依次添加。当前我们会使用另一种更快捷的方式：在 AppIcon 上面右击鼠标，选择 **Show in Finder**，此时你会看到 AppIcon.appiconset 文件夹，然后将本书提供的"项目资源/AppIcon"里面的所有文件全部复制到 AppIcon.appiconset 文件夹中，并覆盖原有的 Contents.json 文件。这样就可以将所有尺寸的应用程序图标全部添加完毕，如图 3-4 所示。

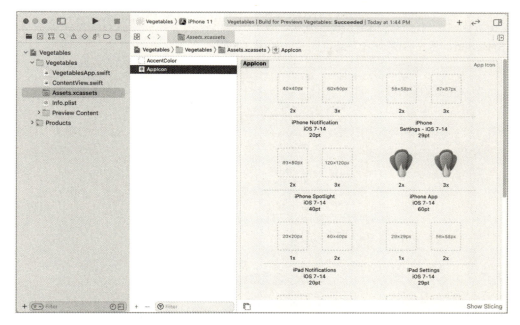

图 3-3　为项目添加两个应用程序图标

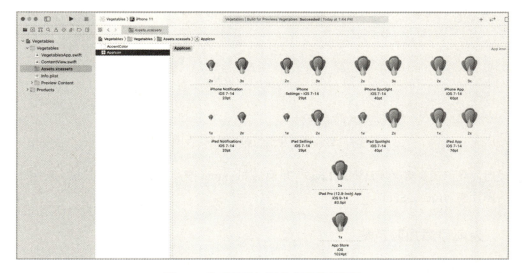

图 3-4　为项目添加所有应用程序图标

另外，本项目会用到 11 张蔬菜图片，将"项目资源/蔬菜图片"中的文件全部拖曳到 Assets.xcassets 中即可。这些图片均为 png 格式，并且是透明背景，这样的图片格式为我们接下来绘制图片渐变背景色奠定了基础。

让我们先把所有的蔬菜图片组织起来，选中所有的蔬菜图片，然后右击鼠标选择 **Folder from Selection**，将文件夹命名为蔬菜图片，如图 3-5 所示。

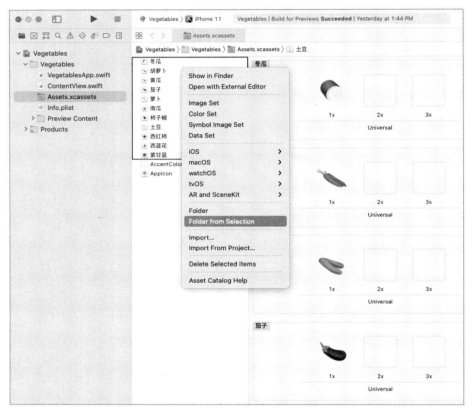

图 3-5　将蔬菜图片组织到蔬菜图片文件夹中

最后，我们还要将"项目资源/Logo"里面的 logo.png 图片拖曳到 Assets.xcassets 中，形成独立的图片集（Image Set）。

3.1.3　为项目添加颜色集

我们所创建的蔬菜百科 App 的特色之一就是使用渐变色来增强 App 的视觉效果，从而为用户带来了解蔬菜的完美体验。

首先，在 Assets.xcassets 部分的左下角单击+号，然后选择 **Color Set**，一个全新的白色颜色集（Color Set）就会出现在项目中，如图 3-6 所示。

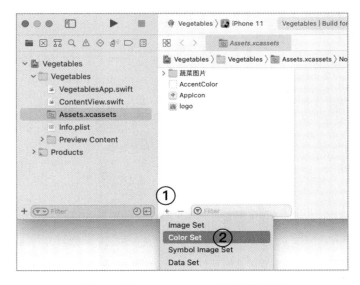

图 3-6　在 Assets.xcassets 中添加颜色集

接下来，修改颜色集的名字为 **Color-冬瓜-Light**，该颜色集分别提供 Any 和 Dark 两种环境的颜色。同时选中这两个颜色块，在右侧的 Color 部分将 Input Method 设置为 8-bit Hexadecimal，然后将 Hex 修改为**#D5FF4C**，此时两个颜色块会变为浅绿亮色。

我们也可以快速创建一组预置的颜色集，将"项目资源/蔬菜颜色"里的所有文件夹拖曳到 Assets.xcassets 里。再选中所有的颜色集，利用之前使用的 Folder from Selection 方法，将这些颜色集组织到**蔬菜颜色**组中。

最后，我们还要为 Assets.xcassets 里面的 Accent Color 设置一个强调色，它是 Xcode 12 引入的一个新特性。Accent Color 用于设置应用程序中常用控件和视图的颜色主题，如果没有设置，应用程序则会使用系统的默认配色。

选中 Accent Color，在右侧的属性面板中将 Color Set 内部的 Appearances 设置为 **Any,Dark**。此时，Accent Color 和之前的蔬菜颜色一样，会呈现两个颜色块。选中 Any Appearance 颜色块，在右侧的属性面板的 Color 部分，将 Content 设置为 sRBG，将 Input Method 设置为 Floating Point，再将下面的 Red、Green 和 Blue 滑块均设置为 0，此时 Any Appearance 变为黑色。接着对 Dark Appearance 做同样的操作，只不过将 Red、Green 和 Blue 均设置为 1，使其变为白色。

3.1.4 在模拟器中查看效果

现在,让我们在模拟器中运行该项目,查看之前设置的应用程序图标是否完美匹配,如图 3-7 所示。

图 3-7 在模拟器中查看 Vegetables 图标

到目前为止,蔬菜百科 App 所用到的素材已经全部添加到项目中。下一节,我们将为程序创建漂亮的引导画面。

3.2 利用 Page Tab View 创建引导画面

本节要实现的功能是,当用户打开蔬菜百科 App 后,屏幕可以随机呈现 5 种不同的蔬菜,如图 3-8 所示。

图 3-8 程序启动后的引导画面

在制作引导画面的时候，我们会通过复用技术呈现 5 种不同的蔬菜。另外，你可能在上图中会发现每个蔬菜卡片的底部都有白色小圆点，它是分页视图控件。在本节的学习中，我们会使用 SwiftUI 语言，通过简单的几行代码来实现该功能。

3.2.1 整理项目文件的结构

详细的注释和清晰的架构往往会让开发的效率事半功倍，所以让我们先来整理一下 Vegetables 项目的结构。

在项目导航中，在黄色图标的 Vegetables 文件夹上面右击鼠标，选择 New Group，并将名字修改为 **App**，然后将 VegetablesApp.swift 和 ContentView.swift 两个文件拖曳到该文件夹中。之后，我们还会在该文件夹中添加更多的主视图文件。

继续在 Vegetables 中添加一个新的 Group，将名字修改为 **View**。我们会将一些小的可复用视图放在这个文件夹中，这样既可以保证功能型视图和主视图相对独立，又可以方便主视图调用这些可复用视图。

3.2.2 创建可复用的蔬菜卡片视图

在 View 文件夹中创建新的 SwiftUI View 文件，将其命名为 VegetableCardView.swift。打开新创建的文件，先为其添加三行注释和一行预览设置代码。

```
import SwiftUI

struct VegetableCardView: View {
  // MARK: - Properties 属性部分

  // MARK: - Body 呈现视图部分
  var body: some View {
    Text("黄瓜")
  }
}
// MARK: - Preview 预览部分
struct VegetableCardView_Previews: PreviewProvider {
  static var previews: some View {
    VegetableCardView()
      .previewLayout(.fixed(width: 320, height: 640))
  }
}
```

我们将在 Properties 部分添加与蔬菜卡片相关的属性，在 Body 部分设置蔬菜卡片的视图，在 Preview 部分利用 previewLayout 方法设置预览时的屏幕尺寸。代码效果如图 3-9 所示。

图 3-9　初始化 VegetableCardView

继续添加代码如下。

```
// MARK: - Body
  var body: some View {
    ZStack {
      VStack(spacing: 20) {
        // Vegetable: Image
        Image("黄瓜")
          .resizable()
          .scaledToFit()
          .shadow(color: Color(red: 0, green: 0, blue: 0, opacity: 0.15),
                  radius: 8, x: 6, y: 8)

        // Vegetable: Title
        Text("黄瓜")

        // Vegetable: Headline
        // Button: Start
      } //: VStack
    } //: ZStack
```

```
        .frame(minWidth: 0, maxWidth: .infinity,
               minHeight: 0, maxHeight: .infinity, alignment: .center)
        .background(LinearGradient(gradient: Gradient(colors:
                    [Color("Color-黄瓜-Light"), Color("Color-黄瓜-Dark")]),
                    startPoint: .top, endPoint: .bottom))
        .cornerRadius(20)
    }
```

在 body 部分的 VStack 容器中，我们先添加了 Image 控件，用于显示 Assets.xcassets/蔬菜图片文件夹中的黄瓜图片，并为其添加了 resizeable（可变尺寸）和 scaledToFit（按比例缩放到适合的大小）修饰器。另外，通过 shadow 修饰器为图片设置了透明度 15%的黑色阴影，阴影的尺寸为 8 点，阴影的（x，y）偏移量为（6，8）。

接下来，为了在黄瓜图片下面添加具有渐变效果的背景色，需要在 VStack 容器的外面嵌套一个 ZStack 容器，为 ZStack 容器添加 frame、background 和 cornerRadius 修饰器。这里设置 ZStack 容器的最小宽高均为 0，最大宽高均为最大，alignment 参数用于设置 ZStack 容器在父视图中的对齐方式，.center 代表位于父视图的中心。

background 修饰器用于设置卡片的背景色，这里采用线性渐变，颜色是从 Assets.xcassets 里面所定义的"Color-黄瓜-Light"到"Color-黄瓜-Dark"，渐变的方向为从顶部（top）到底部（bottom）。

cornerRadius 修改器用于设置卡片的圆角。目前，在 Preview 中呈现的效果如图 3-10 所示。

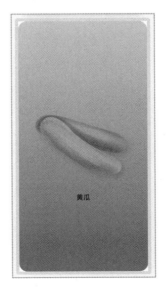

图 3-10　为卡片添加蔬菜图片和渐变背景色

继续修改 Title 部分代码如下。

```
// Vegetable: Title
    Text("黄瓜")
        .foregroundColor(.white)
        .font(.largeTitle)
        .fontWeight(.heavy)
        .shadow(color: Color(red: 0, green: 0, blue: 0, opacity: 0.15), radius: 2, x: 2, y: 2)
```

在上面的代码中,我们利用与 Text 相关的几个修饰器设置了 Title 文字的颜色(white)、大小(largeTitle)、粗细(heavy)及阴影效果。

继续修改 Headline 部分代码如下。

```
// Vegetable: Headline
    Text("中国各地普遍栽培,且许多地区均有温室或塑料大棚栽培;现广泛种植于温带和热带地区。黄瓜为中国各地夏季主要菜蔬之一。茎藤药用,能消炎、祛痰、镇痉。")
        .foregroundColor(.white)
        .multilineTextAlignment(.leading)
        .padding(.horizontal, 16)
        .frame(maxWidth: 480)
```

这里利用 multilineTextAlignment 修饰器设置了文本为左对齐,利用 padding 修饰器设置了文本水平方向两边各有 16 点的间隔距离。

现在,VegetableCardView 在 Preview 中呈现的效果如图 3-11 所示,是不是很酷呢?

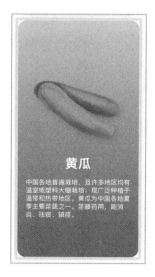

图 3-11 设置卡片中的 Title 和 Headline 文本效果

3.2.3 创建自定义外观按钮

接下来,我们要在卡片中添加一个按钮,一旦用户单击它便可以进入真正的蔬菜百科列表页面。这里我们不会使用系统提供的默认风格按钮,而是通过编写代码,设计一个外形更漂亮的按钮。它所实现的功能也比较单一,就是当用户单击它以后,进入蔬菜列表页面。

在项目导航中找到 View 文件夹,添加一个新的 SwiftUI 文件 StartButtonView。因为该视图的内容并不会涉及整个设备的屏幕范围,所以在 Preview 部分,我们通过 previewLayout 修饰器,将显示范围的尺寸设置为可见区域的大小。

```
// MARK: - Preview
struct StartButtonView_Previews: PreviewProvider {
  static var previews: some View {
    StartButtonView()
      .previewLayout(.sizeThatFits)
  }
}
```

继续修改 Body 中的代码如下。

```
// MARK: - Body
var body: some View {
  Button(action: {
    print("退出引导画面")
  }) {
    HStack(spacing: 8) {
      Text("开始")
      
      Image(systemName: "arrow.right.circle")
        .imageScale(.large)
    }
    .padding(.horizontal, 16)
    .padding(.vertical, 10)
    .background(Capsule().strokeBorder(Color.white, lineWidth: 1.25))
  }
  .accentColor(.white)
}
```

在 Body 部分,我们仅仅添加了一个按钮(Button)。当用户单击它的时候,会在调试控制栏中打印"退出引导画面"这句话。让我们重点看一下按钮外观部分的代码逻辑:先创建了一个横向排列容器(HStack 容器),在它里面包含了两个控件——左边的 Text 和右边的 Image,它们中间有 8 点的距离。其中,Image 调用的是系统图标"带圆圈的右箭头"。整个 HStack 容器的水平方向有 16 点的空间,垂直方向有 10 点的间隔距离。再通过 background 修饰器，为这个 HStack 容器添加胶囊形状的背景线条，并设置线条颜色为白色，宽度为 1.25 点。

最后，我们利用 accentColor 修饰器，将这个按钮的主题风格设置为白色，这也就意味着按钮中所有文本的颜色均为白色。

此时你会发现，在 Preview 中根本看不到按钮的外观，因为底色和按钮颜色均为白色。所以需要调整预览设置，在 Preview 浮动面板中单击 **Inspect Preview** 图标（右起第二个），在 Color Scheme 中将 Scheme 设置为 **Dark**，如图 3-12 所示。

图 3-12 设置 Preview 为深色模式后的按钮外观

接下来，我们将这个自定义按钮内嵌到蔬菜卡片中。打开 VegetableCardView.swift 文件，找到// Button: Start 一行注释代码，并在其下面添加一句 **StartButtonView()**，效果如图 3-13 所示。

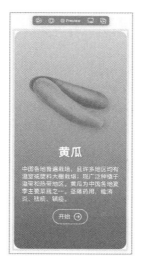

图 3-13 将按钮内嵌到蔬菜卡片后的效果

3.2.4 为蔬菜卡片增加动画效果

接下来，我们创建一个动画效果来增加蔬菜卡片的活跃性，这样也可以引起用户的关注。

在// MARK: - Properties 注释代码的下面添加一个变量。

```
@State private var isAnimating: Bool = false
```

你会发现，isAnimating 是一个布尔型私有变量，它的值只能为 false 或 true。但它并不寻常，它使用了@State 关键字进行封装。被封装以后的 isAnimating 变量会在其值变化的时候，重新绘制与其相关的视图界面。

在 VegetableCardView 中为 ZStack 容器添加 onAppear 修饰器，代码如下。

```
} //: ZStack
.onAppear {
  withAnimation(.easeOut(duration: 0.5)) {
    isAnimating = true
  }
}
.frame(minWidth: 0, maxWidth: .infinity, minHeight: 0, maxHeight: .infinity, alignment: .center)
……
```

在初始化蔬菜卡片视图的时候，isAnimating 的值为 false，借助 onAppear 修饰器，一旦蔬菜卡片视图出现在屏幕上，就会开启一个 easeOut 类型的动画（动画开始速度正常，结尾处逐渐变慢），动画持续 0.5s。动画的内容是让 isAnimating 变量的值由 false 变为 true。可能你会纳闷，这是一个什么样的动画呢？这就需要我们添加第二段代码。

为 Image("黄瓜")添加 scaleEffect 修饰器，代码如下。

```
// Vegetable: Image
Image("黄瓜")
  .resizable()
  .scaledToFit()
  .shadow(color: Color(red: 0, green: 0, blue: 0, opacity: 0.15),
          radius: 8, x: 6, y: 8)
  .scaleEffect(isAnimating ? 1.0 : 0.6)
```

当蔬菜卡片呈现到屏幕上面的时候，变量 isAnimating 的值会从 false 变为 true，因此 Image 的 scaleEffect 修饰器会将图片的大小在 0.5s 内从原来的 0.6 倍平滑地变为 1 倍。也就是说，在 SwiftUI 中，我们如果对某个被@State 封装的属性做动画效果，那么该效果会影响到与该属性相关的视图。

在预览效果之前，让我们再为 ZStack 容器添加一个 padding 修饰器，这样就可以让卡片在水平方向与屏幕边缘有 20 点的间隔距离了。

```
} //: ZStack
.onAppear {
……
.cornerRadius(20)
.padding(.horizontal, 20)
```

3.2.5　创建蔬菜卡片分页视图

现在，我们完全可以在模拟器中欣赏蔬菜卡片漂亮的外观，而且在卡片呈现的时候，还会伴随平滑的动画效果。但这离我们本节要实现的目标还很远。接下来，我们还要创建一个新的引导视图，用来随机呈现 5 个不同的蔬菜卡片。

在项目的 App 文件夹中创建 1 个新的 SwiftUI 文件，将其命名为 OnboardingView，然后在 3 个重要位置添加 3 行注释语句（Properties、Body 和 Preview 部分）。修改 Body 部分的代码如下。

```
// MARK: - Body
var body: some View {
  TabView {
    VegetableCardView()
  } //: TabView
  .tabViewStyle(PageTabViewStyle())
  .padding(.vertical, 20)
}
```

在 Body 部分，我们利用 TabView 容器放置蔬菜卡片，并且设置 TabView 的风格为 tab 分页风格，另外设置内部垂直方向有 20 点的间隔距离。

这还不够，当前的 TabView 中仅有 1 个蔬菜卡片，而我们需要呈现的是 5 个这样的卡片。修改代码如下。

```
// MARK: - Body
var body: some View {
  TabView {
    ForEach(0 ..< 5) { item in
      VegetableCardView()
    } //: Loop
  } //: TabView
  .tabViewStyle(PageTabViewStyle())
```

```
        .padding(.vertical, 20)
}
```
　　此时，如果在预览窗口中启动 Live 模式查看效果，那么可以看到 5 个黄瓜蔬菜卡片供我们交互浏览，但是在运行模拟器的时候，总是呈现 ContentView（"Hello world！"字符串）。此时我们需要修改 VegetablesApp.swift 文件中的代码如下。

```
@main
struct VegetablesApp: App {
  var body: some Scene {
    WindowGroup {
      OnboardingView()
    }
  }
}
```

　　你会发现，在 VegetablesApp 结构体的上面有一个**@main** 关键字，它表明 VegetablesApp 是应用程序运行的入口位置，而 **WindowGroup** 中的对象是应用程序运行后开启的首个视图，这里我们将之前的 ContentView 修改为 OnboardingView。再次构建并运行项目，你会看到模拟器中会呈现蔬菜卡片分页视图，并且可以通过滑动手势浏览不同页面，只不过目前的 5 个页面都是同样的蔬菜而已，效果如图 3-14 所示。

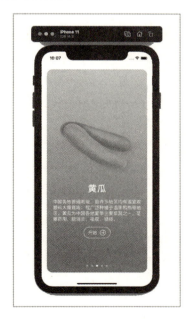

图 3-14　蔬菜卡片分页视图在模拟器中的效果

3.3 创建数据模型和获取数据

本节我们将学习如何在项目中集成 JSON 格式的数据文件并在相关视图中获取并使用这些数据。我们还将在引导页面中随机显示 5 种不同的蔬菜卡片来吸引用户的关注。

3.3.1 创建数据模型

先为蔬菜数据创建一个数据模型，有了这样的模型，就可以将蔬菜的各类属性信息呈现给用户了。

在项目导航中添加一个新的 Group，将其命名为 **Model**。在该文件夹中添加一个新的 Swift 类型的文件，命名为 VegetableModel。

现在，我们就可以为蔬菜的所有关键信息创建数据模型了，代码如下。

```
import Foundation
import SwiftUI

// MARK: - Vegetables Data Model
struct Vegetable: Identifiable {
  var id = UUID()
  var title: String   // 标题
  var headline: String   // 提要
  var image: String   // 图片文件名
  var gradientColors: [Color]   // 背景渐变色
  var description: String   // 描述信息
  var classification: [String]   // 分类信息
}
```

这里我们使用结构体（Struct）定义蔬菜的数据模型，因为相对于类（Class）来说，结构体更加简单、清晰和轻量级，不会给程序的运行带来负担。另外，在该结构体中会用到 SwiftUI 框架中的 Color 结构体，所以需要使用 import 语句导入 SwiftUI 框架。

需要注意的是，因为该结构体要符合 **Identifiable** 协议，也就是通过该结构体被实例化的对象必须是唯一的、可标识的，所以在结构体中必须包含一个 **id** 属性，并且 id 属性的值必须是唯一的、可标识的。因此这里使用 UUID()函数的值作为 id 的值，UUID()函数会随机生成一个唯一的值。

然后，我们在结构体中定义蔬菜的标题、内容提要、图片文件名、背景渐变色、描述信息和分类信息。gradientColors 是 Color 类型的数组，之前我们为每种蔬菜都分别创建了 light

和 dark 两种颜色集，这里就利用它们生成线性渐变背景色。classification 是字符串型数组，里面存储的是该蔬菜在生物分类学中的分类信息。

在结构创建完成以后，我们还需要添加一个新的文件存储真正的蔬菜数据。

3.3.2 创建蔬菜数据

与之前的操作类似，在项目导航中创建一个新的文件夹 **Data**。然后在里面创建一个 swift 类型的文件 VegetablesData.swift。在文件中添加如下代码。

```
import Foundation
import SwiftUI

// MARK: - Vegetables Data
let vegetablesData: [Vegetable] = [
    Vegetable(
        title: "茄子",
        headline: "果可供蔬食。根、茎、叶入药，为收敛剂，有利尿之效，叶也可以作麻醉剂。种子为消肿药，也用为刺激剂，但容易引起胃弱及便秘，果生食可解食菌中毒。",
        image: "茄子",
        gradientColors: [Color("Color-茄子-Light"), Color("Color-茄子-Dark")],
        description: "茄（学名: Solanum melongena L.）茄科，茄属植物。茄直立分枝草本至亚灌木，高可达 1 米，小枝，叶柄及花梗均被 6-8-（10）分枝，平贴或具短柄的星状绒毛，小枝多为紫色（野生的往往有皮刺），渐老则毛被逐渐脱落。叶大，卵形至长圆状卵形，叶柄长约 2～4.5 厘米（野生的具皮刺）。能孕花单生，花柄长约 1～1.8 厘米，毛被较密。果的形状大小变异极大。果的形状有长或圆，颜色有白、红、紫等。",
        classification: ["被子植物门","双子叶植物纲","合瓣花亚纲","管状花目","茄科","茄族","茄属","茄","原产亚洲热带，中国各省均有栽培"])
]
```

现在，我们已经为 vegetablesData 数组添加了一个 Vegetable 类型的元素，如果你愿意，那么还可以继续添加其余的 10 个元素，或者是直接复制为你提供好的数据。在"项目资源/Data"中，将 VegetablesData.txt 文件中的所有数据复制到 let vegetablesData: [Vegetable] = []数组中即可。

3.3.3 在蔬菜卡片中显示蔬菜数据

本节的主要任务是将数据呈现在蔬菜卡片中，但在此之前我们还需要做一些前期工作。

在 OnboardingView 的 Body 部分，注释掉 VegetableCardView()，并在其下面添加一行 Text("卡片")语句，代码如下。

```
TabView {
  ForEach(0 ..< 5) { item in
    //VegetableCardView()
    Text("卡片")
  } //: Loop
} //: TabView
.tabViewStyle(PageTabViewStyle())
.padding(.vertical, 20)
```

之所以这样做，是因为接下来我们会在 VegetableCardView 中添加属性，新添加的属性会改变 VegetableCardView 方法的调用方式，如果沿用之前的方式，编译器就会报错，影响我们的测试效果。

接下来，在项目导航中选择 VegetableCardView.swift 文件，为该结构体添加一个属性，代码如下。

```
// MARK: - Properties
var vegetable: Vegetable
@State private var isAnimating: Bool = false
```

你可能会注意到，在 Xcode 的顶部会出现一个红圈叉报错，编译器此时会停止工作。导致错误的原因是在 Preview 部分，我们没有在实例化 VegetableCardView()的时候为 vegetable 变量赋值。

要想快速修复这个错误，可以单击错误行右侧的红色圆点，然后在错误描述面板中单击 **Fix** 即可，如图 3-15 所示。

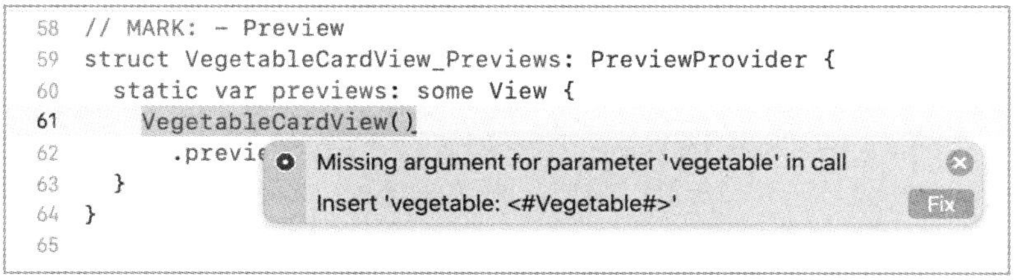

图 3-15　快速修复未初始化属性的错误

此时，我们需要为 VegetableCardView()提供一个 Vegetable 类型的对象参数。在上一节已经创建好了 vegetablesData 数组，因此，这里只需要提供给它数组中的一个元素即可。将报错行修改为 VegetableCardView(**vegetable: vegetablesData[1]**)，Xcode 顶端的红圈叉消失，编译器又开始正常工作了。

接下来就要修改 Body 部分的代码了，因为之前我们是手动将"黄瓜"的信息强行写入代码中的，所以现在需要将这部分代码全部修改为 vegetable 变量的形式，修改代码如下。

```
// MARK: - Body
var body: some View {
  ZStack {
    VStack(spacing: 20) {
      // Vegetable: Image
      Image(vegetable.image)
        .resizable()
        ……
      // Vegetable: Title
      Text(vegetable.title)
        .foregroundColor(.white)
        ……
      // Vegetable: Headline
      Text(vegetable.headline)
        .foregroundColor(.white)
        ……
    } //: VStack
  } //: ZStack
  ……
  .background(LinearGradient(gradient: Gradient(colors:
vegetable.gradientColors), startPoint: .top, endPoint: .bottom))
  .cornerRadius(20)
  .padding(.horizontal, 20)
}
```

这里我们一共修改了 4 处，调用的是 Vegetable 对象的 4 个属性：title、image、headline 和 gradientColors。为了验证是否成功，我们还可以修改 Preview 部分 vegetablesData 数组的索引值，看看是否更新了不同的蔬菜信息。

3.3.4 在引导页面中显示蔬菜数据

在蔬菜卡片制作完成以后，就可以将不同的卡片呈现到引导页面中了。

```
struct OnboardingView: View {
  // MARK: - Properties
  var vegetables: [Vegetable]

  // MARK: - Body
  var body: some View {
    TabView {
      ForEach(vegetables[0 ..< 5]) { item in
        VegetableCardView(vegetable: item)
      } //: Loop
```

```
    } //: TabView
    .tabViewStyle(PageTabViewStyle())
    .padding(.vertical, 20)
  }
}

// MARK: - Preview
struct OnboardingView_Previews: PreviewProvider {
  static var previews: some View {
    OnboardingView(vegetables: vegetablesData)
  }
}
```

这里先创建了一个 vegetables 变量，它是用于存储 Vegetable 类型的数组。然后在 TabView 中，我们循环 5 次，依次获取 vegetables 数组中索引值为 0~4 的 5 种蔬菜信息。item 就是每一次循环后得到的 Vegetable 类型的对象，我们将其作为 VegetableCardView 的参数生成蔬菜卡片。

最后，在 Preview 部分，我们需要为 OnboardingView 的 vegetables 属性赋初始值。

为了让程序可以正常在模拟器中运行，我们还需要将 VegetablesApp.swift 文件中的 OnboardingView()修改为 OnboardingView(**vegetables: vegetablesData**)，以确保对 OnboardingView 的调用是正确的。

构建并运行程序，可以在模拟器中通过滑动手势看到茄子、冬瓜、胡萝卜、黄瓜和西蓝花 5 种蔬菜的卡片。

3.4　使用 AppStorage 封装器存储数据

SwiftUI 在 2020 年的 WWDC 期间进行了一些重大的改进，其中一个最重要的特性就是构建完全的 SwiftUI App。本节我们将学习使用几个基础的全新 API，并且深入了解视图、场景和应用程序是如何在一起工作的。本节的主要目标是实现当用户单击蔬菜卡片上的开始按钮后，退出引导页面视图，再呈现主程序视图。

在项目导航中打开 VegetablesApp.swift 文件，其中的**@main** 关键字是 Swift 5 的全新特性。如果你之前有过程序开发经验，就会知道其实每个应用程序都有一个入口，以 C 语言为例，它的入口函数就是 main.m 文件中的 main()函数。在 Swift 语言中，我们仍然使用 main.swift 文件作为应用程序的入口，但执行的是下面这几条语句。

```
autoreleasepool {
  UIApplicationMain(CommandLine.argc, CommandLine.unsafeArgv,
                    nil, NSStringFromClass(AppDelegate.self))
}
```

在 SwiftUI 中，如果我们为类（Class）、结构体（Struct）或枚举（Enum）添加了@main 关键字的标记，就意味着这个类（或结构体、枚举）必须符合 **App** 协议。这样它就会成为 SwiftUI 程序的入口。App 协议会自动创建所有启动 SwiftUI 程序所必需的东西，而我们无须做任何额外的事情。

```
@main
struct VegetablesApp: App { // App 协议会去处理 main()函数所负责的事情
  var body: some Scene {
    WindowGroup {
      OnboardingView(vegetables: vegetablesData)
    }
  }
}
```

让我们仔细观察一下 VegetablesApp 文件，里面的代码只有短短几行，简洁而清晰，这要归功于 SwiftUI 2.0 所带来的全新特性。

这里创建了一个 VegetablesApp 结构体，因为它被标注了@main 关键字，所以必须符合 App 协议。协议要求结构体中必须有一个 **body** 属性，用于定义应用程序的**场景**（Scene），因此该属性必须符合 SwiftUI 的 **Scene** 协议，body 属性会返回 Scene 类型的实例。

3.4.1 SwiftUI 中应用程序的生存期

让我们先来了解一下程序中的场景（Scene）和视图（View）是如何工作的，以及在 SwiftUI 程序的整个生存期中，它们所扮演的角色是什么？

视图是 SwiftUI 中最基本而又非常重要的元素，因为用户在屏幕上面看到的任何东西都是视图。我们可以借助横向（Horizontal）或纵向（Vertical）滚动视图等容器，将图片、文字、交互控件等视图组合成复杂的视图，以便于我们的管理和复用。

如果我们将视图组合成复杂的用户界面，它就成为了**场景**（Scene）。场景可以将内容独立地呈现在平台上，我们也可以将几个场景组合成更复杂的场景。例如 iPadOS 平台，它可以显示两个并排的窗口，比如邮件程序。例如 iOS、watch OS 和 tvOS 平台，它们仅为应用程序提供一个全屏窗口，如图 3-16 所示。

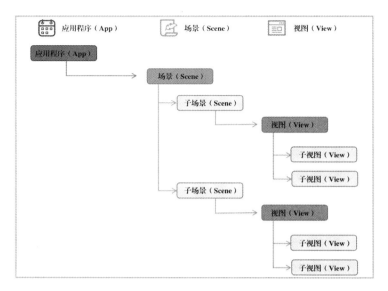

图 3-16　应用程序、场景与视图之间的关系

让我们回到 VegetablesApp.swift 文件中，在 body 属性里面有一个 WindowGroup{}，它就是一个场景，并且场景中包含了引导页面视图（Onboarding View）。

另外，我们可以在窗口中创建一个新的窗口。就像我们要在蔬菜百科中实现的逻辑：在 WindowGroup 中的默认情况下呈现的是引导页面视图，一旦用户单击蔬菜卡片上的开始按钮，就会呈现各种蔬菜的列表视图。当我们再次启动应用程序的时候，依然会显示蔬菜列表视图，其逻辑如图 3-17 所示。

让我们回到蔬菜百科 App 中，一旦用户单击引导页面中蔬菜卡片的开始按钮，引导页面就应该退出，然后呈现出蔬菜列表视图。因此，我们需要存储一个状态值，并且这个值必须是能够永久存储在 iOS 设备上的。

我们可以利用 SwiftUI 提供的全新属性封装器 @AppStorage 来解决这个问题。在 SwiftUI 应用程序中，封装器被大量用于视图的更新和状态的监测，它在 SwiftUI 中占有非常重要的位置，对数据的管理起到至关重要的作用。

@AppStorage 有什么作用呢？如果你之前有过 Swift 语言开发经验，就会清楚，如果想要将某个值永久存储在设备上，则需要借助 UserDefaults 类进行值的读取和写入。而在 SwiftUI 2.0 中，借助 @AppStorage 属性封装器向 iOS 设备读取和写入指定的值。一旦 AppStorage 封装器的值发生更改，与其关联的 SwiftUI 视图就都会被重绘。

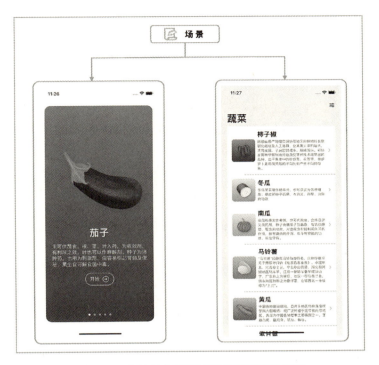

图 3-17　在场景中根据情况呈现不同的视图

接下来我们要做的事情，就是先声明一个被 AppStorage 封装的布尔型变量 isOnboarding，然后根据它的真假值来确定呈现在屏幕上的视图是引导页面还是蔬菜列表页面。

```
@main
struct VegetablesApp: App {
  @AppStorage("isOnboarding") var isOnboarding: Bool = true
  
  var body: some Scene {
    WindowGroup {
      if isOnboarding {
        OnboardingView(vegetables: vegetablesData)
      }else {
        ContentView()
      }
    }
  }
}
```

在 AppStorage 后面的括号中，被双引号括起来的 isOnboarding 字符串是存储在设备上的值的标识，var 后面的 isOnboarding 则是布尔型变量，初始值为 true。我们假定用户是第一次开启蔬菜百科 App，所以这里设置初始值为 true。

在当前结构体中，我们只是读取 isOnboarding 的值，并根据真假呈现不同的视图。如果在其他结构体中，该值发生了改变，则屏幕上与该值相关的用户界面会立即进行更新。这是它强于传统 UserDefaults 的地方，对于开发者来说非常方便。

在 WindowGroup 部分，我们通过条件语句判断 isOnboarding 的值，如果为真则显示引导页面，如果为假则显示蔬菜列表页面。

3.4.2 完成按钮的执行代码

因为我们需要通过单击蔬菜卡片的开始按钮来修改 isOnboarding 的值。因此打开 StartButtonView.swift 文件，修改代码如下。

```swift
struct StartButtonView: View {
  // MARK: - Properties
  @AppStorage("isOnboarding") var isOnboarding: Bool?

  // MARK: - Body
  var body: some View {
    Button(action: {
      isOnboarding = false
    }) {
      ……
```

在结构体中，我们通过@AppStorage("isOnboarding") var isOnboarding: Bool?语句声明一个可选变量，该变量会读取 UserDefaults 中存储的以 isOnboarding 为标识的值。之所以声明的是可选类型，是因为 UserDefaults 中可能不存在标识为 isOnboarding 的值，如果不存在，该变量的值就为 nil。

一旦用户单击按钮，isOnboarding 的值就会发生改变，从而影响到 VegetablesApp 结构体中的条件判断语句的执行分支，如果值为假，ContentView 就会呈现在屏幕上。

现在，你可以构建并运行项目，默认在屏幕上依旧会出现引导页面，但是当用户单击开始按钮后，屏幕上马上就会出现 ContentView 界面，尽管目前该视图上只有一个"Hello，world！"文本，效果如图 3-18 所示。

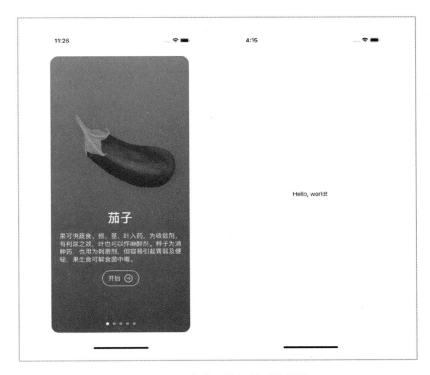

图 3-18　用户单击按钮前后的效果

3.5　通过循环创建列表视图

本节，我们将创建一个列表视图，来替换上一节的 ContentView。为了实现这个目标，需要先创建一个独立的行（Row）视图，然后将多个行视图组合构建成为一个新的列表视图。

3.5.1　创建行视图

在 View 文件夹中创建一个新的 SwiftUI 类型文件，将其命名为 VegetableRowView。除了在必要的位置添加注释语句，在 Preview 部分我们还为 VegetableRowView 实例添加下面两个修饰器。

```
// MARK: - Preview
struct VegetableRowView_Previews: PreviewProvider {
    static var previews: some View {
        VegetableRowView()
            .previewLayout(.sizeThatFits)
            .padding()
```

        }
}

previewLayout 修改器用于修改预览方式，因为该结构体负责的是单独的行视图，完全没有必要将视图效果呈现在整个屏幕上，所以使用.sizeThatFits 参数，指定 Xcode 产生一个适合当前视图的预览画面。padding 修饰器则会让视图的内容与容器四边有一个标准的间隔距离，效果如图 3-19 所示。

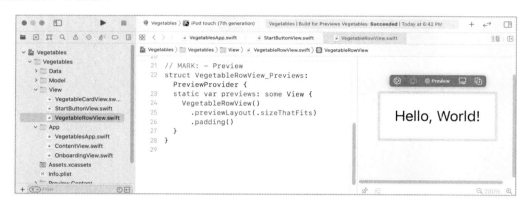

图 3-19　修改视图预览方式

接下来，需要添加一个属性，修改代码如下。

```
struct VegetableRowView: View {
  // MARK: - Properties
  var vegetable: Vegetable
  // MARK: - Body
  ……
}


// MARK: - Preview
struct VegetableRowView_Previews: PreviewProvider {
  static var previews: some View {
    VegetableRowView(vegetable: vegetablesData[0])
      .previewLayout(.sizeThatFits)
      .padding()
  }
}
```

我们需要为行提供蔬菜信息，像制作蔬菜卡片一样添加一个 Vegetable 类型的变量。另外，在 Preview 部分需要为 VegetableRowView()添加一个参数，并将 vegetablesData 数组中的任意元素传递给它。

下面，就如同制作蔬菜卡片一样，需要在 Body 部分呈现各种视图，首先创建一个 HStack 容器，里面是一个 Image，代码如下。

```
// MARK: - Body
var body: some View {
  HStack {
    Image(vegetable.image)
      .renderingMode(.original)
      .renderingMode(.template)
      .resizable()
      .scaledToFit()
      .frame(width: 80, height: 80, alignment: .center)
      .shadow(color: Color(red: 0, green: 0, blue: 0, opacity: 0.3), radius: 3, x: 2, y: 2 )
      .background(LinearGradient(gradient: Gradient(colors: vegetable.gradientColors), startPoint: .top, endPoint: .bottom))
      .cornerRadius(8)
  }
}
```

因为在 Preview 中传入 VegetableRowView 的参数值为 vegetablesData 数组中第一个元素，所以在预览面板中我们会看到茄子的图片，通过 frame 修饰器设置图像的尺寸为 80 点×80 点，中心对齐。通过 shadow 修饰器为茄子添加阴影效果。通过 background 修饰器设置背景色为从顶部到底部的线性渐变。值得注意的是 Image 的第一个修饰器 **renderingMode**，它用于设置图片的绘制模式。**original** 参数代表原始模式，即在屏幕上绘制出来的图像是按照图片的像素原样显示。如果将参数设置为 **template**，那么图像的所有非透明部分都会变成一种可以设置的颜色，系统默认的颜色是黑色，两种模式的效果如图 3-20 所示。

图 3-20　renderingMode 修改器的 original 和 template 模式效果

继续在 Image 的下方添加一个 VStack 容器。我们会将蔬菜的标题和提要放在里面，代码如下。

```
HStack {
  Image(vegetable.image)
  ……

  VStack(alignment: .leading, spacing: 5) {
    Text(vegetable.title)
      .font(.title2)
      .fontWeight(.bold)
    Text(vegetable.headline)
      .font(.caption)
      .foregroundColor(.secondary)
  }
}
```

对于 VStack 容器，设置它里面的所有视图为顶端对齐，纵向间隔距离为 5 点。第一个 Text 显示标题，第二个 Text 显示提要。注意 foregroundColor 修饰器的参数 Color.secondary，在 SwiftUI 中，有两种特别的颜色——Color.primary 和 Color.secondary。Color.primary 是 SwiftUI 中文本的默认颜色，根据用户设备运行的浅色/深色模式不同，颜色为黑色或者白色。而 Color.secondary 也是根据设备的不同，颜色可以为黑色或者白色，但它具有一定的透明度，效果如图 3-21 所示。

图 3-21　行视图在浅色/深色模式下的显示效果

在完成了行视图的设计后，就可以组合构建列表视图了。

3.5.2　创建列表视图

回到 ContentView 结构体，我们需要创建一个新的变量用于存储所有的蔬菜信息。

```
// MARK: - Properties
var vegetables: [Vegetable] = vegetablesData
```

接下来完成列表视图，代码如下。

```
// MARK: - Body
var body: some View {
```

```
NavigationView {
  List {
    ForEach(vegetables) { item in
      VegetableRowView(vegetable: item)
        .padding(.vertical, 4)
    }
  }
}
```

首先，我们在 body 中为当前的场景创建导航视图（Navigation View），然后通过 List 创建列表视图，视图中应该是所有蔬菜的行视图，所以通过 ForEach 遍历 vegetables 数组，每次循环都会执行一次代码块，而 item 就是遍历数组时从数组中读取的元素，因此在代码块中，item 是 Vegetable 类型的对象。

每一次循环都会生成一个蔬菜的行视图，而蔬菜信息是通过 item 传递给行视图的。最后，为每一个行视图添加垂直方向的 4 点间隔距离。

如果代码没有问题，那么预览面板中的效果如图 3-22 所示。要是你想让每次呈现的蔬菜顺序是随机的，则可以将循环语句修改为 ForEach(vegetables.**shuffled()**)，通过数组的 shuffled() 方法，就可以重新得到一个打乱顺序的数组，然后 ForEach 会按照新数组的顺序呈现蔬菜行视图。

图 3-22　蔬菜列表的效果

你可以单击预览面板中的 Live Preview 按钮，每次运行都会呈现不同顺序的蔬菜列表，是不是很有意思呢！

3.5.3 设置导航视图的属性

如果你仔细观察预览面板，就会发现屏幕的顶部有一大块空白，这是导航视图的标题区域，通过修饰器我们可以方便地设置导航视图的标题。

```
NavigationView {
  List {
    ForEach(vegetables.shuffled()) { item in
      VegetableRowView(vegetable: item)
        .padding(.vertical, 4)
    }
  }
  .navigationTitle("蔬菜")
}
```

我们为 List 添加 navigationTitle 修饰器，用于设置导航视图的标题。

到目前为止，列表视图已经基本完成。在预览面板中我们可以单击 Live Preview 按钮查看场景的效果，并且可以使用鼠标进行纵向滚动，真是不可思议！

3.6 创建蔬菜的详情视图

在本章前面的学习中，我们已经创建了两个场景，引导页面和蔬菜列表页面，程序的画面虽然美观，但确实没有实现什么有用的功能。本节我们将实现用户单击蔬菜列表行后，在屏幕上呈现相应的蔬菜详情页面的功能。

3.6.1 创建视图文件

在 App 文件夹中创建一个新的 SwiftUI 类型文件，将其命名为 VegetableDetailView。仿照之前的程序代码，修改 VegetableDetailView 结构体的代码如下。

```
struct VegetableDetailView: View {
  // MARK: - Properties
  var vegetable: Vegetable
  
  // MARK: - Body
  var body: some View {
```

```
      Text(vegetable.title)
    }
  }
}


// MARK: - Preview
struct VegetableDetailView_Previews: PreviewProvider {
  static var previews: some View {
    VegetableDetailView(vegetable: vegetablesData[0])
  }
}
```

在 VegetableDetailView 结构体中，添加了一个 Vegetable 类型的属性，因为我们要在该视图中呈现某个蔬菜的详细信息，在 Preview 部分，我们也要添加相应的参数。

3.6.2　添加导航链接

接下来，我们需要通过某种方式让用户可以进入详情页面，这需要借助 SwiftUI 中的导航链接（Navigation Link）。打开 ContentView.swift 文件，修改代码如下。

```
List {
  ForEach(vegetables.shuffled()) { item in
    NavigationLink(destination: VegetableDetailView(vegetable: item)){
      VegetableRowView(vegetable: item)
        .padding(.vertical, 4)
    }
  }
}
```

在每次循环的时候，我们都会为行视图建立导航链接，并将链接指向新创建的蔬菜详情页面，传递给详情页面的参数就是每次遍历 vegetablesData 数组中的某一个蔬菜信息。

我们可以在预览窗口中测试一下效果，单击预览窗口中的 Live Preview 按钮。此时因为是在 ContentView 结构体中，所以显示的是蔬菜列表视图。当我们单击某一行的时候，预览窗口就会导航到我们新创建的详情页面，目前该页面只有一行文本，效果如图 3-23 所示。

另外，请你关注一下详情页面中左上角的"< 蔬菜"返回链接。还记得之前我们在 Assets.xcassets 中定义的 Accent Color 颜色集吗？如果没有定义这个颜色集，则该返回链接默认是蓝色的。现在，因为我们定义了 Accent Color，所以在浅色模式中它是黑色的，在深色模式中它是白色的。

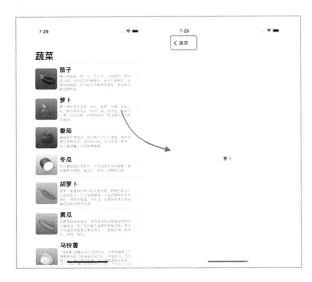

图 3-23　通过导航链接从蔬菜列表视图导航到蔬菜详情视图

3.6.3　设计详情页面视图

让我们继续设计详情页面视图，通过本节的学习，我们将学会设计如图 3-24 所示的页面效果。

图 3-24　蔬菜详情页面的最终效果

打开 VegetableDetailView.swift 文件。在 Body 部分，添加如下代码。

```
// MARK: - Body
var body: some View {
  NavigationView {
    ScrollView(.vertical, showsIndicators: false) {
      VStack(alignment: .center, spacing: 20) {
        // Header

        VStack(alignment: .leading, spacing: 20) {
          // 标题
          Text(vegetable.title)

          // 提要

          // 分类

          // 子提要

          // 描述

          // 链接

        } //: VStack
        .padding(.horizontal, 20)
        .frame(maxWidth: 640, alignment: .center)
      } //: VStack
    } //: ScrollView
  } //: NavigationView
}
```

在 ContentView 中，我们在导航视图里面使用 List 控件来呈现列表，一旦用户单击某一行，就会在导航视图中向左滑出详情页面，不管是列表视图还是详情视图，都在导航视图的视图堆栈中，因此在 Body 部分使用导航视图（NavigationView）。接下来，因为要呈现很多内容，所以需要一个滚动视图（Scroll View），并设置该视图为垂直滚动，不呈现滚动条。在滚动视图的内部则是两个嵌套的 VStack 容器，前一个是居中对齐，后一个是顶端对齐。目前的代码只呈现蔬菜标题，其他内容我们会在后面补充完整。最后，我们利用修饰器设置内部的 VStack 容器横向左、右各 20 点间隔距离，最大宽度为 640 点，在其父视图中水平居中，在预览窗口中的效果如图 3-25 所示。

图 3-25　代码运行后的效果

接下来，我们将继续在 Body 中添加更多视图控件，然后为它们添加更酷的修饰器，代码如下。

```
VStack(alignment: .leading, spacing: 20) {
  // 标题
  Text(vegetable.title)
    .font(.largeTitle)
    .fontWeight(.heavy)
    .foregroundColor(vegetable.gradientColors[1])

  // 提要
  Text(vegetable.headline)
    .font(.headline)
    .multilineTextAlignment(.leading)

  // 分类

  // 子提要
  Text("了解更多关于：\(vegetable.title)")
    .fontWeight(.bold)
    .foregroundColor(vegetable.gradientColors[1])

  // 描述
  Text(vegetable.description)
    .multilineTextAlignment(.leading)

  // 链接

} //: VStack
```

在上面的代码中，我们一共添加了 4 个 Text，使用了 4 种不同的文本修饰器。其中 multilineTextAlignment 用于设置多行文本的对齐方式。另外，为了和蔬菜颜色一致，将标题和子提要的文本颜色设置为与该蔬菜颜色集对应的颜色，效果如图 3-26 所示。

图 3-26　运行后的文本效果

3.6.4　创建独立的蔬菜图片视图

在第一个 VStack 容器的内部，我们还要为详情页面添加蔬菜的图片视图，这次我们会创建一个独立的结构体，把它做成蔬菜图片组件。

在 View 文件夹中，添加一个新的 SwiftUI 类型文件，将其命名为 VegetableHeaderView。修改结构体代码如下。

```
struct VegetableHeaderView: View {
  // MARK: - Properties
  var vegetable: Vegetable

  // MARK: - Body
  var body: some View {
    ZStack {
      LinearGradient(gradient:Gradient(colors: vegetable.gradientColors),
                startPoint: .topLeading, endPoint: .bottomTrailing)

      Image(vegetable.image)
        .resizable()
        .scaledToFit()
        .shadow(color: Color(red: 0, green: 0, blue: 0, opacity: 0.15),
                radius: 8, x: 6, y: 8 )
        .padding(.vertical, 20)
    }//: ZStack
    .frame(height: 440)
```

```
    }
}
// MARK: - Preview
struct VegetableHeaderView_Previews: PreviewProvider {
  static var previews: some View {
    VegetableHeaderView(vegetable: vegetablesData[0])
      .previewLayout(.fixed(width: 375, height: 440))
  }
}
```

首先，为结构体添加 Vegetable 类型的属性，在 Preview 部分照例添加一个参数，并且将预览方式设置为宽度 375 点，高度 440 点的固定尺寸。

然后，在 Body 部分设置一个 ZStack 容器，它是叠放视图容器。最底部是线性渐变视图，方向是左上到右下。在渐变背景视图的上面是蔬菜图片，我们为其添加了阴影和间隔的修饰器。最后，通过 frame 修饰器设置 ZStack 容器的高度为 440 点，效果如图 3-27 所示。

图 3-27　运行后的效果

与蔬菜卡片类似,我们也为蔬菜图像视图添加动画效果。将结构体中的代码修改如下。

```
struct VegetableHeaderView: View {
  // MARK: - Properties
  var vegetable: Vegetable

  @State private var isAnimatingImage: Bool = false

  // MARK: - Body
  var body: some View {
    ZStack {
      ……
    }//: ZStack
    .frame(height: 440)
    .onAppear() {
      withAnimation(.easeOut(duration: 0.5)) {
        isAnimatingImage = true
      }
    }
  }
}
```

在结构体中添加一个新的布尔型变量 isAnimatingImage,它的初始值为 false。然后为 ZStack 容器添加 onAppear 修饰器,当 ZStack 容器出现在屏幕上时就会以 easeOut 方式执行 0.5s 的动画。该动画会让蔬菜图片从原尺寸的 0.6 倍变成 1.0 倍。

3.6.5　在详情页面中调用蔬菜图片视图

接下来,回到 VegetableDetailView 结构体中,在//Header 的下面添加如下语句,预览效果如图 3-28 所示。

```
VegetableHeaderView(vegetable: vegetable)
```

在当前的视图页面中,顶部会有一大块儿空白空间,这部分空间被导航视图中的导航栏占据了。我们并不需要这样的一块儿空间,修改代码如下。

```
    } //: VStack
      .navigationBarTitle(vegetable.title, displayMode: .inline)
      .navigationBarHidden(true)
  } //: ScrollView
  .edgesIgnoringSafeArea(.top)
} //: NavigationView
```

图 3-28　添加蔬菜图像视图组件后的效果

为外层的 VStack 容器添加 navigationBarTitle 修饰器并将显示模式设置为 inline，这样会减少导航栏所占据的空间。添加 navigationBarHidden 修饰器，设置参数为 true，这样就可以完全隐藏导航栏了。但是此时屏幕的顶部还会有一块儿空间，因为 iOS 系统默认有一个安全区域，它可以确保显示的内容不被屏幕顶部的刘海或底部两端的圆角裁剪掉。就目前的情况来看，iPhone 顶部的刘海对背景渐变色的影响不大，所以可以为滚动视图添加 edgesIgnoringSafeArea 修饰器，设置忽略顶部的安全区域。依次键入上面提到的 3 行代码，效果如图 3-29 所示。

图 3-29　依次添加 3 个修改器后的效果

3.6.6 创建链接视图

目前,我们已经完成了详情页面中大部分视图布局,接下来我们将利用 SwiftUI 的新特性,在视图的底部添加一个文本链接,一旦用户单击该链接,就会跳转到网页版的百度百科页面。

在 View 文件夹中创建一个新的 SwiftUI 类型文件,将其命名为 SourceLinkView.swift。然后修改代码如下。

```
struct SourceLinkView: View {
  var body: some View {
    GroupBox() {
      HStack {
        Text("内容来源")
        Spacer()
        Link("百度百科", destination: URL(string: "https://baike.baidu.com")!)
        Image(systemName: "arrow.up.right.square")
      }
      .font(.footnote)
    }
  }
}

struct SourceLinkView_Previews: PreviewProvider {
  static var previews: some View {
    SourceLinkView()
      .previewLayout(.sizeThatFits)
      .padding()
  }
}
```

在 Preview 部分设置预览的方式为 sizeThatFits,并且四周有默认的间隔距离。然后在 Body 部分,使用 SwiftUI 的新特性 GroupBox 来组织内容。GroupBox 是带有可选标签的样式化容器,使用它可以方便我们将相关的内容组织在一起。当前的 GroupBox 会有一个浅灰色的背景色,更像是一张卡片。

在当前的 GroupBox 中,我们设置了一个 HStack 容器,其中左侧是一个 Text,中间使用 Spacer()方法分割,右侧是一个 Link 和一个 Image。其中 Link 控件有两个参数,第一个参数是链接的显示文本,第二个参数是跳转的链接地址。当用户单击这个链接以后,就会跳转到百度百科页面。这回 Image 载入的是系统图标,通过文字描述你能够猜到显示的是一个右上箭头的正方形。代码运行后的预览效果如图 3-30 所示。

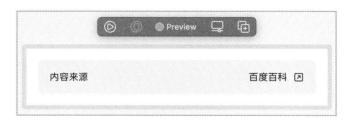

图 3-30 SourceLinkView 的预览效果

接下来,我们需要将链接视图嵌入详情页面视图。打开 VegetableDetailView.swift 文件,在 // **链接**注释语句下面添加如下代码。

```
SourceLinkView()
    .padding(.top, 10)
    .padding(.bottom, 40)
```

其中两个 padding 修饰器分别设置在距链接的上方 10 点,距底部 40 点的位置。

在预览窗口中启动 Live 模式查看视图的布局效果,但是它不能响应单击链接的操作。要想测试单击链接的效果,需要在模拟器中运行项目,运行的效果如图 3-31 所示。

图 3-31 单击链接以后的效果

3.6.7 创建蔬菜分类视图

本节，我们将为详情页面添加用户交互功能，当用户单击分类信息条以后，会呈现该蔬菜的分类信息。

在 View 文件夹中，添加一个新的 SwiftUI 类型文件，将其命名为 VegetableClassificationView。修改该结构体的代码如下。

```
struct VegetableClassificationView: View {
  // MARK: - Properties
  var vegetable: Vegetable

  let classification: [String] = ["门", "纲", "亚纲", "目", "科", "属", "族", "种", "分布区域"]

  // MARK: - Body
  var body: some View {
    Text("Hello, World!")
  }
}

// MARK: - Preview
struct VegetableClassificationView_Previews: PreviewProvider {
  static var previews: some View {
    VegetableClassificationView(vegetable: vegetablesData[0])
      .preferredColorScheme(.dark)
      .previewLayout(.fixed(width: 375, height: 480))
      .padding()
  }
}
```

在 VegetableClassificationView 结构体中，我们添加了两个属性，其中一个是蔬菜分类的结构信息，它包括门、纲、目、科等分类名目，而这些名目是与 Vegetable 结构体中的 classification 属性对应的。

在 Preview 部分，通过 preferredColorScheme 修改器设置预览模式为深色，预览宽度为 375 点，高度为 480 点。

3.6.8 Disclosure Group 的使用

接下来，我们利用 Disclosure Group 来显示/隐藏分类的具体信息。实现代码非常简单，如下。

```
// MARK: - Body
var body: some View {
  GroupBox {
    DisclosureGroup("蔬菜分类") {
      ForEach(0..<classification.count, id: \.self) { item in
        HStack {
          Text(classification[item])
          Spacer()
          Text(vegetable.classification[item])
        } //: HStack
      } //: ForEach
    } //: DisclosureGroup
  } //: GroupBox
}
```

在上面的代码中，我们先创建一个 GroupBox 容器。然后添加 DisclosureGroup 视图，在该视图中需要呈现门、纲、亚纲、目、科、属、族、种、分布区域共 9 个类别的信息，所以这里通过循环依次呈现，呈现的内容通过 HStack 容器布局，分别为分类的标题和蔬菜信息中对应的内容。

在 ForEach 循环语句中有一个 **id** 参数，它用于区分数组中的每一个元素，这里使用**\.self** 作为区分标识，也就是将数组中的元素自身作为区分标识。

在预览窗口中启动 Live 模式并查看运行效果，如图 3-32 所示。Disclosure Group 默认为收缩状态，当用户单击右侧的箭头时会变为展开状态，再次单击箭头则会回到收缩状态。

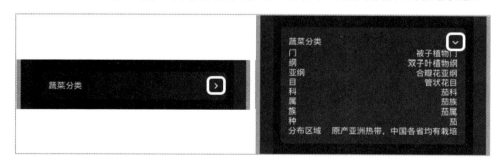

图 3-32　Disclosure Group 的收缩和展开状态

接下来，让我们通过修饰器继续对 Disclosure Group 中的内容进行美化，修改代码如下。

```
GroupBox {
  DisclosureGroup("蔬菜分类") {
    ForEach(0..<classification.count, id: \.self) { item in
      Divider().padding(.vertical, 2)
```

```
    HStack {
      HStack {
        Image(systemName: "info.circle")
        Text(classification[item])
      }
      .foregroundColor(vegetable.gradientColors[1])
      .font(Font.system(.body).bold())
      
      Spacer(minLength: 65)
      
      Text(vegetable.classification[item])
        .multilineTextAlignment(.trailing)
    } //: HStack
  } //: ForEach
 } //: DisclosureGroup
} //: GroupBox
```

我们在循环体中添加了一个分割线（Divider），设置该分割线垂直方向有 2 点的间隔距离。然后添加一个 Image 用于显示圆圈惊叹号，并且让它与分类标题一起放在一个新的 HStack 容器中，再通过修改器设置文本颜色，使用与蔬菜相对应的颜色集。在 Spacer 中，设置间隔的最小长度为 65 点。最后设置分类的内容为右对齐，最终效果如图 3-33 所示。

图 3-33　调整细节后的 Disclosure Group

最后，我们需要将 VegetableClassificationView 嵌入蔬菜详情页面。代码非常简单，如下。

```
// 分类
VegetableClassificationView(vegetable: vegetable)
```

现在，我们已经完成了蔬菜详情页面的最后一块拼图，构建并运行项目，在模拟器中测试该页面的相关功能，如图 3-34 所示。在该页面中，用户不仅可以浏览蔬菜的详细信息，还可以通过单击 Disclosure Group 展开分类信息，通过单击底部的链接进入百度百科。效果非常酷！

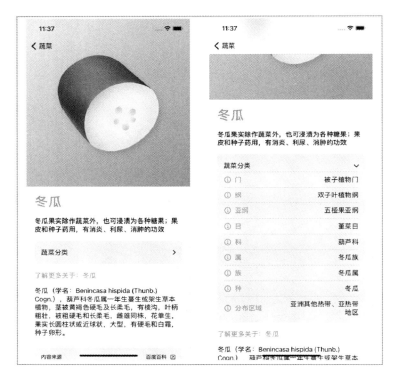

图 3-34　蔬菜详情页面最终的显示效果

3.7　创建 App 的设置页面

应用程序一般都会有一个设置功能，蔬菜百科 App 也不例外，我们在蔬菜列表页面中单击右上角的设置图标，就会从屏幕底部滑出设置页面，当用户单击设置页面右上角的退出图标时，则会回到蔬菜列表页面，效果如图 3-35 所示。

图 3-35　蔬菜百科 App 的设置页面的最终效果

3.7.1　创建 SettingsView

让我们在 App 文件夹中创建一个新的 SwiftUI 类型文件，将其命名为 SettingsView。修改 SettingsView 的代码如下。

```
struct SettingsView: View {
  // MARK: - Properties


  // MARK: - Body
  var body: some View {
    NavigationView {
      ScrollView(.vertical, showsIndicators: false) {
        VStack{
          Text("Placeholder")
        } //: VStack
        .navigationBarTitle(Text("设置"), displayMode: .large)
        .padding()
      } //: ScrollView
    } //: NavigationView
  }
}
```

```
// MARK: - Preview
struct SettingsView_Previews: PreviewProvider {
  static var previews: some View {
    SettingsView()
      .preferredColorScheme(.dark)
      .previewDevice("iPhone 11 Pro")
  }
}
```

在 Preview 部分，我们通过代码将预览模式修改为深色，预览设备设置为 iPhone 11 Pro。接下来是 Body 部分的代码，先添加一个导航视图，在里面添加一个滚动视图，然后设置 VStack 容器，这意味着将来用户可以通过纵向滑动查看 VStack 容器中的内容。我们为 VStack 容器添加两个修饰器，通过 navigationBarTitle 设置导航栏标题为设置，风格为大标题。通过 padding 设置 VStack 容器与父视图的四周有一个标准的间隔距离。

3.7.2　为设置视图添加关闭功能

在设置页面的导航栏中，我们需要添加一个 X 样式图标作为关闭按钮，代码修改如下。

```
} //: VStack
  .navigationBarTitle(Text("设置"), displayMode: .large)
  .navigationBarItems(trailing:
                      Button(action: {
                        // 退出该视图
                        
                      }){
                        Image(systemName: "xmark")
                      }
  )
  .padding()
```

通过 navigationBarItems 修饰器，我们在导航栏的尾部添加一个按钮，用户单击该按钮后会执行 action 中的代码，只不过目前代码块中只有一行注释语句。

要实现单击按钮关闭设置视图的功能，需要在结构体中添加一个属性，然后替换上面的注释语句，代码如下。

```
// MARK: - Properties
@Environment(\.presentationMode) var presentationMode

  // MARK: - Body
  var body: some View {
   ……
      .navigationBarItems(trailing:
                          Button(action: {
```

```
                    // 退出该视图
                    presentationMode.wrappedValue.dismiss()
                }){
                    Image(systemName: "xmark")
                }
            )
            .padding()
        } //: ScrollView
    } //: NavigationView
}
```

Environment 是 SwiftUI 的特性之一，SwiftUI 使用 Environment 来传递系统范围内的设置信息，比如用户使用的是浅色模式还是深色模式，时区是什么等。所有的这些系统信息都来自设备的 Environment。在当前的设置页面，我们需要通过 Environment 获取 presentationMode 对象，然后利用它去关闭当前页面。

3.7.3 为列表视图添加开启设置页面功能

让我们打开 ContentView，除了在导航栏添加一个开启设置页面的按钮，还需要为其添加一个属性，代码修改如下。

```
// MARK: - Properties
var vegetables: [Vegetable] = vegetablesData

@State private var isShowingSettings: Bool = false

// MARK: - Body
var body: some View {
  NavigationView {
    List {
    ……
    }
    .navigationTitle("蔬菜")
    .navigationBarItems(trailing:
                        Button(action: {
                          isShowingSettings = true
                        }) {
                          Image(systemName: "slider.horizontal.3")
                        }
      .sheet(isPresented: $isShowingSettings) {
        SettingsView()
      }
    )
```

我们首先创建一个被@State 封装的变量 isShowingSettings，它代表设置页面是否需要打开，因此是布尔型变量。然后，为 List 添加 navigationBarItems 修饰器，在导航栏的尾部添加一个按钮，一旦用户单击该按钮，就将 isShowingSettings 的值设置为 true。

最关键的一步是为新创建的 Button 添加 sheet 修饰器，它会根据 isShowingSettings 的值来决定是否在屏幕上呈现设置页面。这里的 isShowingSettings 前面必须有$符号，因为在设置页面中，一旦用户单击关闭按钮，除了退出设置页面，isShowingSettings 的值就会被自动修改为 false。在模拟器中的运行效果如图 3-36 所示。

图 3-36　为列表视图添加开启设置页面的功能

3.7.4　完善设置页面的第一部分功能

接下来，让我们回到 SettingsView 结构体，实现该页面的第一部分功能，修改代码如下。

```
VStack {
  // MARK: - 第一部分
  GroupBox(
    label:
      HStack {
        Text("蔬菜百科")
        Spacer()
        Image(systemName: "info.circle")
    }) {
```

```
    Text("Content")
  }
  // MARK: - 第二部分

  // MARK: - 第三部分
} //: VStack
.navigationBarTitle(Text("设置"), displayMode: .large)
```

在设置页面的第一部分，我们通过 GroupBox 对蔬菜百科 App 进行简单的介绍，只不过目前的信息还不完整，后面会进行补充。因为在接下来的第二和第三部分，都会涉及 GroupBox 中 label 部分的代码编写，所以我们现在把这部分内容提取出来，形成可复用的视图。

让我们在 View 文件夹中创建一个新的 SwiftUI 类型文件，将其命名为 SettingsLabelView。修改其代码如下。

```
struct SettingsLabelView: View {
  // MARK: - Properties
  var labelText: String
  var labelImage: String

  // MARK: - Body
  var body: some View {
    HStack {
      Text(labelText)
      Spacer()
      Image(systemName: labelImage)
    }
  }
}

// MARK: - Preview
struct SettingsLabelView_Previews: PreviewProvider {
  static var previews: some View {
    SettingsLabelView(labelText: "蔬菜百科", labelImage: "info.circle")
      .previewLayout(.sizeThatFits)
      .padding()
  }
}
```

在上面的代码中，我们添加了两个属性，分别是标题和图标，这是非常简单和标准的一段代码。打开 SettingsView 结构体，我们用它来替换之前的一段代码。

在 SettingsView 结构体中找到 **// MARK: - 第一部分** 注释语句，并修改下面几行代码。

```
// MARK: - 第一部分
GroupBox(
```

```
  label: SettingsLabelView(labelText: "蔬菜百科", labelImage: "info.circle")) {
    Text("Content")
}
```

通过向 SettingsLabelView 传递 labelText 和 labelImage 两个字符串类型参数，我们可以方便快捷地创建 GroupBox 的 label 视图。

接下来让我们继续设置第一部分的内容，修改代码如下。

```
// MARK: - 第一部分
GroupBox(
  label: SettingsLabelView(labelText: "蔬菜百科", labelImage: "info.circle")){
    Divider().padding(.vertical, 4)
    
    HStack(alignment: .center, spacing: 10 ){
      Image("logo")
        .resizable()
        .scaledToFit()
        .frame(width: 80, height: 80)
        .cornerRadius(9)
      
      Text("蔬菜是指可以做菜、烹饪成为食品的一类植物或菌类，蔬菜是人们日常饮食中必不可少的食物之一。蔬菜可提供人体所必需的多种维生素和矿物质等营养物质。本 App 的目的就是让更多的人了解每种蔬菜的特性。")
        .font(.footnote)
    }
}
```

我们利用 HStack 容器呈现蔬菜百科 App 的 Logo 以及相关的文字介绍。效果如图 3-37 所示。

图 3-37　设置页面中完成第一部分后的浅色和深色效果

3.7.5　实现设置页面的第三部分功能

在完成第一部分的功能后，我们先来实现第三部分的功能。修改代码如下。

```
// MARK: - 第三部分
GroupBox(label:
    SettingsLabelView(labelText: "应用程序", labelImage: "apps.iphone")) {
        Divider().padding(.vertical, 4)

        HStack {
            Text("开发人员").foregroundColor(.gray)
            Spacer()
            Text("liumingl / happy")
        }
}
```

因为在第三部分的 GroupBox 中会用到很多类似于上面的 HStack 容器代码，所以我们再创建一个可复用视图。

让我们在 View 文件夹中创建一个新的 SwiftUI 类型文件，将其命名为 SettingsRowView。修改 SettingsRowView 结构体的代码如下。

```
struct SettingsRowView: View {
  var name: String
  var content: String

  var body: some View {
    HStack {
      Text(name).foregroundColor(.gray)
      Spacer()
      Text(content)
    }
  }
}

struct SettingsRowView_Previews: PreviewProvider {
  static var previews: some View {
    SettingsRowView(name: "开发人员", content: "liumingl / happy")
      .previewLayout(.fixed(width: 375, height: 60))
      .padding()
  }
}
```

这里，添加了两个属性用于显示信息的名称和内容。但如果是带有链接的信息，则需要添加更多的代码。

```
struct SettingsRowView: View {
  // MARK: - Properties
  var name: String
  var content: String?
  var linkLabel: String?
```

```
    var linkDestination: String?

// MARK: - Body
var body: some View {
  HStack {
    Text(name).foregroundColor(.gray)
    Spacer()
    if (content != nil) {
      Text(content!)
    }else if (linkLabel != nil && linkDestination != nil) {
      Link(linkLabel!,
           destination: URL(string: "https://\(linkDestination!)")!)
      Image(systemName: "arrow.up.right.square").foregroundColor(.pink)
    }else {
      EmptyView()
    }
  }
}
}
```

我们将 content 属性修改为可选变量，因为对于有链接的变量，我们是不会为其赋值的。另外，我们添加了 linkLabel 和 linkDestination 两个变量属性，同样是可选的，因为对于没有链接属性的条目，我们是不会为这两个属性赋值的。

在 Body 部分，我们首先会判断 content 是否有值，如果为真则显示 Text 中的内容。此时 Text 中的 content 后面必须加叹号（!）进行强制拆包。在一般情况下，直接对可选变量使用 ! 是一件非常危险的事情，因为有可能当时变量的值为空（nil）。但是此处的代码肯定是安全的，因为我们使用了 if 语句判断 content 的值是否为空，只有不为空才强制拆包。

接着，我们继续判断 linkLabel 和 linkDestination 是否同时有值存在，如果为真，则通过 Link 创建一个链接，后面还会跟一个右上箭头图标。如果上面的情况都不符合，则显示一个空视图，这是出于安全考虑的设置。

最后，我们在预览窗口中分别查看一下两种情况的呈现效果。在预览框中单击最右侧的 Duplicate Preview 按钮，此时预览面板中会多出一个视图。如果你注意观察 Preview 部分的代码，就会发现多出一个 SettingsRowView()对象的调用。为了区分不同的效果，可以将第二个视图的 Color Scheme 设置为 Dark。

在 Preview 部分，将第二个 SettingsRowView 对象的调用修改为 SettingsRowView(name: "网站", linkLabel: "百度", linkDestination: "www.baidu.com")，效果如图 3-38 所示。

图 3-38　预览面板中同时呈现两个视图效果

让我们回到 SettingsView.swift 文件，将第三部分的内容修改为下面这样。

```
// MARK: - 第三部分
GroupBox(label:
    SettingsLabelView(labelText: "应用程序", labelImage: "apps.iphone"))
{
  SettingsRowView(name: "开发者", content: "liuming / Happy")
  SettingsRowView(name: "设计者", content: "Oscar")
  SettingsRowView(name: "兼容性", content: "iOS 14")
  SettingsRowView(name: "网站",
                  linkLabel: "百度", linkDestination: "www.baidu.com")
  SettingsRowView(name: "微博",
                  linkLabel: "@刘铭", linkDestination: "weibo.com")
  SettingsRowView(name: "SwiftUI", content: "1.0")
  SettingsRowView(name: "版本", content: "1.3.0")
}
```

为了美观，我们剪切掉 GroupBox 中 Divider() 一行的语句，将其粘贴到 SettingsRowView 结构体中，代码如下。

```
// MARK: - Body
var body: some View {
  VStack{
    Divider().padding(.vertical, 4)
    HStack {
      ……
    }
  }
}
```

构建并运行项目，可以看到此时的设置页面效果如图 3-39 所示。

图 3-39　模拟器中设置页面的效果

3.7.6　实现设置页面的第二部分功能

设置页面的第二部分功能是允许用户重置应用程序的引导页面，用户可以再次看到引导页面中的蔬菜卡片，第二部分的效果如图 3-40 所示。我们是通过一个简单的开关来实现这一功能的，除此以外，我们依旧利用 GroupBox 将开关控件包含在一个独立的区域中，这样就可以让整体的设计趋于一致了，不仅协调，而且美观。

图 3-40　设置页面中的重置引导页面开关

在 SettingsView 的 // **MARK: -** 第二部分注释语句的下面，添加如下代码。

```
// MARK: - 第二部分
GroupBox(label:
  SettingsLabelView(labelText: "定制化", labelImage: "paintbrush"))
{
  Divider().padding(.vertical, 4)
  
  Text("如果需要，那么你可以通过这个开关来重置引导页面。")
    .padding(.vertical, 8)
    .frame(minHeight: 60)
    .layoutPriority(1)
    .font(.footnote)
    .multilineTextAlignment(.leading)
}
```

我们先利用 SettingsLabelView 为 GroupBox 生成一个标题视图，然后在内容部分添加一个分隔线，分割线的下面是 Text 文本。需要重点说明的是 **layoutPriority** 修饰器，它的作用是提高该 Text 文本的布局优先级。在设置页面视图中，我们需要显示 Text 中的所有文本信息，但有的时候，特别是在呈现多行文本的情况下，系统会因为文字太长而将其自动截取，为了避免这种情况的发生，将其布局优先级提高一个等级，保证其内容被全部显示出来，效果如图 3-41 所示。

图 3-41 为重置引导页面功能创建视图

接下来，我们就要为 App 添加重置引导页的功能了。首先在 SettingsView 结构体中创建一个新的属性，然后在第二部分添加两行代码即可。

```
// MARK: - Properties
@Environment(\.presentationMode) var presentationMode
@AppStorage("isOnboarding") var isOnboarding: Bool = false
```

```
// MARK: - 第二部分
GroupBox(label:
  SettingsLabelView(labelText: "定制化", labelImage: "paintbrush")) {
    Divider().padding(.vertical, 4)
    Text("如果需要,那么你可以通过这个开关来重置引导页面。")
      ……

    Toggle(isOn: $isOnboarding){
      Text("重置引导页面")
    }
}
```

在上面的代码中,我们通过 AppStorage 封装器从设备中读取标识为 isOnboarding 的值,这个特性读者之前已经有所了解。在 Body 部分的 Text 下面,添加一个开关(Toggle),并将 isOnboarding 绑定到开关上。在该结构体中,isOnboarding 的初始值为 false,当用户单击开关按钮时,该属性的值也会相应发生变化。当该值为 true 时,系统会立即让蔬菜列表视图无效,屏幕会再次呈现最初的引导页面视图。这是因为在 VegetablesApp 结构体的 WindowGroup 部分,一旦 isOnboarding 的值为 true,屏幕就会呈现 OnboardingView。

你现在可以在模拟器中运行项目并测试重置引导页面功能了,真的非常神奇。但接下来,我们还要继续细化第二部分的功能,让其有更好的用户体验。

```
Toggle(isOn: $isOnboarding) {
  if isOnboarding {
    Text("引导页面已重置").fontWeight(.bold)
      .foregroundColor(Color.green)
  } else {
    Text("重置引导页面").fontWeight(.bold)
      .foregroundColor(Color.secondary)
  }
}
.padding()
.background(
  Color(UIColor.tertiarySystemBackground)
    .clipShape(RoundedRectangle(cornerRadius: 8, style: .continuous))
)
```

在对 Toggle 的外观设置中,我们根据 isOnboarding 的值设置开关的描述为"引导页面已重置"或"重置引导页面",并通过不同的颜色进行区分。另外,我们设置了开关的背景色为 UIColor.tertiarySystemBackground 色,它是系统级颜色,使用它的好处在于它会自动根据系统的浅色模式和深色模式进行调整。

构建并运行项目,可以看到单击开关后视图所呈现的不同效果,如图 3-42 所示。

图 3-42　重置引导页面按钮的样式风格

至此，蔬菜百科 App 已经全部制作完成。通过对本章的学习，我们了解了如何创建分页视图，如何创建数据模型和获取相关数据，AppStorage 封装器的作用与使用方法，了解了 SwiftUI 2.0 中应用程序生存期的问题，学习了如何创建链接视图、GroupBox、Disclosure View 及列表视图。

第 4 章 名胜古迹 App

本章我们将构建一个向用户介绍中国十大名胜古迹的应用程序。

我们将首先了解如何将应用程序设置为深色模式外观，然后学习解析 JSON 格式数据文件的方法，并将不同的数据写入特定的结构体。我们还会创建之前没有见过的布局视图，包括基本的网格（Grid）视图以及更高级别的一列至三列的动态网格视图。另外，我们会使用 SwiftUI 带来的全新地图工具（Map Kit），创建一个基本地图，并在此基础之上为地图增加动感定制图标。本章还会用到 SwiftUI 的音视频工具（Audio Video Kit），播放相关的视频素材。在 Swift 语言层面，本章会介绍两个非常重要的概念：扩展（Extension）和范式（Generics）。在本章的最后，我们还会将应用程序适配到 iPadOS 和 macOS 上面，并为应用程序添加 iMessage 贴图特性。

4.1 使用 Xcode 创建名胜古迹项目

首先，我们通过 Xcode 创建 SwiftUI 项目。运行 Xcode，选择 **Create a new Xcode project** 选项。在项目模板选项卡中，依次选择 iOS 和 App，然后单击 Next 按钮。

与之前的项目一样，在随后出现的项目选项卡中做如下设置。

- 在 Product Name 处填写 ThePlacesOfInterest。
- 如果没有苹果公司的开发者账号，那么将 Team 设置为 **None**；如果有，则可以设置为你的开发者账号。
- Organization Identifier 可以设置为 cn.swiftui。
- Interface 设置为 **SwiftUI**。
- Lift Cycle 设置为 **SwiftUI App**。
- Language 设置为 **Swift**。

在该选项卡中，确认 Use Core Data 和 Include Tests 选项处于未勾选状态，然后单击 Next 按钮。

在确认项目的保存位置后单击 Create 按钮完成项目的创建。

4.1.1 添加图片和视频素材

项目创建好以后，可以先为这个项目添加应用程序图标（App Icon）。在项目导航中单击 Assets.xcassets，右击右侧条目列表的 AppIcon 按钮，选择 Show in Finder，将本书提供的"项目资源/AppIcon-iOS"里面的所有文件全部复制到 AppIcon.appiconset 文件夹中，效果如图 4-1 所示。

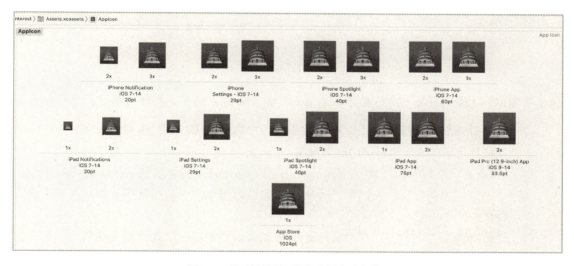

图 4-1　为项目添加所有应用程序图标

接着，在 Assets.xcassets 中单击栏目底部的**加号**（+）按钮，选择 **Folder** 选项，此时会在条目列表中添加一个新文件夹，将其命名为**封面图片**，再将"项目资源/封面图片"里面的所有图片素材拖曳到该文件夹中，中国十大名胜古迹的照片就会被添加到项目中，最终效果如图 4-2 所示。

图 4-2 为项目添加封面图片素材

依照上面的操作方法，我们还需要在 Assets.xcassets 中创建如下素材文件夹。

- "名胜画册"：将"项目资源/名胜画册"中的所有图片素材拖曳到该文件夹中，这些图片用于创建应用程序的画册视图。
- "Logo"文件：将"项目资源/Logo"中的 Logo.png 图片拖曳到 Assets.xcassets 中。
- "名胜标志图"文件夹：将"项目资源/名胜标志图"中的所有图片素材拖曳到该文件夹中。
- "启动画面"文件夹：将"项目资源/启动画面"中的三张图片拖曳到其中。这三张图片的内容是一样的，只不过尺寸不同，分别为标准、2 倍和 3 倍分辨率。
- "地图图标"文件夹：将"项目资源/地图图标"中的所有图片素材拖曳到该文件夹中，我们会使用这些图标在地图上标注名胜古迹的地理位置。
- "视频封面图片"文件夹：将"项目资源/视频封面图片"中的所有图片素材拖曳到该文件夹中，这些图片会用在视频列表视图中。

最后，还需要将相关的视频文件添加到项目中，与前面的操作不同，我们不能将视频直接放到 Assets.xcassets 文件夹里面，而是要在项目中进行导入。在项目导航面板中的 ThePlacesOfInterest 文件夹下面直接新加一个 Group，将其命名为 Video。然后将"项目资源/视频"文件夹中的 10 个视频文件拖曳到里面。一旦拖曳结束，就会弹出一个"添加文件选项"对话框，一定要确保勾选 **Copy items if needed** 和 **Add to targets：ThePlacesOfInterest**，并选中 Added folders 下的 **Create folder references**。设置如图 4-3 所示，单击 Finish 按钮，视频素材就都被添加到项目中了。

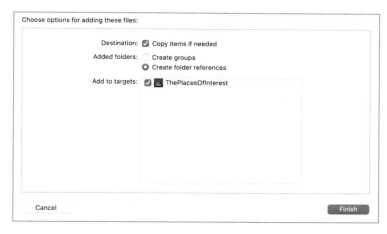

图 4-3　添加文件选项对话框

如果你想在 Xcode 中播放视频可以直接选中它，然后在编辑区域的左下角找到播放按钮，单击即可观看。

到目前为止，项目需要的图片和视频素材都已经添加完毕。接下来，还需要为项目添加 JSON 格式的数据文件。

4.1.2　添加 JSON 格式的数据文件

在项目中创建一个新的文件夹，将其命名为 **Data**，再把"项目资源/数据"文件夹中的 4 个 JSON 格式的数据文件拖曳到里面。在弹出的添加文件选项对话框中，保持与添加视频时同样的设置。如果你愿意，可以直接单击这些 JSON 格式的文件，在 Xcode 中直接查看该文件的数据信息。

让我们再次回到 Assets.xcassets，因为我们还需要为项目设置 **Accent Color**。选中 AccentColor 颜色集，然后在 Xcode 右侧的检视窗中，将 Appearances 设置为 **Any,Dark**，这意味着我们会为任意模式和深色模式单独设置 Accent Color。

选中编辑区域中的 Any Appearance 颜色块，在检视窗中将 Color 部分的 Content 设置为 **sRGB**，Input Method 设置为 **8-bit Hexadecimal**，Hex 设置为**#DF822A**。然后将其复制到 Dark Appearance 颜色块中，设置后的效果如图 4-4 所示。

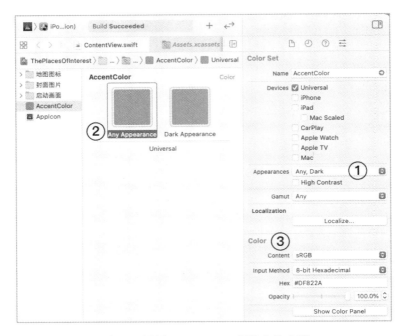

图 4-4　设置 Accent Color 颜色集的步骤

除了设置 Accent Color 颜色集，我们还需要为启动画面设置一个颜色集，用它作为启动画面的背景色。在启动画面文件夹中添加一个颜色集（Color Set），然后将其命名为 **launch-screen-color**，同时选中 Any 和 Dark 颜色块，并将其颜色设置为黑色。

4.1.3　设置程序的启动画面

我们先为这个程序设置启动画面。在项目导航中选择最顶级的 ThePlacesOfInterest 条目（开头是蓝色图标的），在编辑区域中单击 **Info** 标签，如图 4-5 所示。

Info.plist 文件的内部格式为字典类型，其中包含了很多配置条目。每个配置条目都是由键（Key）和值（Value）组成的，我们可以单击 Key 前面的三角展开某个条目，也可以单击 Key 右侧的加号（+）添加配置条目。对于 Value 部分，它可以是字符串、布尔、数字等格式。

在 Info 中找到 **Launch Screen**，此时它没有包含任何子条目，单击其右侧的加号按钮添加一个子条目，Key 部分选择 **Image Name**，将 Value 设置为 **launch-screen-image**，它与我们在 Assets.xcassets 中所添加的启动画面图片名称一致。继续单击加号按钮，再为启动画面添加一个属性，选择 **Background color**，将 Value 设置为 **launch-screen-color**。

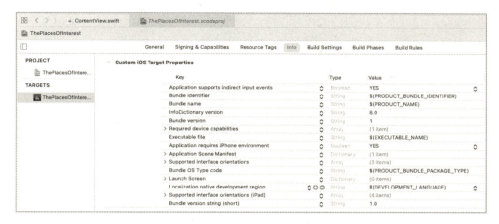

图 4-5　设置应用程序的基本信息

除了启动画面的设置，我们还要在 Info 中将项目的外观设置为深色模式。苹果系统有为数不多的原生应用是运行在深色模式下的，比如测距仪、指南针、相机和 Apple Watch 应用程序。

在 Info 部分的最后一行单击加号按钮，然后将 Key 设置为 **Appearance**，再将 Value 设置为 **Dark**，就是这么简单，此时应用程序会运行在深色模式下。

在添加好各种类型的素材、JSON 格式的数据文件、设置好颜色集和 Info 配置信息以后，就可以进入代码的编写阶段了。在此之前，我们先来梳理一下整个项目的架构。

在项目导航中选择 ThePlacesOfInterestApp.swift 和 ContentView.swift 两个文件，右击鼠标，在快捷菜单中选择 **New Group from Selection**，将新文件夹命名为 **App**，我们将在这个文件夹中创建几个最基本的视图场景。随着开发的不断深入，我们还会创建一个 **View** 文件夹，用于放置那些被用于嵌套的、可复用的小视图文件。

4.1.4　创建 TabView

与之前的项目相比，本章会复杂很多，因为它包含了 4 个方面的视图，所以需要使用 **TabView** 来组织和呈现不同的视图。

打开 ContentView，将 Body 部分修改为下面这样，该视图用于呈现所有名胜古迹的浏览列表视图。

```
var body: some View {
    Text("浏览视图")
```

```
    .padding()
}
```

在 App 文件夹中创建一个新的 SwiftUI 文件，将其命名为 VideoListView，然后将 Body 部分的 Text 内容修改为 Text("视频视图")既可。该视图用于呈现所有名胜古迹的视频列表视图。

再创建两个 SwiftUI 类型的文件，分别命名为 MapView 和 GalleryView，再分别修改 Body 部分的 Text 内容为"位置视图"和"照片视图"。

最后，再创建一个 SwiftUI 类型文件，将其命名为 MainView。它在整个项目中充当着重要的角色，因为它包含之前创建的 4 个重要视图场景。修改 MainView 的 Body 部分如下。

```
struct MainView: View {
  var body: some View {
    TabView {
      ContentView()
        .tabItem {
          Image(systemName: "square.grid.2x2")
          Text("浏览")
        }
      
      VideoListView()
        .tabItem {
          Image(systemName: "play.rectangle")
          Text("视频")
        }
      
      MapView()
        .tabItem {
          Image(systemName: "map")
          Text("位置")
        }
      
      GalleryView()
        .tabItem {
          Image(systemName: "photo")
          Text("照片")
        }
    } //: Tab
  }
}
```

为了可以在模拟器中测试目前项目的运行效果，需要修改 ThePlacesOfInterestApp.swift 文件中的 Body 部分，直接将 ContentView()替换为 **MainView()**。

构建并运行项目，当程序启动以后，可以看到之前在 Info 中设置好的启动画面，然后就是 TabView，在视图的底部有 4 个按钮，单击后可以切换到 4 个不同的视图，效果如图 4-6 所示。

图 4-6　应用的启动画面和之后的运行效果

4.2　解析 JSON 格式文件并获取相应数据

在本节中，我们将学习使用 Swift 语言的 **Codable** 协议，解析 JSON 格式的数据文件，然后利用这些数据形成浏览视图中的横幅封面翻页视图。

4.2.1　横幅封面视图

在项目中创建一个新的文件夹，将其命名为 **View**，我们会将一些可复用或展现细节的视图文件放在里面。接着在该文件夹中创建一个新的 SwiftUI 文件，将其命名为 CoverImageView，修改文件中的代码如下。

```
struct CoverImageView: View {
  // MARK: - Properties

// MARK: - Body
```

```
var body: some View {
    TabView {
      ForEach(0 ..< 5) { item in
        Image("封面-万里长城")
            .resizable()
            .scaledToFill()
      } //: Loop
    } //: TabView
    .tabViewStyle(PageTabViewStyle())
  }
}

// MARK: - Preview
struct CoverImageView_Previews: PreviewProvider {
  static var previews: some View {
    CoverImageView()
        .previewLayout(.fixed(width: 400, height: 300))
  }
}
```

首先，在 Preview 部分设置预览的方式为 **fixed**，宽度为 400 点，高度为 300 点。然后在 Body 部分删除之前的 Text，取而代之的是 Image，设置显示的图片为万里长城。为其添加两个常规的修饰器，保证图片可以正常显示。注意这里使用的是 scaledToFill 修饰器，与之前的 scaledToFit 不同，它会填充整个 Image 区域，有可能导致图片多余部分被裁剪掉，但是为了保证布局的美观，它不会出现像 scaledToFit 那样的未填充区域。

接下来，我们在 Image 的外面嵌套一个 TabView，这样就可以达到翻页的目的了，需要注意的是要为其添加 tabViewStyle 修饰器并将参数设置为分页风格（PageTabViewStyle）。最后，为了可以在 TabView 中呈现多张图片，我们需要在 Image 外面嵌套一个 ForEach 循环。

现在，可以在预览窗口中开启 Live 模式测试翻页效果了，只不过目前显示的是 5 张一样的图片。

4.2.2 JSON 相关知识

在完成了封面视图以后，我们需要通过 JSON 提供的数据来更新视图内容。

首先，我们需要清楚地知道什么是 JSON。JSON（JavaScript Object Notation）是一种轻量级的数据交换格式。它便于人们阅读和编写，同时也便于机器解析和生成。它基于 JavaScript 程序设计语言，从 2001 年开始被推广并使用至今。

现在，我们更多的是利用它在服务器和应用程序之间传递数据，甚至在应用程序内部直接存取数据。JSON 可以呈现不同类型的信息，但全都是基于文本格式的。JSON 文件的格式非常简单，必须是键值对（Key/Value），并且使用大括号（代表对象）、中括号（代表数组）、引号（代表字符串）、冒号（分割键和值）和逗号（分割每条信息）进行标识。

JSON 中值（Value）的类型可以是字符串（String）、数字（Number）、布尔（Boolean）、数组（Array）、对象（Object）、可选（Optional）和字符（Character）等。幸运的是，SwiftUI 会自动为我们匹配相应的数据类型。唯一麻烦一点儿的就是日期（Date）类型，但是我们可以将其转化为数字或字符串类型。

在我们开始学习如何解析 JSON 格式文件之前，需要先了解一下 JSON 的结构。下面是一段简单的 JSON 数据：

```
[
  {
    "id" : 1,
    "name" : "刘铭",
    "出版书目" : [
       "iOS 开发实战",
       "跟着项目快速学习 iOS 开发",
       "iOS 开发基础教程",
    ]
  }
]
```

这里的每一条信息都是键/值对形式的，其中值的类型有字符串和数字，还有字符串数组类型。要想在 Swift 中读取这条信息，就需要创建相匹配的数据模型（Data Model），然后利用 Swift 的 decode 对其进行解码。需要记住的是，我们所声明的数据模型一定要符合 Codable 协议，并且模型中的属性也必须符合 Codable 协议，标准的属性类型包括 String、Int、Double、Date、Data 和 URL 等。

有了数据模型，我们就可以使用 Swift 的 Decode 函数对其进行解码了，另外，Swift 提供了 Encode 函数将模型编码为 JSON 格式数据。

接下来，我们解析项目中的 cover.json 文件。这个文件结构非常简单，每个对象只有两个元素，第一个元素的键为 id，值为数字类型；第二个元素的键为 name，值为字符串类型。一共有 10 个这样的对象，放在了一个数组中。

在项目中创建一个新的文件夹，将其命名为 **Model**，在其中创建一个新的 **Swift** 类型文件，将其命名为 CoverImageModel。将其代码修改如下。

```
import Foundation

struct CoverImage: Codable, Identifiable {
  let id: Int
  let name: String
}
```

结构体 CoverImage 有两个属性,分别对应 cover.json 中的两个元素。需要注意的是,我们必须让结构体符合 **Codable** 和 **Identifiable** 协议。当数据模型创建好以后,我们就可以开始解析 JSON 数据了。

4.2.3 解析 JSON 数据

在开始编写代码之前,我们还有一些其他工作需要完成。

先明确目标,本节的主要目标有三个。

- 解析本地的 JSON 文件,并且利用这些数据构建 SwiftUI 视图。
- 让解析函数可以使用在项目的任何地方。
- 通过 Swift 的范式特性,让函数可以解析所有的 JSON 文件,不仅仅是特定的 JSON 文件。

虽然要求很高,但实现并不复杂。本节我们只解决前两个问题,随着学习的不断深入,在本章的后面,我会带领读者实现第三个目标。

按下来了解解析的基本步骤。

- 存储在本地的 JSON 文件被存放在应用程序的 Bundle 之中。
- 需要在结构体中为 JSON 数据创建一个属性。
- 创建 JSON 解析器。
- 解析 JSON 数据并将这些信息赋值给新创建的属性。
- 返回只读属性的数据供视图使用。

解析的方式有很多种,但最直接、最简单的方式是通过扩展(Extension)实现。扩展是 Swift 语言经常用到的特性,它可以帮助我们为现存的类、结构、枚举甚至协议添加更多的功能。本节,我们就需要为 Bundle 类添加扩展功能。

Bundle 是什么呢?对于程序开发来说,Bundle 代表应用程序本身、框架、插件、执行代码或者相关的图片、声音、视频资源等,当然也包括 JSON 格式的文件。本节,我们会为

Bundle 类添加一个解析 JSON 格式文件的功能，这样我们就可以在任何地方使用解析函数了。

在项目中创建一个新的文件夹，将其命名为 **Extension**。接着在该文件夹中创建一个 Swift 类型的文件，将其命名为 **CodableBundleExtension**。在该文件中添加如下代码。

```
extension Bundle {
  func decode(_ file: String) -> [CoverImage] {
    // 1. 载入本地 json 文件
    guard let url = self.url(forResource: file, withExtension: nil)
      else {
      fatalError("载入本地文件 \(file) 失败！")
    }
    
    // 2. 为数据创建一个属性
    guard let data = try? Data(contentsOf: url)
      else {
      fatalError("从 Bundle 读取 \(file) 中的数据失败！")
    }
    
    // 3. 创建 decode
    let decode = JSONDecoder()
    
    // 4. 为解码数据创建一个属性
    guard let loaded = try? decode.decode([CoverImage].self, from: data)
      else {
      fatalError("从 Bundle 中解析 \(file) 文件的数据失败！")
    }
    
    // 5. 返回只读属性的数据
    return loaded
  }
}
```

整段代码看起来有些复杂，但实际上它对应的是之前介绍的 5 个步骤。我们利用 extension 关键字为 Bundle 类添加扩展功能，方法名称为 **decode**，它有一个字符串类型的参数 file。在 file 的前面还有一个下画线（_），这意味着我们每次在调用 decode 方法时，都不用输入参数名称，只需要输入 json 文件名即可。

在该方法中，我们利用传递进来的 file 参数，告诉解码器要对哪个 JSON 文件进行解析。在上面的例子中会生成一个 CoverImage 类型的数组。decode 方法的实现代码包括 5 个步骤。

第 1 步：通过 Bundle 的 url()方法载入本地 json 文件，这里使用了 **guard** 语句，它会对你所期望的条件做检查，如果条件为真，则会执行下一行代码；如果条件为假，则会执行后面

else 部分的代码。在本例中，如果 url 初始化成功则继续执行第 2 步的代码，如果 file 参数错误，则 url 初始化失败，就会执行 fataError 方法，程序终止运行。

第 2 步：借助上面的 url 初始化一个 Data 对象，这里使用 **try?** 是因为 Swift 无法确保 json 文件内容正确，如果 Data 初始化失败则会直接导致程序崩溃，这显然是我们不希望看到的，所以通过 try? 关键字就可以捕获 Data 的错误信息，而不至于让应用程序直接崩溃。

第 3 步：初始化一个 json 格式解析器，它是一个常量，利用该对象中的方法就可以进行 json 数据的解析了。

第 4 步：我们创建一个常量来存储解析后的数据对象，为了确保数据安全，同样使用 try? 来捕获可能出现的崩溃。这里调用的是解析器的 decode 方法，该方法需要知道两个重要的信息，一个是解析的格式，本实例中是一个 CoverImage 类型的数组，这里必须使用 **[CoverImage].self** 形式；另一个则是 json 格式的数据。

第 5 步：直接返回 CoverImage 类型的数组供我们在程序中使用。

4.2.4 使用 JSON 数据生成封面图片

回到 CoverImageView，先声明一个 CoverImage 类型的数组常量，为其赋值的代码如下。

```
// MARK: - Properties
let coverImages: [CoverImage] = Bundle.main.decode("covers.json")
```

这里调用了 Bundle 的 decode() 方法，将 covers.json 文件中的数据解析到了 coverImages 数组中，供我们在后面使用。

在 Body 部分，将 ForEach 的参数设置为 coverImages，代码修改如下。

```
ForEach(coverImages) { item in
  Image(item.name)
    .resizable()
    .scaledToFill()
} //: Loop
```

ForEach 会遍历 coverImages 数组，每次循环都通过 item.name 生成一个 Image 对象。

在预览窗口中开启 Live 模式查看运行效果，如图 4-7 所示。我们可以通过左右滑动鼠标的方式浏览 10 张名胜古迹的照片。

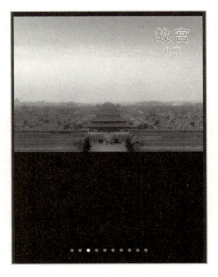

图 4-7　封面图片视图的预览效果

在本节的最后，我们需要将封面图片视图添加到浏览视图中。打开 ContentView，在 Body 部分添加如下代码。

```
//MARK: - Body
var body: some View {
  NavigationView {
    List {
      CoverImageView()
        .frame(height: 300)
        .listRowInsets(EdgeInsets(top: 0, leading: 0, bottom: 0, trailing: 0))
    } //: List
    .navigationBarTitle("名胜古迹", displayMode: .large)
  } //: NavigationView
}
```

这里使用导航视图来组织视图结构，内部包含一个列表视图，在列表视图的内部是封面图片视图，该视图宽度默认最大化，高度为 300 点。但此时封面图片视图的边缘依然会和 List 有间隔距离，因此需要使用 **listRowInsets** 修饰器来控制视图上、下、左、右的边距。其参数是一个 EdgeInsets 类型的对象，在初始化的时候直接将四周的边距均设置为 0。

现在，我们可以在模拟器中运行并查看效果，如图 4-8 所示。

图 4-8 在模拟器中查看封面图片视图的效果

4.3 利用 Swift 范式创建 SwiftUI 列表

在本节中,我们将会创建一个**列表条目视图**,并将这些条目视图组合成包含所有名胜古迹信息的列表视图。在此过程中,我们会解析另一个 json 文件——places.json。为了可以继续使用 Bundle 的 decode() 方法进行 json 数据的解析,我们需要为该方法添加 Swift 的范式特性。这样,任何格式的 json 数据都可以通过 decode() 方法进行解析。

4.3.1 设计浏览页面列表视图的行布局

我们先在 View 文件夹中创建一个新的 SwiftUI 文件,将其命名为 PlaceListItemView。修改 Body 和 Preview 部分的代码如下。

```
// MARK: - Body
var body: some View {
  HStack(alignment: .center, spacing: 16) {
    Image("万里长城")
      .resizable()
      .scaledToFill()
      .frame(width: 90, height: 90)
      .clipShape(RoundedRectangle(cornerRadius: 12))
    
    VStack(alignment: .leading, spacing: 8) {
      Text("万里长城")
        .font(.title2)
        .fontWeight(.heavy)
```

```
                .foregroundColor(.accentColor)

            Text("长城（The Great Wall），又称万里长城，是中国古代的军事防御工事，是一道高大、
坚固而且连绵不断的长垣，用以限隔敌骑的行动。长城不是一道单纯孤立的城墙，而是以城墙为主体，同
大量的城、障、亭、标相结合的防御体系。")
                .font(.footnote)
                .multilineTextAlignment(.leading)
                .lineLimit(2)
                .padding(.trailing, 8)
        } //: VStack
    } //: HStack
}


// MARK: - Preview
struct PlaceListItemView_Previews: PreviewProvider {
    static var previews: some View {
        PlaceListItemView()
            .previewLayout(.sizeThatFits)
            .padding()
    }
}
```

在 Preview 部分，我们依旧添加两个常用的修饰器用于调整预览效果。在 Body 部分，先创建一个 HStack 容器，并设置其内部视图垂直居中对齐，视图之间间隔 16 点。在容器内部的左边放置一个 Image，需要注意这里使用了 scaledToFill 修饰器，然后通过 clipShape 修饰器将图片裁剪为圆角矩形。在 HStack 容器的右边放置一个 VStack 容器，并设置其内部视图左对齐，视图之间间隔 8 点。在 HStack 容器内部分别放置两个 Text，上方的 Text 用于显示名称，文本的颜色被设置为 Accent Color。下方的 Text 用于显示提要，因为文字内容较多，所以这里使用 lineLimit 修饰器强制只显示两行的内容。该视图在预览窗口中的效果如图 4-9 所示。

图 4-9　PlaceListItemView 在预览窗口中的效果

4.3.2 创建数据模型

在设计好列表页面的行布局以后，我们就要创建相应的数据模型了。对照 places.json 文件中的格式，在 Model 文件夹中创建一个 Swift 类型的文件，将其命名为 PlaceModel。

在项目导航中打开 places.json 文件，可以发现最顶层是一个数组（数组用"[]"表示），数组中包含了 10 个对象（对象使用"{}"表示），每个对象都包含了 id、name、headline、description、link、image、gallery 和 message 这 8 个条目，除了 gallery 和 message 的值为字符串数组类型，其他均为字符串类型。有了这样的了解，我们就可以很快写出相应的数据模型了。在 PlaceModel 中的代码如下。

```
import Foundation

struct Place: Codable, Identifiable {
  let id: String
  let name: String
  let headline: String
  let description: String
  let link: String
  let image: String
  let gallery: [String]
  let message: [String]
}
```

对于结构体 Place 来说，它必须符合 Codable 和 Identifiable 两个协议，否则无法进行 json 解析。

回到 PlaceListItemView 文件，我们需要在列表视图的行布局视图中动态地显示 json 数据信息。但是目前我们所编写的 decode 方法只能解析 CoverImage 结构的 json 格式数据，因此我们需要修改这个 Bundle 的扩展方法，让它可以解析任意格式的 json 数据。

4.3.3 Swift 的范式

Swift 的范式（Generics）有什么用呢？在本章中，它可以帮助我们编写出能够完美解析不同类型 json 格式的 decode 方法。简单来说，就是利用占位符充当某种类型。

打开 CodableBundleExtension 文件，将之前的方法名定义修改为下面这样。

```
func decode<T: Codable>(_ file: String) -> [CoverImage]
```

虽然样子看起来奇怪，但是请不用担心。你只需要知道字母 T 代表的是一个符合 Codable 协议的对象，我们可以在方法内部将它充当占位符来使用，这是范式最常见的一种使用形式，而且也非常实用，因为它大大提高了代码的可复用性。

因为可以解析任意类型的 json 数据，所以 decode 方法的返回值就不是一个确定的类型了，将它修改为下面这样，代表方法的返回值可以是任意类型的对象，只不过它必须符合 Codable 协议。

```
func decode<T: Codable>(_ file: String) -> T
```

一旦修改完成，Xcode 编译器就会在 return 语句的位置出现一个报错信息，意思是不能将 [CoverImage] 类型的返回值转换成 T 类型。原因在于解析过程第 4 步的下面这句代码。

```
guard let loaded = try? decode.decode([CoverImage].self, from: data)
```

之前的代码是将解析后的对象类型指定为 CoverImage 数组，我们只需将[CoverImage].self 修改为 T.self 即可。

4.3.4 实现动态数据行信息的设置

回到 PlaceListItemView，为其添加一个新的属性，然后需要在 Preview 部分修改其初始化方法。

```
// MARK: - Properties
  let place: Place
……
// MARK: - Preview
struct PlaceListItemView_Previews: PreviewProvider {
  static let places: [Place] = Bundle.main.decode("places.json")
  static var previews: some View {
    PlaceListItemView(place: places[0])
      .previewLayout(.sizeThatFits)
      .padding()
  }
}
```

在上面的代码中，先声明一个 Place 类型的常量，我们利用这个常量在行视图中显示特定名胜的信息。然后在 Preview 部分解析 places.json 文件，并将其赋值给一个 Place 类型的数组 places。根据 Swift 的类型断言特性，decode 方法会清楚地知道要解析的 places.json 文件数据会被放到[Place]数组中，因此其方法中的 T 此时就代表**[Place]**。

目前在预览窗口中，我们并不会发现任何变化，继续修改 Body 部分的代码。

```
HStack(alignment: .center, spacing: 16) {
  Image(place.image)
    ……

  VStack(alignment: .leading, spacing: 8) {
    Text(place.image)
      ……

    Text(place.headline)
      ……
  } //: VStack
} //: HStack
```

这里，我们只需要将之前写入的 3 个字符串修改为 place 对象对应的信息即可。你可以尝试修改 Preview 部分的 PlaceListItemView 的初始化参数，将 PlaceListItemView(place: places[0]) 修改为 places[1]，甚至是 2~9 的任何数值，在预览窗口中可以看到图片、标题和提要均会发生相应变化。

最后，我们需要利用行视图，在浏览视图中将其组合成名胜古迹的列表视图。打开 ContentView 文件，修改代码如下。

```
struct ContentView: View {
  //MARK: - Properties
  let places: [Place] = Bundle.main.decode("places.json")


//MARK: - Body
  var body: some View {
    NavigationView {
      List {
        CoverImageView()
        ……

        ForEach(places) { place in
          PlaceListItemView(place: place)
        } //: Loop
      } //: List
      .navigationBarTitle("名胜古迹", displayMode: .large)
    } //: NavigationView
  }
```

在 ContentView 中，需要创建一个 Place 类型数组，用于从 places.json 文件中获取所有的名胜古迹信息，然后在 List 的内部、CoverImage 的下面，使用 ForEach 创建一个循环，遍历 places 数组，最后生成所有的行视图。

此时，你可以在预览窗口或者模拟器中查看浏览视图的运行效果，如图 4-10 所示，看起来是不是很酷呢？

图 4-10　ContentView 在预览窗口中的效果

4.4　创建名胜古迹的详细视图

本节，我们将为名胜古迹 App 设计一个详细页面视图，用户在浏览视图的列表中单击某一行之后，就可以进入详细页面视图。这个详细视图包含很多小巧的可复用视图，比如页面的横幅图片、时尚标题、提要、子标题、横向滚动画册等。在本节的最后，我们会将这些小视图组合成最终的详细视图布局，效果如图 4-11 所示。

图 4-11　详细视图的最终效果

4.4.1　初步创建详细视图

在 View 文件夹中创建一个新的 SwiftUI 文件,并将其命名为 PlaceDetailView。既然是呈现特定名胜古迹的详细页面,我们需要先创建一个属性 **place**,用来存储特定名胜古迹的信息。在 Preview 部分则需要仿照行视图为 PlaceDetailView 初始化参数提供一个 Place 类型的对象。修改代码如下。

```
struct PlaceDetailView: View {
  // MARK: - Properties
  let place: Place

  // MARK: - Body
  var body: some View {
    Text("Hello, World!")
  }
}

// MARK: - Preview
struct PlaceDetailView_Previews: PreviewProvider {
  static let places: [Place] = Bundle.main.decode("places.json")
  static var previews: some View {
```

```
        PlaceDetailView(place: places[3])
    }
}
```

接下来就可以修改 Body 部分的代码了。

```
// MARK: - Body
var body: some View {
    ScrollView(.vertical, showsIndicators: false) {
        VStack(alignment: .center, spacing: 20) {
            Text("Hello, World!")
        } //: VStack
    } //: ScrollView
    .navigationBarTitle("了解关于 \(place.name)", displayMode: .inline)
}
```

因为详细页面视图的内容比较多，所以需要为其添加纵向滚动特性。这里添加一个 **ScrollView**，但不需要显示滚动条。在滚动视图的内部还需要添加一个 VStack 容器来组织里面的每个小视图，设置其为横向中心对齐，每个视图的间隔为 20 点。最后为 ScrollView 添加 navigationBarTitle 修饰器，设置导航栏的标题，显示模式为行内小字标题。

为了可以在预览窗口中看到真正的导航栏效果，我们可以在 Preview 部分添加一个导航视图，代码如下。

```
static var previews: some View {
    NavigationView {
        PlaceDetailView(place: places[3])
    }
    .previewDevice("iPhone Pro 11")
}
```

这里设定预览设备为 iPhone 11 Pro，预览效果如图 4-12 所示。

图 4-12 PlaceDetailView 在预览窗口中的效果

接下来我们需要在 Body 的 VStack 容器中依次添加横幅图片、标题、提要、画册、相关信息、具体描述、地图和链接。其中，对于某些部分我们会尝试创建独立的可复用视图。让我们先在 Body 部分添加相关的注释信息。

```
VStack(alignment: .center, spacing: 20) {
    // 横幅图片
    Text("Hello, World!")
    
    // 标题
    
    // 提要
    
    // 画册
    
    // 相关信息
    
    // 具体描述
    
    // 地图
    
    // 链接
} //: VStack
```

接下来就让我们从上到下一步步创建详细页面中的所有视图，并最终将它们组合成详细页面视图。

4.4.2 设计横幅图片、标题和提要

在相应注释的下方，添加如下代码。

```
// 横幅图片
Image(place.image)
.resizable()
  .scaledToFit()

// 标题
Text(place.name)
  .font(.largeTitle)
  .fontWeight(.heavy)
  .multilineTextAlignment(.center)
  .padding(.vertical, 8)
  .foregroundColor(.primary)
  .background(
    Color.accentColor
```

```
        .frame(height: 6)
        .offset(y: 24)
)
// 提要
Text(place.headline)
.font(.headline)
.multilineTextAlignment(.leading)
    .foregroundColor(.accentColor)
    .padding(.horizontal)
```

这里重点说一下标题 Text 的 background 修饰器，该修饰器会接收一个 View 类型的参数，这里是 Color.accentColor。千万不要把它想成一个颜色的类型对象，它是一个真真正正的视图，所以此时你会在预览窗口中看到，标题文字的后面都被背景颜色占据了。

紧接着，我们又对 Color.accentColor 视图添加了两个修饰器，其中，frame 用于设置背景视图的高度为 6 点，此时它会变成细横线出现在标题垂直居中的位置。然后通过 offset 修饰器将背景视图向下移动 24 点，就实现我们最终想要的效果了，如图 4-13 所示。

图 4-13　设置了横幅图片和标题后的效果

4.4.3　创建可复用的 Heading 视图

这里，我们会创建一个可复用视图来呈现子标题与画册。还是在 View 文件夹中添加一个 SwiftUI 文件，将其命名为 HeadingView，并修改其代码如下。

```
struct HeadingView: View {
  // MARK: - Properties
  var headingImage: String
  var headingText: String
```

```
    // MARK: - Body
    var body: some View {
        HStack {
            Image(systemName: headingImage)
                .foregroundColor(.accentColor)
                .imageScale(.large)
            
            Text(headingText)
                .font(.title3)
                .fontWeight(.bold)
        } //: HStack
    }
}

// MARK: - Preview
struct HeadingView_Previews: PreviewProvider {
    static var previews: some View {
        HeadingView(headingImage: "photo.on.rectangle.angled", headingText: "中国的名胜古迹")
            .previewLayout(.sizeThatFits)
            .padding()
    }
}
```

在 HeadingView 中有两个属性，分别用于显示图标和子标题文字，预览效果如图 4-14 所示。

图 4-14　HeadingView 的预览效果

再次回到 PlaceDetailView，在 // 画册注释部分，添加下面的代码。

```
// 画册
Group {
    HeadingView(headingImage: "photo.on.rectangle.angled", headingText: "中国的名胜古迹")
}
.padding(.horizontal
```

这里之所以使用 Group 容器，是因为 SwiftUI 对于容器内部同一层级的视图数量是有限制的，在一般情况下，同一层次的视图不允许超过 10 个。如果超过限制，Xcode 编译器就会报错。因此，我们在 VStack 容器中使用 Group，既不会对整体的布局有任何外观上的影响，又能同时把几个视图放入 Group，可以有效减少同级视图的数量，避免出现意想不到的错误。

4.4.4　创建画册视图

继续在 View 文件夹中创建 SwiftUI 文件，将其命名为 InsetGalleryView。修改代码如下。

```swift
struct InsetGalleryView: View {
    // MARK: - Properties
    let place: Place
    
    // MARK: - Body
    var body: some View {
        ScrollView(.horizontal, showsIndicators: false) {
            HStack(alignment: .center, spacing:15) {
                ForEach(place.gallery, id:\.self) { item in
                    Image(item)
                        .resizable()
                        .scaledToFit()
                        .frame(height: 200)
                        .cornerRadius(12)
                } //: Loop
            } //: HStack
        } //: ScrollView
    }
}

// MARK: - Preview
struct InsetGalleryView_Previews: PreviewProvider {
    static let places: [Place] = Bundle.main.decode("places.json")
    static var previews: some View {
        InsetGalleryView(place: places[5])
            .previewLayout(.sizeThatFits)
            .padding()
    }
}
```

在画册视图中，需要一个 Place 类型的属性，还要修改 Preview 部分的代码，传递一个 Place 类型的对象。在 Body 部分，因为要实现横向滚动效果，所以先添加一个 ScrollView，设置为横向滚动并隐藏滚动条。接着，在其内部添加一个 HStack 容器，在容器内部，通过循环遍历 Place 对象的 gallery 属性，将图片呈现到屏幕上。

需要注意的是，在遍历的过程中，需要附加一个 id 参数，这一点与我们之前在 ContentView 中使用 ForEach 遍历 places 数组不同，因为 places 数组中的元素符合 Identifiable 协议（每个元素都含有 id 属性）。对于纯粹的字符串数组，它的元素都是字符串类型，并不符合 Identifiable 协议，所以需要指定 id，这里使用\.self，意味着每个元素的 id 都是字符串本身。

在预览窗口中查看运行的效果，如图 4-15 所示。

图 4-15　InsetGalleryView 的预览效果

回到 PlaceDetailView，修改// 画册注释部分代码如下。

```
// 画册
Group {
  HeadingView(headingImage: "photo.on.rectangle.angled", headingText: "中国的名胜古迹")

  InsetGalleryView(place: place)
}
```

在预览窗口中查看运行效果，如图 4-16 所示，整体效果是不是很酷呢？

图 4-16　PlaceDetailView 的预览效果

4.4.5　使用 NavigationLink 创建链接

现在，我们就可以在浏览页面中的列表视图里面，为每一个名胜古迹条目创建链接了。一旦用户单击某个名胜，就可以导航到相应的名胜详细页面。

打开 ContentView，在 ForEach 循环的内部添加 NavigationLink。

```
ForEach(places) { place in
  NavigationLink(destination: PlaceDetailView(place: place)) {
    PlaceListItemView(place: place)
  } //: Link
} //: Loop
```

我们只需在 PlaceListItemView 的外层嵌套一个 NavigationLink 即可，它的参数是目标视图，意味着一旦用户单击某个 PlaceListItemView，就会以导航的方式滑入 PlaceDetailView。

现在，我们可以在模拟器中运行并查看效果，在浏览页面的列表视图中随意单击某个名胜古迹，就会导航到相应的详细页面中，效果如图 4-17 所示。

图 4-17 测试 NavigationLink 的链接效果

4.4.6 创建相关信息视图

让我们继续构建 PlaceDetailView 的下半部分内容，在 // 相关信息注释语句的下面添加如下代码。

```
// 相关信息
Group {
  HeadingView(headingImage: "questionmark.circle", headingText: "你知道吗？")
}
.padding(.horizontal)
```

在 Group 中，除了 HeadingView，我们还需要添加一个相关信息的视图。在 View 文件夹中创建一个 SwiftUI 文件，将其命名为 InsetMessageView。然后，与之前 InsetGalleryView 的代码一样，添加一个 Place 类型的属性 **place**，再修改 Preview 部分，为 InsetMessageView 传递一个 Place 类型的参数，具体的实现代码就不再呈现了。

接下来修改 Body 部分，代码如下。

```
// MARK: - Body
  var body: some View {
    GroupBox {
```

```
    TabView {
      ForEach(place.message, id: \.self) { item in
        Text(item)
      } //: Loop
    } //: TabView
    .tabViewStyle(PageTabViewStyle())
    .frame(minHeight: 148, idealHeight: 168, maxHeight: 180)
  } //: GroupBox
}
```

上面的代码读者应该非常熟悉，只有 frame 修饰器中的 **idealHeight** 参数是第一次被使用，它代表理想的高度。

回到 PlaceDetailView，在 Group 中添加一行代码即可。

```
// 相关信息
Group {
  HeadingView(headingImage: "questionmark.circle", headingText: "你知道吗？")
  InsetMessageView(place: place)
}
.padding(.horizontal)
```

在预览窗口中可以查看效果，如图 4-18 所示。

图 4-18　添加相关信息后的效果

现在，我们可以直接把描述部分的代码补充完整。

```
// 具体描述
Group {
  HeadingView(headingImage: "info.circle",
              headingText: "关于 \(place.name)")

  Text(place.description)
    .multilineTextAlignment(.leading)
    .layoutPriority(1)
}
.padding(.horizontal)
```

这里对 Text 使用了 layoutPriority 修饰器，目的是保证描述部分的文本尺寸不会被其他视图影响。但是即便这样，Text 也没有完整显示 description 中的所有内容，如果文本内容太多，那么最后还是会用省略号代替。

4.4.7　创建地图视图

本节我们会将 SwiftUI 中的 MapKit 框架整合到项目中。苹果系统的 MapKit 框架允许我们通过简单的手势对地图进行拖曳、缩放并计划路线。因为在本项目中会用到有关 MapKit 的简单功能，因此我们本节只关注与地图有关的基本操作。在本章的后面还会介绍对地图的复杂操作。

在 View 文件夹中创建一个新的 SwiftUI 文件，将其命名为 InsetMapView。将生成的模板代码修改如下。

```
import SwiftUI
import MapKit

struct InsetMapView: View {
  // MARK: - Properties
  @State private var region = MKCoordinateRegion(
      center: CLLocationCoordinate2D(latitude: 31.574565,
      longitude: 108.884720),
      span: MKCoordinateSpan(latitudeDelta: 60,
      longitudeDelta: 60))

  // MARK: - Body
  var body: some View {
    Map(coordinateRegion: $region)
      .frame(height: 256)
      .cornerRadius(12)
```

```
    }
}
// MARK: - Preview
struct InsetMapView_Previews: PreviewProvider {
  static var previews: some View {
    InsetMapView()
       .previewLayout(.sizeThatFits)
       .padding()
  }
}
```

除了常规地对 Preview 部分的 InsetMapView 设置两个修饰器，我们还在程序中导入了 MapKit 框架，这样才能够使用苹果系统提供的地图相关功能。在 Properties 部分，我们添加了一个私有变量 region，它是 MKCoordinateRegion 类型的对象，用于设置地图坐标区域，并且在声明的时候还使用了@State 关键字封装。如果我们想要创建地图，就必须使用@State 进行封装，这是因为人们在使用地图的时候，有很大的可能性会移动或缩放地图，为了可以实时监测地图区域的变化情况，必须通过**绑定**（Binding）的方式声明 region 变量。

在声明 MKCoordinateRegion 对象的时候，必须提供两个重要的信息才能保证地图的正常运行。第一个是地图的中心坐标，包括经度和纬度数据，在本例中我们使用 **CLLocationCoordinate2D** 封装了重庆市的坐标。第二个是地图的区域范围，这里使用 MKCoordinateSpan 进行封装。它有两个参数，latitudeDelta 表示纬度范围，南纬和北纬相加共 180 度，所以它的范围是大于 0 度、小于或等于 180 度；longitudeDelta 表示经度范围，东经和西经相加共 360 度，所以它的范围是大于 0 度、小于 360 度。在本例中我们设置的 latitudeDelta 和 longitudeDelta 值很大，这是因为中国的地域非常大，要想完整显示必须设置较大的值。

最后，我们在 Body 部分将 Text 替换为 Map 控件，传递的参数就是之前定义好的 region。

在预览窗口中开启 Live 模式以后，可以看到图 4-19 所示的效果。

在这里，我们仅仅使用了一行代码就完美地实现了地图视图，你只需要记住为这个地图提供一个区域（Region，它是由经纬度坐标和范围组成的），一个包含经度和纬度的区域即可，而这个坐标也是地图默认的中心位置。在预览的时候，我们还可以通过鼠标移动地图，并按住 option 键缩放地图，这也是我们必须使用@State 封装 region 变量的原因。

在我们将这个地图组件添加到详细页面之前，还需要为其添加一个 Navigation Link 功能——一旦用户单击地图上面的图标就会导航到地图视图。

图 4-19　MapView 的预览效果

在 Body 部分，为 Map 对象添加一个修饰器，代码如下。

```
Map(coordinateRegion: $region)
  .overlay(
    NavigationLink( destination: MapView()) {
      HStack {
        Image(systemName: "mappin.circle")
          .foregroundColor(.white)
          .imageScale(.large)

        Text("所在位置")
          .foregroundColor(.accentColor)
          .fontWeight(.bold)
      } //: HStack
      .padding(.vertical, 10)
      .padding(.horizontal, 14)
      .background(
        Color.black
          .opacity(0.4)
          .cornerRadius(8)
      )
    }.padding(12)
    , alignment: .topTrailing
  )
.frame(height: 256)
……
```

我们为 Map 对象添加了 overlay 修饰器，它可以让你在当前的视图上面叠加另一个视图。这里添加了一个 HStack 容器，容器的左边是一个图标，容器的右边是一个文本。我们为这个容器添加了背景视图，是一个黑色的透明度为 40%的圆角矩形。另外，我们在 HStack 容器的外层添加了 NavigationLink，这样一旦用户单击该容器，就会导航到 MapView，只不过目前该视图只有一行文本信息。

还需要注意的是，overlay 修饰器有两个参数，所有的 NavigationLink 部分都是它的第一个参数，是要呈现在 Map 上面的视图。第二个参数是浮动层的对齐方式，这里设置为在 MapView 的右上角。需要注意的是，在 alignment 前面的是逗号，并不是点，我们使用逗号来区分 overlay 的两个参数。

在预览窗口中开启 Live 模式后，可以看到图 4-20 所示的效果。

图 4-20　添加 overlay 修饰器后的效果

回到 PlaceDetailView，在// 地图注释部分添加下面的代码。

```
// 地图
Group {
  HeadingView(headingImage: "map", headingText: "名胜古迹")

  InsetMapView()
}
.padding(.horizontal)
```

我们继续使用 Group 容器来管理两个视图，在预览窗口中的运行效果如图 4-21 所示，你可以随意拖动地图或进行缩放操作，如果单击所在位置，还会导航到地图视图页面。

图 4-21 在 PlaceDetailView 中的预览效果

4.4.8 创建链接组件

本节我们会创建链接组件视图,这也是详细页面中的最后一个组件。一旦用户单击链接就会导航到百度百科。依旧在 View 文件夹中创建一个 SwiftUI 文件,将其命名为 ExternalWebLinkView。修改代码如下。

```
struct ExternalWebLinkView: View {
  // MARK: - Properties
  let place: Place
  
  // MARK: - Body
  var body: some View {
    GroupBox {
      HStack {
        Image(systemName: "globe")
        Text("百度百科")
        Spacer()
```

```
        Group {
            Image(systemName: "arrow.up.right.square")

            Link(place.name, destination: (URL(string: place.link) ?? URL(string:
"https://baike.baidu.com/"))!)
        } //: Group
        .foregroundColor(.accentColor)
      } //: HStack
    } //: GropuBox
  }
}

// MARK: - Preview
struct ExternalWebLinkView_Previews: PreviewProvider {
  static let places: [Place] = Bundle.main.decode("places.json")
  static var previews: some View {
    ExternalWebLinkView(place: places[6])
      .previewLayout(.sizeThatFits)
      .padding()
  }
}
```

在这段代码中，我们使用 GroupBox 作为最外层容器，因为它默认自带背景。然后利用 HStack 容器横向布局一个 Image 和一个 Text，中间使用 Space 拉开空间，右侧则用 Group 管理 Image 和 Link 两个视图。Link 包含两个参数，第一个是文本信息，第二个是链接跳转的地址，使用两个问号（??）的用意为：如果 place.link 中没有内容或者前面的 URL 初始化失败，则会使用百度百科首页的链接。

回到 PlaceDetailView，在 // 链接注释部分添加如下代码。

```
// 链接
Group {
  HeadingView(headingImage: "books.vertical", headingText: "了解更多")

  ExternalWebLinkView(place: place)
}
.padding(.horizontal)
```

在预览窗口中的运行效果如图 4-22 所示，如果想测试单击链接后的导航效果，则需要在模拟器中运行。

图 4-22 在 PlaceDetailView 中的链接视图以及单击链接后跳转到百度百科

4.5 创建视频播放视图

本节，我们将学习如何在应用程序中播放视频。Swift 使用了全新的视频播放器，它允许我们从本地或者外部载入视频文件。这个视频播放器来自音视频框架（Audio Video Framework），所以在编写相关代码之前需要导入这个框架。

我们会对 VideoListView 进行界面布局，利用 List 呈现一个列表视图，而其中的每一个列表条目的信息都是由本地的 json 数据文件提供的。

4.5.1 创建数据模型和行视图

在制作视频列表之前，我们需要载入视频文件的相关信息，这些信息都存储在 videos.json 文件中，所以需要先创建相应的模型。

根据 videos.json 中的数据结构，我们在 Model 文件夹中创建一个 Swift 文件 VideoModel，在其中创建结构体 Video，代码如下。

```
struct Video: Codable, Identifiable {
  let id: String
  let name: String
```

```
    let headline: String
}
```

再仿照之前所创建的 PlaceListItemView 代码，在 View 文件夹中创建一个 SwiftUI 文件，将其命名为 VideoListItemView，修改代码如下。

```
struct VideoListItemView: View {
    // MARK: - Properties
    let video: Video
    
    // MARK: - Body
    var body: some View {
        Text("Hello, World!")
    }
}

// MARK: - Preview
struct VideoListItemView_Previews: PreviewProvider {
    static let videos: [Video] = Bundle.main.decode("videos.json")
    
    static var previews: some View {
        VideoListItemView(video: videos[2])
            .previewLayout(.sizeThatFits)
            .padding()
    }
}
```

接下来，查看 Assets.xcassets 中的视频封面图片文件夹，你会注意到图片的名称均有"视频封面"前缀，在开发程序的时候，我们会经常用到这样的手段，因此在 Body 部分，需要利用下面的代码编写方式。

```
var body: some View {
    HStack {
        ZStack {
            Image("视频封面-\(video.name)")
                .resizable()
                .scaledToFit()
                .frame(height: 80)
                .cornerRadius(9)
            
            Image(systemName: "play.circle")
                .resizable()
                .scaledToFit()
                .frame(height: 32)
                .shadow(radius: 4)
        } //: ZStack
```

```
  VStack(alignment: .leading, spacing: 10) {
    Text(video.name)
      .font(.title2)
      .fontWeight(.heavy)
      .foregroundColor(.accentColor)
      
    Text(video.headline)
      .font(.footnote)
      .multilineTextAlignment(.leading)
  } //: VStack
} //: HStack
}
```

Body 中最外层是 HStack 容器，左右两边分别为 ZStack 和 VStack 容器。主要看 ZStack 容器，它是前后叠加视图容器。底层是呈现"视频封面-XXX.png"图片的 Image，上层是系统播放图标的 Image，在预览窗口中的效果如图 4-23 所示。

图 4-23　VideoListItemView 在预览窗口中的效果

虽然程序完美运行，但是使用"视频封面-\(video.name)"的字符串形式呈现图片总是感觉怪怪的。接下来，我们将在 Video 结构体中创建一个计算属性对程序进行优化。

```
// 计算属性
var thumbnail: String {
  get {
    return "视频封面-\(name)"
  }
}
```

简单来说，计算属性（computed property）是类中一种特殊类型的属性，在代码运行的过程中，当我们调用该属性的时候，它能够基于其内部定义好的计算或逻辑，实时得到该计算属性的值。和它相呼应的还有 setter 方法，在设置计算属性的时候，可以执行某种计算或逻辑代码。

在 Video 结构体中，我们创建了一个计算属性 **thumbnail**，并为该计算属性设置了 getter 方法，一旦在代码中需要读取 thumbnail 变量的值，它就会执行 getter 方法中的代码，这里只有一行代码，返回一个字符串"视频封面-\(name)"。如果你愿意，那么还可以在 getter 方法中直接去掉 return 关键字。

回到之前的 VideoListItemView 中，直接将 ZStack 中的 Image("视频封面-\(video.name)")替换为 **Image(video.thumbnail)** 即可，在预览窗口中的效果和之前一样，但是代码的可读性又增加了不少。

4.5.2 生成列表视图

行视图制作好以后，就可以制作视频视图了。打开之前的 VideoListView 文件，修改 Properties 和 Body 部分的代码如下。

```
struct VideoListView: View {
  // MARK: - Properties
  let videos: [Video] = Bundle.main.decode("videos.json")
  
  // MARK: - Body
  var body: some View {
    NavigationView {
      List {
        ForEach(videos) { item in
          VideoListItemView(video: item)
        } //: Loop
      } //: List
    } //: NavigationView
  }
}
```

通过 Bundle 的 decode 方法，我们获取到所有的视频信息。然后在 Body 部分设置一个导航视图，其内部是列表视图，通过循环在列表视图中创建 VideoListItemView，简单到不能再简单了，在预览窗口中的效果如图 4-24 所示。

图 4-24　VideoListView 在预览窗口中的效果

现在，视频列表视图已经创建完成，但还有一些细化的工作要做，修改代码如下。

```
NavigationView {
  List {
    ForEach(videos) { item in
      VideoListItemView(video: item)
        .padding(.vertical, 8)
    } //: Loop
  } //: List
  .listStyle(InsetGroupedListStyle())
  .navigationBarTitle("视频", displayMode: .inline)
} //: NavigationView
```

我们为 List 添加了 listStyle 修饰器，并设定参数为 Group 风格。在该风格下会为列表添加一个背景颜色，并将四个角变成圆角。再使用 navigationBarTitle 修饰器为导航栏设置标题。最后为每一个行视图添加上、下各 8 点的间隔，效果如图 4-25 所示，仔细观察你会发现，现在的视图比之前的视图在细节上面更加美观。

图 4-25　经过细节修改后的效果

另外，为了增加名胜古迹应用的趣味性，我们为视频列表视图添加一个随机排序的功能，就像 Apple Music 应用中随机排序播放列表一样。

当前，我们是按照 videos 数组中元素的顺序，在列表视图中呈现的行视图。为了实现随机排序，我们需要把当前的常量 videos 修改为变量，并且还要使用@State 关键字对它进行封装。因为只要该变量发生变化（包括数组中元素顺序产生变化），就需要更新界面。修改代码如下。

```
// MARK: - Properties
@State var videos: [Video] = Bundle.main.decode("videos.json")

// MARK: - Body
var body: some View {
  NavigationView {
    List {
      ……
    } //: List
    .listStyle(InsetGroupedListStyle())
```

```
        .navigationBarTitle("视频", displayMode: .inline)
        .toolbar {
         ToolbarItem(placement: .navigationBarTrailing) {
           Button(action: {
             videos.shuffle()
           }) {
             Image(systemName: "arrow.2.squarepath")
           }
         }
        }
    } //: NavigationView
}
```

主要看一下 List 的 toolbar 修饰器，通过 ToolbarItem 方法，我们在导航栏的右侧添加一个按钮，按钮的样子是系统图标，一旦用户单击按钮，就通过数组的 shuffle() 方法将数组中的元素重新排序。因为顺序改变了，所以程序要刷新界面，列表视图中的行视图也就发生了变化，如图 4-26 所示，在预览窗口中测试一下，是不是很有意思呢？

图 4-26　单击导航栏随机排序按钮以后的效果

4.5.3　触控反馈

在本书的第 1 章我们已经使用了触控反馈技术。在通常情况下，iPhone 的触控反馈特性可以很好地提升用户体验，当用户与某个控件进行交互的时候，适当的触控反馈可以提醒他们会有事情发生。

```
// MARK: - Properties
@State var videos: [Video] = Bundle.main.decode("videos.json")
let hapticImpact = UIImpactFeedbackGenerator(style: .medium)
```

声明一个 UIImpactFeedbackGenerator 类型的常量，style 设置为 medium 代表振动的强度为适中，然后在 Button 的 action 闭包中添加触控指令即可。

```
Button(action: {
  videos.shuffle()
  hapticImpact.impactOccurred()
}) {
  Image(systemName: "arrow.2.squarepath")
}
```

遗憾的是，我们无法在预览窗口或是模拟器中测试触控反馈的效果，必须在 iPhone 真机上才能测试。好在对于免费开发者来说，苹果系统允许接入一台真机进行测试。

4.5.4　创建视频播放页面

在这一部分，我们不仅会在名胜古迹 App 中创建视频播放器，还要让它自动播放本地视频。要想实现这些功能，就必须在项目中整合全新的框架——音视频工具集（Audio Video Kit），这个框架包含了很多与音视频有关的类。

在 View 文件夹中创建一个新的 SwiftUI 文件，将其命名为 VideoPlayerView。因为视频播放器来自 Audio Video Kit 框架，所以需要导入该框架文件。修改代码如下。

```
import SwiftUI
import AVKit

struct VideoPlayerView: View {
  var body: some View {
    VideoPlayer(player: AVPlayer(url:
        Bundle.main.url(forResource: "长江三峡", withExtension: "mov")!))
  }
}
```

在上面的代码中，我们使用了框架提供的最基本的播放器类实现单个视频的播放功能。在初始化 AVPlayer 的时候，利用 Bundle.main.url 方法载入本地视频文件。目前我们通过手动方式指定视频的文件名和类型名，这是一种临时的编程方案，因为现在的主要任务是完成视频播放页面的界面布局，之后才是利用 json 数据动态载入视频信息。

需要注意的是，因为 url 方法生成的是可选值，而 AVPlayer 初始化方法的 url 参数需要的是非可选值，所以这里必须使用惊叹号进行强制拆包，将可选值强制转换为非可选值。

现在，你可以单击 Live 按钮在预览窗口中查看视频的播放效果，如图 4-27 所示。在默认情况下，播放器只会显示视频的第一帧静图，只有用户单击播放按钮以后才会播放视频。

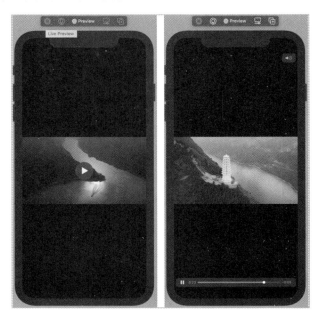

图 4-27　播放器在预览窗口中的呈现和播放效果

当前的视频播放器包含了播放和暂停的功能，可以显示播放进度条和时间。接下来，我们会创建一个函数，帮助我们实现自动播放视频的功能。

通常，我们会将经常用到的相对独立的函数或类放到一个特定的文件夹中。因此，在项目中新建一个文件夹，将其命名为 **Helper**。在该文件夹中创建一个 Swift 文件，命名为 VideoPlayerHelper，修改代码如下。

```
import Foundation
import AVKit

var videoPlayer: AVPlayer?

func playVideo(fileName: String, fileFormat: String) -> AVPlayer {
  if Bundle.main.url(forResource: fileName, withExtension: fileFormat) != nil
{
```

```
    videoPlayer = AVPlayer(url: Bundle.main.url(forResource: fileName,
withExtension: fileFormat)!)
    videoPlayer?.play()
  }
  return videoPlayer!
}
```

这里首先导入 AVKit 框架，然后声明一个 AVPlayer 类型的可选属性 videoPlayer，这意味着该属性值有可能在赋值失败的情况下被赋值为 nil，也意味着在程序运行的时候可以不用为它赋初始值。

接下来我们创建一个全局函数 playVideo()。该函数有两个参数，第一个是视频文件的名称，第二个是视频文件的格式。此外，该函数会返回一个 AVPlayer 类型的对象。在函数体中，使用了 if 语句检测是否存在可以播放的视频文件，如果存在则会初始化一个 AVPlayer 对象，然后通过 play() 方法播放视频。

让我们回到之前的 VideoPlayerView，将 Body 部分的代码修改如下。

```
struct VideoPlayerView: View {
  var body: some View {
    VideoPlayer(player: playVideo(fileName: "长江三峡", fileFormat: "mov"))
  }
}
```

虽然我们还是手动指定了视频文件，但是如果你在预览窗口中运行，则会发现此时的视频是自动播放的。

现在，我们就可以将指定视频文件替换为动态数据了。修改代码如下。

```
struct VideoPlayerView: View {
  // MARK: - Properties
  var videoSelected: String
  var videoTitle: String


  // MARK: - Body
  var body: some View {
    VideoPlayer(player: playVideo(fileName: videoSelected, fileFormat: "mov"))
  }
}

// MARK: - Preview
struct VideoPlayerView_Previews: PreviewProvider {
  static var previews: some View {
    VideoPlayerView(videoSelected: "长江三峡", videoTitle: "长江三峡")
```

}
}

在 Properties 部分我们添加了两个属性。videoSelected 用于存储视频文件名,videoTitle 用于在界面中显示标题。在 Preview 部分为 VideoPlayerView 添加两个相应的参数。在 Body 部分将 videoSelected 作为 fileName 的参数值。此时,在预览窗口中的运行效果应该和之前的一模一样。

4.5.5 视频播放页面的附加设置

在视频播放页面,我们还可以放置一些其他的视图,比如下面的这段代码。

```
var body: some View {
  VStack{
    VideoPlayer(player: playVideo(fileName: videoSelected, fileFormat: "mov"))
    Text(videoTitle)
  } //: VStack
}
```

我们希望在视频的下面显示标题文本,但是在预览的时候发现,标题文本出现在了进度条的下方,如图 4-28 所示,如果不仔细看,那么都不会发现它。

图 4-28 标题出现在进度条的下方

因此,我们需要使用另外一种方式在视频页面中呈现其他的视图,这就是 overlay 修饰器。为 VideoPlayer 添加 overlay 修饰器，代码如下。

```
VStack {
  VideoPlayer(player: playVideo(fileName: videoSelected, fileFormat: "mov"))
    .overlay(
      Image("Logo")
        .resizable()
        .scaledToFit()
        .frame(width:32, height: 32)
        .padding(.top, 6)
        .padding(.horizontal, 8)
      , alignment: .topLeading
    )
} //: VStack
```

overlay 修饰器包含两个参数，第一个参数是视图对象，这里使用 Image 添加了一张图片，该图片来自 Assets.xcassets 中的 Logo 图片集。并设置了图片的尺寸为 32 点×32 点，与顶部间隔距离 6 点，水平间隔距离 8 点。overlay 的第二个参数是对齐方式，这里设置为左上角对齐。

另外，为了可以看到视频视图页面在导航视图中的效果，我们在 Preview 部分为 VideoPlayerView 嵌套一个导航视图。然后为 Body 部分的 VStack 容器添加相关的修饰器，代码如下。

```
struct VideoPlayerView: View {
  ……

  // MARK: - Body
  var body: some View {
    VStack{
      ……
    } //: VStack
    .accentColor(.accentColor)
    .navigationBarTitle(videoTitle, displayMode: .inline)
  }
}

// MARK: - Preview
struct VideoPlayerView_Previews: PreviewProvider {
  static var previews: some View {
    NavigationView {
      VideoPlayerView(videoSelected: "长江三峡", videoTitle: "长江三峡")
    }
  }
}
```

在预览窗口中的效果如图 4-29 所示。

图 4-29 视频播放页面的最终效果

4.5.6 为视频浏览页面添加链接

最后，我们要为视频浏览页面中的每一个行视图添加能够导航到视频播放页面的链接。回到 VideoListView，在 Body 部分找到循环行视图（VideoListItemView）的代码，在其外层嵌套一个 NavigationLink，代码如下。

```
NavigationView {
  List {
    ForEach(videos) { item in
      NavigationLink(destination: VideoPlayerView(videoSelected: item.name,
                                  videoTitle: item.name)) {
        VideoListItemView(video: item)
          .padding(.vertical, 8)
      }
    } //: Loop
  } //: List
```

此时，一旦用户单击行视图，程序就会导航到视频播放页面了。可以在预览窗口或模拟器中查看程序的运行效果。

4.6 创建带有标注的复杂地图

本节，我们将学习如何使用动态数据创建一个复杂的地图并自定义标注（Annotation）。

4.6.1 创建数据模型

我们将根据 json 数据在地图上标注 10 个名胜古迹的位置，所以需要先根据 json 文件的格式创建数据模型，再通过 decode 方法进行解析。打开 locations.json 文件，可以发现每组的 json 数据包括 id、name、image、latitude（经度）和 longitude（纬度）5 个信息条目，前 3 个为字符串类型，后两个为数字类型。根据这个结构，我们在 Model 文件夹中创建一个新的 Swift 文件，将其命名为 LocationModel，代码如下。

```
import Foundation
import MapKit

struct PlaceLocation: Codable, Identifiable {
  var id: String
  var name: String
  var image: String
  var latitude: Double
  var longitude: Double

  // 计算属性
  var location: CLLocationCoordinate2D {
    CLLocationCoordinate2D(latitude: latitude, longitude: longitude)
  }
}
```

在 PlaceLocation 中，因为需要使用地图相关类，所以导入 MapKit 框架。在结构体中创建一个 location 计算属性，因为该计算属性只有一行代码，所以可以去掉 return 关键字，Swift 会默认返回 CLLocationCoordinate2D 类型的对象。当我们在其他地方获取位置信息的时候，可以直接引用该计算属性，非常方便。

4.6.2 创建复杂地图

现在，让我们打开 MapView.swift 文件，为 MapView 添加一个 MKCoordinateRegion 类型的属性。

```
//MARK: - Properties
@State private var region: MKCoordinateRegion = {
```

```
  var mapCoordinates = CLLocationCoordinate2D(latitude: 30.555624612131368,
                                             longitude: 114.30381222526006)
var mapZoomLevel = MKCoordinateSpan(latitudeDelta: 25.0,
                                    longitudeDelta: 25.0)
  var mapRegion = MKCoordinateRegion(center: mapCoordinates,
                                     span: mapZoomLevel)

  return mapRegion
}()
```

在为 **region** 属性赋值的时候，我们通过一段闭包代码返回一个 MKCoordinateRegion 类型的对象，在初始化该对象的时候，我们需要为其准备两个参数，第一个参数是位置坐标，这里指定的是武汉市位置坐标。第二个参数是地图的缩放级数，这里指定经度和纬度均为 25。最后一定要注意，必须使用@State 封装 region 属性，因为用户会随意地移动和缩放地图。

接下来我们就可以在 Body 部分添加地图视图了，在编写代码之前可以开启预览窗口中的 Live 模式，再使用下面的代码替换之前的 Text。

```
//MARK: - Body
var body: some View {
  //MARK: - 1. 基本地图
  Map(coordinateRegion: $region)
}
```

相信此时你已经可以在预览窗口中看到地图视图了，接下来我们需要在地图上面根据 json 提供的数据动态创建标注。先创建一个新的属性，该属性包含所有名胜古迹的位置信息。仿照之前的方法，将 locations.json 中的数据赋值给 locations 属性。

```
//MARK: - Properties
@State private var region: MKCoordinateRegion = {
  ……
}()

let locations: [PlaceLocation] = Bundle.main.decode("locations.json")
```

修改 Body 部分的代码，这次我们会创建一个高级地图。

```
//MARK: - Body
 var body: some View {
   //MARK: - 1. 基本地图
   //Map(coordinateRegion: $region)

   //MARK: - 2. 高级地图
   Map(coordinateRegion: $region, annotationItems: locations) { item in
     // 方案1. Pin: 老旧的风格
```

```
        MapPin(coordinate: item.location, tint: .accentColor)
    }
}
```

这里使用了 Map 的另一种初始化方法，除了传递 coordinateRegion 参数，还传递了 [PlaceLocation]数组，当 Map 在屏幕上绘制的时候就会遍历数组中的每个元素，并循环执行闭包中的代码，这里使用了之前比较老旧的 MapPin 来呈现标注。

除了老旧的方案 1，MapKit 框架还提供了崭新的方案 2。

```
//MARK: - 2.高级地图
Map(coordinateRegion: $region, annotationItems: locations) { item in
    // 方案 1. Pin：老旧的风格
    // MapPin(coordinate: item.location, tint: .accentColor)
    // 方案 2. Marker：崭新的风格
    MapMarker(coordinate: item.location, tint: .accentColor)
}
```

方案 2 与方案 1 的调用方法基本相同，只不过将 MapPin 换成了 MapMarker。在预览窗口的运行效果如图 4-30 所示。

MapPin 的标注　　　　MapMarker 的标注

图 4-30　高级地图的两种方案对比效果

4.6.3 自定义标注

之前的两种地图标注方式都是静态的，如果想要实现用户交互，则需要创建自定义的标注。

```
//MARK: - 2.高级地图
Map(coordinateRegion: $region, annotationItems: locations) { item in
  // 方案3.自定义基本标注（用户可以单击进行交互）
  MapAnnotation(coordinate: item.location) {
    Image("Logo")
      .resizable()
      .scaledToFit()
      .frame(width: 20, height: 20, alignment: .center)
  }
}
```

在方案 3 中，我们使用 MapAnnotation 创建标注，参数为位置坐标，闭包中是 Image，在模拟器中查看运行效果，如图 4-31 所示。

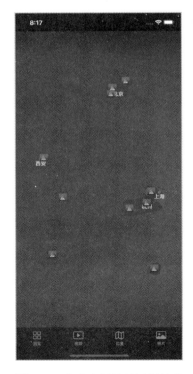

图 4-31 自定义标注的运行效果

接下来，我们将使用自定义图标作为地图的标注，并让图标有光环放大的动画效果。

在 View 文件夹中创建一个 SwiftUI 文件，将其命名为 MapAnnotationView。直接修改代码如下。

```
struct MapAnnotationView: View {
  //MARK: - Properties
  var location: PlaceLocation

  //MARK: - Body
  var body: some View {
    Image(location.image)
      .resizable()
      .scaledToFit()
      .frame(width: 48, height: 48, alignment: .center)
      .clipShape(Circle())
  }
}

//MARK: - Preview
struct MapAnnotationView_Previews: PreviewProvider {
  static let locations: [PlaceLocation] = Bundle.main.decode("locations.json")
  static var previews: some View {
    MapAnnotationView(location: locations[2])
      .previewLayout(.sizeThatFits)
      .padding()
  }
}
```

这里先将 Image 剪裁为圆形。

接下来，我们将 Image 嵌套到 ZStack 容器中，然后添加动画效果。

```
//MARK: - Properties
var location: PlaceLocation
@State private var animation: Double = 0.0

//MARK: - Body
var body: some View {
  ZStack {
    Circle()
      .fill(Color.accentColor)
      .frame(width: 54, height: 54, alignment: .center)

    Circle()
      .stroke(Color.accentColor, lineWidth: 2)
```

```
        .frame(width: 52, height: 52, alignment: .center)
        .scaleEffect(1 + CGFloat(animation))
        .opacity(1 - animation)

    Image(location.image)
      ......
  } //: ZStack
  .onAppear {
    withAnimation(
        Animation.easeOut(duration: 2).repeatForever(autoreverses: false)) {
      animation = 1
    }
  }
}
```

在 ZStack 容器中，我们在 Image 的下面添加两个 Circle（圆形）视图，第一个是圆饼，尺寸 54 点。第二个是圆环，线型宽度为 2 点，尺寸为 52 点。光环的放大动画就是通过这个圆环实现的。

为了产生动画效果，我们需要再添加一个 Double 类型的属性 animation，并设置初始值为 0.0。接着为 ZStack 容器添加 onAppear 修饰器，这样只要 ZStack 容器出现在屏幕上就会执行其内部的代码。利用 withAnimation 方法，我们将 animation 的值在 2s 的时间从 0 变到 1，并且重复执行。简单来说就是每 2s animation 从 0 变到 1。如果 repeatForever 的参数为 true，那么就是每 4s animation 从 0 变到 1，再从 1 变到 0。本例中我们将参数设置为 false，这样光环的动画效果就像是发射电波一样美妙。

SwiftUI 中的动画非常有意思，除了可以对数值设置动画，颜色、高度，甚至透明度等属性也是可以设置动画的。

有了变化的 animation 数值，我们就能通过 scaleEffect 修饰器让圆环的尺寸变化，另外通过 opacity 让圆环逐渐透明。在预览窗口中的 Live 模式下可以查看效果，如图 4-32 所示。

图 4-32　电波效果

回到 MapView 文件，注释掉之前方案 3 的代码，添加方案 4 的代码如下。

```
Map(coordinateRegion: $region, annotationItems: locations) { item in
  // 方案 4．自定义高级标注
  MapAnnotation(coordinate: item.location) {
    MapAnnotationView(location: item)
  }
}
```

在模拟器中运行的效果如图 4-33 所示。

图 4-33　MapView 中显示自定义图标的效果

4.6.4　为视图添加细节素材

在本节的最后，我们还需要为 MapView 添加一些附加素材，让整个 MapView 看起来更加美观。

```
Map(coordinateRegion: $region, annotationItems: locations) { item in
  // 方案 4．自定义高级标注
  MapAnnotation(coordinate: item.location) {
    MapAnnotationView(location: item)
  }
}
```

```
.overlay(
  HStack(alignment: .center, spacing: 12) {
    Image("Logo")
      .resizable()
      .scaledToFit()
      .frame(width: 48, height: 48, alignment: .center)
  } //: HStack
  .padding(.vertical, 12)
  .padding(.horizontal, 16)
  .background(
    Color.black
      .cornerRadius(8)
      .opacity(0.6)
  ).padding()
  , alignment: .top
)
```

利用 overlay 修饰器，我们在地图的上方添加了一张 Logo 图标，进行了常规设置以后，重点看一下 HStack 容器的设置。因为在图片的下面要添加一个背景框，所以先通过 padding 让图片的垂直方向和水平方向分别有 12 点和 16 点的间隔空间，然后通过 background 修饰器添加一个黑色背景视图，设置为圆角并透明，效果如图 4-34 所示。

图 4-34　在 MapView 顶部添加 Logo 图标

接下来，在 HStack 里面添加一个 VStack 容器，该容器用于显示 MapView 中地图的中心点坐标。

```
.overlay(
  HStack(alignment: .center, spacing: 12) {
    Image("Logo")
      ......

    VStack(alignment: .leading, spacing: 3) {
      HStack {
        Text("经度：")
          .font(.footnote)
          .fontWeight(.bold)
          .foregroundColor(.accentColor)
        Spacer()
        Text("\(region.center.latitude)")
          .font(.footnote)
          .foregroundColor(.white)
      } //: HStack
      Divider()
      HStack {
        Text("纬度：")
          .font(.footnote)
          .fontWeight(.bold)
          .foregroundColor(.accentColor)
        Spacer()
        Text("\(region.center.longitude)")
          .font(.footnote)
          .foregroundColor(.white)
      } //: HStack
    } //: VStack
  } //: HStack
......
```

在 Image 的右侧，我们添加了 VStack 容器来呈现两行的文本信息，每行都是一个 HStack 容器，中间使用 Divider() 将它们隔开。每个 HStack 容器中都包含两个 Text，中间使用 Spacer() 将其隔开。

现在，我们可以在模拟器中运行该项目，当我们在地图视图中拖曳和缩放地图的时候，会发现顶部的经纬度数据也发生了相应的变化，如图 4-35 所示。

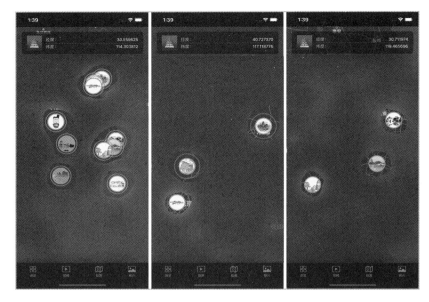

图 4-35　在模拟器中查看 MapView 的运行效果

4.7　创建运动动画

本节，我们将创建一个具有动感效果的背景视图，它使用了带有透明属性的不同大小的圆形，并且会在屏幕上不停移动，做完以后你会觉得这个动画效果非常酷！

首先在 View 文件夹中创建一个 SwiftUI 文件，将其命名为 MotionAnimationView。修改文件中的代码如下。

```
struct MotionAnimationView: View {
  //MARK: - Properties

  //MARK: - Body
  var body: some View {
    GeometryReader { geometry in
      ZStack {
        Circle()
          .foregroundColor(.gray)
          .opacity(0.15)
          .frame(width: 256, height: 256, alignment: .center)
          .position(
              x: geometry.size.width / 2,
              y: geometry.size.height / 2)
        Text("Width: \(Int(geometry.size.width))
```

```
                    Height: \(Int(geometry.size.height))")
            } //: ZStack
        } //: Geometry
    }
}

//MARK: - Preview
struct MotionAnimationView_Previews: PreviewProvider {
    static var previews: some View {
        MotionAnimationView()
            .previewDevice("iPhone 11 Pro")
    }
}
```

在此之前，我们通过 HStack 容器、VStack 容器、List、Group、GroupBox 和 ScrollView 等容器来组织其内部的子视图。而这些容器往往会自动为子视图设置合适的尺寸与位置。但是如果你想要自定义一些形状、尺寸和位置，这个时候就需要用 GeometryReader 来解决问题了，你可以通过它得到一些在其他 View 中得不到的信息。

在上面的代码中，我们使用 GeometryReader 容器时，会得到一个 **GeometryProxy** 类型的参数 geometry，通过它可以知道容器的尺寸。因此在使用 position 修饰器指定圆位置的时候，可以利用 geometry.size 属性指定圆心为容器宽度与高度的一半，即屏幕中央的位置，在预览窗口中呈现的效果如图 4-36 所示。

图 4-36　在模拟器中查看圆形的显示效果（为了看清楚，此效果的透明度临时改为 80%）

另外，还有一件事情需要你必须牢记，被封装在 GeometryReader 容器中的视图，其坐标原点（0，0）是容器的左上角。而对于其他容器，比如 HStack 容器、VStack 容器等，坐标原点（0，0）则是容器的中心。这就是 Text 在 GeometryReader 容器中默认被定位到屏幕左上角的原因。

接下来，我们需要在屏幕上创建更多的圆形，要想实现这个效果，需要创建一个新的属性用于生成圆形的个数，它是一个 12 到 16 的随机数。

```
//MARK: - Properties
@State private var randomCircle = Int.random(in: 12...16)

//MARK: - Body
  var body: some View {
    GeometryReader { geometry in
      ZStack {
        ForEach(0 ..< randomCircle, id: \.self) { item in
          Circle()
          ……
        } //: Loop
         Text("Width: \(Int(geometry.size.width))  Height: \(Int(geometry.size.height))")
      } //: ZStack
```

现在，我们通过循环生成了十几个圆形，它们的坐标、尺寸、比例都是一样的。下面就开始对这些属性进行设置，我们需要在 MotionAnimationView 中添加下面这些方法。

```
struct MotionAnimationView: View {
  //MARK: - Properties
  @State private var randomCircle = Int.random(in: 12...16)

  // MARK: - Functions
  // 1. 随机坐标
  func randomCoordinate(max: CGFloat) -> CGFloat {
    return CGFloat.random(in: 0...max)
  }

  //MARK: - Body
  var body: some View {
    GeometryReader { geometry in
      ZStack {
        ForEach(0 ..< randomCircle, id: \.self) { item in
          Circle()
            .foregroundColor(.gray)
            .opacity(0.15)
            .frame(width: 256, height: 256, alignment: .center)
```

```
            .position(x: randomCoordinate(max: geometry.size.width),
                     y: randomCoordinate(max: geometry.size.height))
        } //: Loop
```

这里通过 randomCoordinate 获得不超过屏幕宽和高的随机数,然后利用该随机数生成圆的随机坐标。

```
// MARK: - Functions
// 1. 随机坐标
......
// 2. 随机尺寸
func randomSize() -> CGFloat {
  return CGFloat(Int.random(in: 10...300))
}
// 3. 随机缩放比
func randomScale() -> CGFloat {
  CGFloat(Double.random(in: 0.1...2.0))
}
......
Circle()
  .foregroundColor(.gray)
  .opacity(0.5)
  .frame(width: randomSize(), height: randomSize(), alignment: .center)
  .scaleEffect(randomScale())
```

在上面的代码中,我们创建了另外两个方法用于生成随机尺寸与缩放比例。然后将生成的随机数作为参数,用在针对 Circle 的 frame 与 scaleEffect 修饰器上。在预览窗口中的效果如图 4-37 所示。

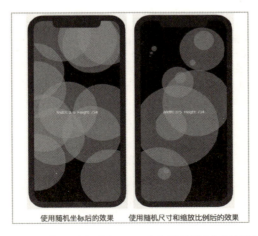

图 4-37　使用随机坐标、尺寸和缩放比例后的效果

接下来，该为这些不同位置和尺寸的圆添加动画效果了，添加如下属性。

```
//MARK: - Properties
@State private var randomCircle = Int.random(in: 12...16)
@State private var isAnimating = false

// MARK: - Functions
......
// 4. 随机速度
func randomSpeed() -> Double {
  Double.random(in: 0.025...1.0)
}
// 5. 随机延时
func randomDelay() -> Double {
  Double.random(in: 0...2)
}

//MARK: - Body
var body: some View {
  GeometryReader { geometry in
    ZStack {
      ......
      ForEach(0 ..< randomCircle, id: \.self) { item in
        Circle()
          .foregroundColor(.gray)
          .opacity(0.5)
          .frame(width: randomSize(), height: randomSize(), alignment: .center)
          .scaleEffect(isAnimating ? randomScale() : 1)
          .position(x: randomCoordinate(max: geometry.size.width),
                    y: randomCoordinate(max: geometry.size.height))
          .animation(
            Animation.interpolatingSpring(stiffness: 0.5, damping: 0.5)
              .repeatForever()
              .speed(randomSpeed())
              .delay(randomDelay())
          )
          .onAppear {
            isAnimating = true
          }
      } //: Loop
    } //: ZStack
    .drawingGroup()
  } //: Geometry
}
```

在上面的代码中，我们为 Circle 添加了 onAppear 修饰器，在里面将 isAnimating 设置为

true，这意味着圆形一旦出现就开启动画效果。

修改 Circle 的 scaleEffect 修饰器，将参数修改为三目条件运算。也就是说如果 isAnimating 的值为 true，则它的参数值为 randomScale() 的返回值，否则它的参数值为 1。这意味着动画开始后，圆形的缩放比例会以动画的形式变化，如果随机数大于 1，圆形就会变大，反之圆形就会变小。

至于动画的相关参数，我们是通过 Circle 的 animation 修饰器设置的。这里使用了带有阻尼的弹簧动画效果，stiffness 参数代表弹簧的硬度，damping 参数代表弹簧的阻尼。另外，我们设置了动画永久重复，速度和延时均通过相应方法随机生成。

这里还要重点说一下 ZStack 容器的 **drawingGroup** 修饰器，我们是第一次使用该修饰器。如果你有过 iOS 开发经验，那么可能知道 SwiftUI 默认使用 Core Animation 绘制动画，对于简单的图形直接使用立即生效。但是在绘制比较复杂的图形时，性能会有所减慢，这是因为 SwiftUI 在绘制这些图形的时候是依次进行的。

要想实现更快的性能，可以将绘制的操作在后台进行，然后在屏幕上显示出来。这一波操作需要借助功能强大的 Metal，Metal 是苹果系统高级别的框架，可以直接工作在 GPU 上。当我们为 ZStack 容器添加了 drawingGroup 修饰器以后，编写动画时就不再会出现因为图形复杂而性能下降的问题了。

删除之前 Body 中的 Text 控件，可以在预览窗口中的 Live 模式下查看运行效果。

在本节的最后，我们还需要将制作好的动画视图添加到照片视图里面。打开 GalleryView 文件，修改代码如下。

```
struct GalleryView: View {
  var body: some View {
    ScrollView(.vertical, showsIndicators: false) {
      Text("照片视图")
    }
    .frame(maxWidth: .infinity, maxHeight: .infinity)
    .background(MotionAnimationView())
  }
}
```

ScrollView 默认会使用最小宽度，所以这里通过 frame 修饰器将 ScrollView 的宽度和高度设置为最大。然后在 background 修饰器中将 MotionAnimationView 作为背景视图。在 GalleryView 的预览窗口中查看到的效果如图 4-38 所示。

图 4-38　在 GalleryView 中的运动背景动画效果

4.8　创建照片视图

本节我们将使用垂直/水平网格容器（Lazy Vertical/Horizontal Grid）创建超级炫酷的照片浏览视图。不仅如此，在这个视图中用户还可以通过滑块手动改变网格视图中列的个数，从 2 列变换到 3 列或者 4 列，在变换的过程中，我们依然会设置一些动画效果，创造出良好的用户体验。

4.8.1　创建基本的网格视图

根据之前编写项目程序的经验，你可能已经想到了制作基本网格视图的流程。没错，第 1 步是准备数据模型，第 2 步是创建网格元素视图，第 3 步是利用数据模型和网格元素视图生成垂直或水平网格视图。

为了更好地了解网格视图，让我们先来创建一个最基本的网格视图。

```
// MARK: - Properties
// MARK: - 简单的网格定义
let gridLayout: [GridItem] = [
  GridItem(.flexible()),
  GridItem(.flexible()),
  GridItem(.flexible())
```

```
]
// MARK: - Body
var body: some View {
  ScrollView(.vertical, showsIndicators: false) {
    // MARK: - 网格视图
    LazyVGrid(columns: gridLayout, alignment: .center, spacing: 10) {
      ForEach(0 ..< 12) { item in
        Text("照片视图")
      } //: Loop
    } //: Grid
  } //: Scroll
  .frame(maxWidth: .infinity, maxHeight: .infinity)
  .background(MotionAnimationView())
}
```

在 GalleryView 中，我们定义了一个[GridItem]类型的属性 gridLayout。通过它创建了包含 3 个 GridItem 类型对象的数组，这意味着我们所创建的垂直网格视图（LazyVGrid）将会被设置为 3 列网格布局。在 Body 部分，当初始化网格视图的时候，通过初始化参数 alignment 指定所有网格元素的对齐方式为中心对齐（center），间隔距离（spacing）为 10 点，利用循环语句产生 12 个 Text 控件，在预览窗口中的效果如图 4-39 所示。

图 4-39 在网格视图中呈现的效果

接下来，我们需要将程序中的 Text 控件替换为 Image。在 Properties 部分添加一个属性 places，我们利用它从 places.json 文件中读取名胜古迹的数据。再修改 Body 部分的代码如下。

```
// MARK: - Properties
let places: [Place] = Bundle.main.decode("places.json")

// MARK: - 简单的网格定义
// let gridLayout: [GridItem] = [
//   GridItem(.flexible()),
//   GridItem(.flexible()),
//   GridItem(.flexible())
// ]
```

```
// 利用数组方法定义网格元素
  let gridLayout: [GridItem] = Array(repeating: GridItem(.flexible()), count: 3)

……
// MARK: - 网格视图
LazyVGrid(columns: gridLayout, alignment: .center, spacing: 10) {
  ForEach(places) { item in
    Image(item.image)
      .resizable()
      .scaledToFit()
      .clipShape(Circle())
      .overlay(Circle().stroke(Color.white, lineWidth: 1))
  } //: Loop
} //: Grid
```

考虑到后面可以让用户动态选择网格视图的列数，所以在这里我们注释掉之前对 gridLayout 属性的常规赋值，改为利用数组方法定义的方式赋值，其中，repeating 参数代表数组中元素的类型，count 代表生成元素的个数。在本例中，会生成 3 个 GridItem 类型的元素，其实和之前的属性赋值是一样的。

现在，每个网格元素中都包含一个 Image 控件，通过 ForEach 遍历 places 数组常量就可以得到所有名胜古迹的图片信息，再通过修饰器对其进行美化、裁剪和修饰，就会得到如图 4-40 所示的效果。

图 4-40　在网格视图中呈现的 Image 效果

4.8.2 实现照片视图的基本功能

接下来，我们就可以实现照片视图的基本功能了。只要用户单击网格视图中的某个缩略图照片，其原图就会显示到网格视图的上方，修改后的代码如下。

```
// MARK: - Properties
let places: [Place] = Bundle.main.decode("places.json")

@State private var selectedPlace: String = "万里长城"
// MARK: - Body
……
ScrollView(.vertical, showsIndicators: false) {
  VStack(alignment: .center, spacing: 30) {
    // MARK: - Image
    Image(selectedPlace)
      .resizable()
      .scaledToFit()
      .clipShape(Circle())
      .overlay(
        Circle().stroke(Color.white, lineWidth: 8)
      )
    
    // MARK: - 网格视图
    LazyVGrid(columns: gridLayout, alignment: .center, spacing: 10) {
      ForEach(places) { item in
        Image(item.image)
          ……
          .overlay(Circle().stroke(Color.white, lineWidth: 1))
          .onTapGesture {
            selectedPlace = item.image
          }
      } //: Loop
    } //: Grid
  } //: VStack
  .padding(.horizontal, 10)
  .padding(.vertical, 50)
}
```

在 Properties 部分，我们添加了一个新的属性 selectedPlace，它用于存储用户单击的图片信息。

在 Body 部分，我们在 ScrollView 的下面添加一个 VStack 容器，其内部是 Image 和 LazyVGrid 网格视图。上面的 Image 控件用于显示用户选择的原图，所以初始化 Image 的参数为 selectedPlace，这里通过 clipShape 修饰器将图片剪裁成圆形，通过 overlay 修饰器为剪裁后的圆形图片加上描边的效果。

对于网格视图中的 Image，我们为其添加了 onTapGesture 修饰器，当用户单击某个缩略图的时候就会执行其内部的代码，进而将图片信息赋值给 selectedPlace 变量。因为使用了 @State 封装 selectedPlace，所以一旦该变量的值发生变化，就会更新上方的原图 Image 的内容。

在预览窗口开启 Live 模式，可以查看程序的运行效果，如图 4-41 所示。

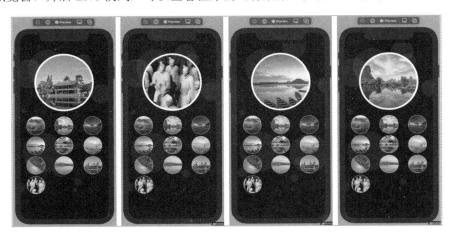

图 4-41　照片视图的基本布局效果

4.8.3　实现照片视图的滑动条功能

接下来，我们将为照片视图添加一个非常酷的功能——在原图 Image 和网格视图之间添加一个滑动条，用户可以通过滑动条动态调整网格视图中列的布局。我们先来做一些前期的准备工作，修改 GalleryView 的代码如下。

```
// 利用数组方法定义网格元素
// let gridLayout: [GridItem] = Array(repeating: GridItem(.flexible()), count: 3)
@State private var gridLayout: [GridItem] = [GridItem(.flexible())]
@State private var gridColumn: Double = 3.0

func gridSwitch() {
  gridLayout = Array(repeating: .init(.flexible()), count: Int(gridColumn))
}

// MARK: - 网格视图
LazyVGrid(columns: gridLayout, alignment: .center, spacing: 10) {
```

```
......
} //: Grid
.onAppear{
  gridSwitch()
}
```

在 Properties 部分，先注释掉之前所声明的 gridLayout 常量的定义语句，然后使用@State 重新封装一个私有变量 gridLayout。在初始化该变量的时候，我们设置数组中只有一个 GridItem 元素，因此目前的网格视图应该只有一列。

另外，需要再声明一个 Double 类型的私有变量 gridColumn，同样用@State 封装。将其赋值为 3.0。可能你会想到该变量将会用于设置网格视图的列个数，没错！但至于为什么要声明为 Double 而不是 Int 类型呢？我们一会儿就会揭开这个谜底。

我们还新建了一个 gridSwitch 方法，该方法会根据 gridColumn 的数值，创建新的网格视图布局。也就是说，当 gridColumn 的值为 1 时，gridLayout 就是 1 列网格视图。当 gridColumn 的值为 3 时，gridLayout 就是 3 列网格视图。

在 Body 部分，为 LazyVGrid 容器添加一个 onAppear 修饰器，在修饰器中执行 gridSwitch 方法即可。这意味着只要网格视图出现在屏幕上，就会根据 gridColumn 的值设置网格视图的列数，在默认情况下，gridColumn 的值为 3。

一切就绪以后，就可以在原图 Image 和网格视图之间添加一个滑动条（Slider）了。

```
// MARK: - Image
Image(selectedPlace)
  ......

// MARK: - Slider
Slider(value: $gridColumn, in: 2...4, step: 1)
  .padding(.horizontal)
.onChange(of: gridColumn){ value in
  gridSwitch()
}

// MARK: - 网格视图
LazyVGrid(columns: gridLayout, alignment: .center, spacing: 10) {
......
```

在初始化 Slider 的时候，value 参数必须是一个绑定变量，所以需要在 gridColumn 变量的前面加上$符号，我们在前面的章节已经向读者介绍过这种调用方式，它代表不仅 gridColumn 变量的值会传递给 Slider，当用户在屏幕上滑动滑块的时候，实时的值也会传递回 gridColumn

变量。而且，value 参数必须符合浮点数（FloatingPoint）协议，所以在声明 gridColumn 变量的时候指定其类型为 Double，而不能是 Int，否则编译器就会报错。in 参数代表滑动条的最大与最小值。step 参数用于设置滑动条的步长为 1，这也意味着用户只能有 3 种选择：2 列、3 列或者 4 列。

在预览窗口中开启 Live 模式，查看滑动条在不同数值下的效果，如图 4-42 所示。

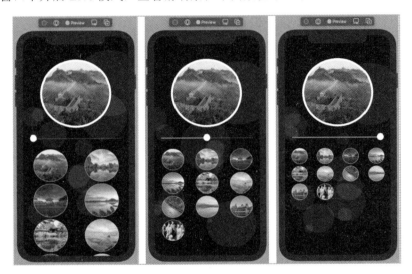

图 4-42　调节滑动条后照片视图的界面效果

4.8.4　对网格视图的改进

虽然在照片视图中已经通过网格视图实现了很酷的布局效果，但是整个视图还有一些可以改进的地方。当网格视图中列数发生变化的时候，可以添加一个过渡效果。我们只需要为 LazyVGrid 添加一个 animation 修饰器即可。

```
// MARK: - 网格视图
LazyVGrid(columns: gridLayout, alignment: .center, spacing: 10) {
……
}
.onAppear{
  gridSwitch()
}
.animation(.easeIn)
```

另外，可以为用户单击照片的操作添加振动反馈特性。需要再添加一个新的

UIImpactFeedbackGenerator 类型的属性。

```
// MARK: - Properties
let places: [Place] = Bundle.main.decode("places.json")
let haptics = UIImpactFeedbackGenerator(style: .medium)

// MARK: - 网格视图
LazyVGrid(columns: gridLayout, alignment: .center, spacing: 10) {
  ForEach(places) { item in
    Image(item.image)
      ……
      .onTapGesture {
        selectedPlace = item.image
        haptics.impactOccurred()
      }
  } //: Loop
} //: Grid
```

在网格视图的 Image 的 onTapGesture 修饰器中，添加触动反馈器的发生指令，一旦用户单击某个图片，iPhone 就会振动。因为无法在模拟器中测试这个效果，所以可以将真机连接到 Xcode 以后再进行测试。

4.9 创建复杂的网格视图布局

本节我们将学习如何开发一个复杂的网格视图布局，如图 4-43 所示。在 App 的浏览页面视图的顶部工具栏的右侧添加两个按钮。当第 1 个按钮被用户激活以后，呈现在屏幕上的是标准的列表视图（之前已经实现的视图）。用户单击第 2 个按钮后会进入网格视图模式，该网格视图会根据当前状态切换到 1 列、2 列或 3 列的布局。

图 4-43 单击两个按钮后的外观效果

要想实现本节的目标，需要完成两个关键任务。第 1 个任务是完成列表视图到 2 列网格视图的布局切换；第 2 个任务是完成网格视图中 3 种排列状态的切换。让我们开始吧！

4.9.1 工具栏的设置

首先打开 ContentView 文件，针对 List 视图添加 toolbar 修饰器，修改代码如下。

```
List {
  ……
} //: List
.navigationBarTitle("名胜古迹", displayMode: .large)
.toolbar {
  ToolbarItem(placement: .navigationBarTrailing) {
    HStack(spacing: 16) {
      // 列表视图模式
      Button(action: {
        print("列表视图被激活")
      }){
        Image(systemName: "square.fill.text.grid.1x2")
          .font(.title2)
          .foregroundColor(.accentColor)
      } //: List Button
      
      // 网格视图模式
      Button(action: {
        print("网格视图被激活")
      }){
        Image(systemName: "square.grid.2x2")
          .font(.title2)
          .foregroundColor(.primary)
      } //: Grid Button
    } //: HStack
  } //: ToolBarItem
} //: Toolbar
```

现在，在 ContentView 的右上角有两个按钮，用于切换列表和网格两种模式。在默认状态下，呈现的是列表模式，所以设置列表模式的按钮颜色为 Color.accentColor。需要注意的是，我们在设置 Image 的 systemName 参数时，"1x2"中的符号并不是乘号或星号，而是小写字母 x。

接下来，我们需要实现的是在用户单击按钮后，外观发生相应的变化，继续修改代码如下。

```
//MARK: - Properties
let places: [Place] = Bundle.main.decode("places.json")
let haptics = UIImpactFeedbackGenerator(style: .medium)

@State private var isGridViewActive: Bool = false
```

```
……
ToolbarItem(placement: .navigationBarTrailing) {
  HStack(spacing: 16) {
    // 列表视图模式
    Button(action: {
      print("列表视图被激活")
      isGridViewActive = false
      haptics.impactOccurred()
    }){
      Image(systemName: "square.fill.text.grid.1x2")
        .font(.title2)
        .foregroundColor(isGridViewActive ? .primary : .accentColor)
    } //: List Button

    // 网格视图模式
    Button(action: {
      print("网格视图被激活")
      isGridViewActive = true
      haptics.impactOccurred()
    }){
      Image(systemName: "square.grid.2x2")
        .font(.title2)
        .foregroundColor(isGridViewActive ? .accentColor : .primary)
    } //: Grid Button
  } //: HStack
} //: ToolBarItem
```

这里，我们添加了两个属性，haptics 用于产生触控反馈效果，被@State 封装的布尔型变量 isGridViewActive 用于存储用户当前选择的视图模式，在默认状态下，ContentView 应该处于列表视图模式，所以初始值为 false。在列表视图按钮中，一旦用户单击按钮，就将 isGridViewActive 设置为 false，并且让 foregroundColor 修饰器根据该变量的值设置按钮的前景色。在网格视图中，也加入类似的代码，只不过实现的逻辑正好相反。

另外，在两个按钮的 action 参数中，都加入了触控反馈效果。在预览窗口中开启 Live 模式，单击两个按钮后的外观效果如图 4-43 所示。

4.9.2 利用 Group 实现模式切换

接下来，我们将利用 Group 容器实现列表与网格的模式切换，将 Body 部分的代码修改为下面这样。

```
NavigationView {
  Group {
    if !isGridViewActive {
      List {
        CoverImageView()
          .frame(height: 300)
          .listRowInsets(EdgeInsets(top: 0, leading: 0, bottom: 0, trailing: 0))

        ForEach(places) { place in
          NavigationLink(destination: PlaceDetailView(place: place)) {
            PlaceListItemView(place: place)
          } //: Link
        } //: Loop
      } //: List
    } else {
      Text("网格视图被激活")
    } //: Endif
  } //: Group
  .navigationBarTitle("名胜古迹", displayMode: .large)
  .toolbar { ……
```

我们在之前的 List 视图外面嵌套一个 Group 容器，并且让原来属于 List 的修饰器都属于 Group，就目前的这个操作来说，用户界面不会有任何变化。接下来，在 List 的外面添加一个 if 判断语句，如果 isGridViewActive 为假，则呈现列表视图；否则呈现 Text 文本视图，效果如图 4-44 所示。

图 4-44　单击两个按钮后的视图效果

4.9.3 实现网格视图的基本功能

现在,我们要实现网格视图的相关功能,与之前的步骤类似,需要先创建一个网格元素视图。在 View 文件夹中创建一个 SwiftUI 文件,将其命名为 PlaceGridItemView,修改里面的代码如下。

```
struct PlaceGridItemView: View {
  // MARK: - Properties
  let place: Place

  // MARK: - Body
  var body: some View {
    Image(place.image)
      .resizable()
      .scaledToFit()
      .cornerRadius(12)
  }
}

// MARK: - Preview
struct PlaceGridItemView_Previews: PreviewProvider {
  static let places: [Place] = Bundle.main.decode("places.json")
  static var previews: some View {
    PlaceGridItemView(place: places[2])
      .previewLayout(.sizeThatFits)
      .padding()
  }
}
```

此时的 PlaceGridItemView 会载入指定的图片,我们会将其作为网格视图中的单元格来使用,而且根本不用考虑网格视图的布局具体是几列。

回到 ContentView,在 Properties 部分添加一个新的属性 gridLayout,我们使用这个常量设置网格视图的列布局。

```
//MARK: - Properties
let places: [Place] = Bundle.main.decode("places.json")
let haptics = UIImpactFeedbackGenerator(style: .medium)
let gridLayout: [GridItem] = Array(repeating: GridItem(.flexible()), count: 2)
……
// MARK: - Body
……
if !isGridViewActive {
  ……
```

```
} else {
  ScrollView(.vertical, showsIndicators: false) {
    LazyVGrid(columns: gridLayout, alignment: .center, spacing: 10) {
      ForEach(places) { item in
        NavigationLink(destination: PlaceDetailView(place: item)) {
          PlaceGridItemView(place: item)
        } //: Link
      } //: Loop
    } //: LazyVGrid
    .padding(10)
    .animation(.easeIn)
  } //: ScrollView
} //: Endif
```

对于 gridLayout 的设置我们已经很熟悉了，通过它可以让网格视图呈现 2 列。在判断语句部分，我们设置了一个纵向滚动视图，不显示滚动条，它的内部是一个纵向网格视图。在网格视图的内部，通过 ForEach 循环创建所有名胜古迹的图片，这些图片通过 PlaceGridItemView 呈现到屏幕上。另外，这些网格元素会嵌套一个导航链接，一旦用户单击某个网格元素，就会跳转到名胜古迹的详细页面视图。

在预览窗口中开启 Live 模式，可以看到如图 4-45 所示的效果。

图 4-45 单击网格按钮后的 2 列网格效果

4.9.4 实现网格视图的列数动态变换效果

在这一部分，我们将实现网格视图中一个非常有意思的效果。用户在单击网格按钮后，网格视图会进行列数动态变换，从默认的 2 列变换为 3 列，再变换为 1 列，再变换为 2 列……

实现这个效果的关键在于要对网格布局进行动态变换，目前我们是通过 gridLayout 进行网格布局的，这就需要我们创建一个完整的网格布局变换系统。

让我们先来实现按钮外观的变换，它应该是 3 个不同外观按钮的轮换。针对当前的网格布局，右上角的轮换按钮应该显示下一个布局的样式外观。也就是说当视图网格为 2 列布局的时候，按钮应该呈现 3 列的样式外观；当网格为 3 列布局的时候，按钮应该呈现 1 列的样式外观；当网格为 1 列布局的时候，按钮应该呈现 2 列的样式外观。

首先让我们修改之前 Properties 部分对 gridLayout 的声明。

```
//MARK: - Properties
let places: [Place] = Bundle.main.decode("places.json")
let haptics = UIImpactFeedbackGenerator(style: .medium)

@State private var gridLayout: [GridItem] = [GridItem(.flexible())]
@State private var gridColumn = 1
@State private var toolbarIcon = "square.grid.2x2"

@State private var isGridViewActive: Bool = false
```

这里将之前的 gridLayout 声明修改为以数组[]的形式赋值，只不过当前的数组中只有 1 个 GridItem 类型的元素，gridColumn 代表当前网格视图为 1 列布局，toolbarIcon 代表当前显示的按钮图标。需要注意的是，按钮外观应该为下一个布局的样式。也就是说当前的布局为 1 列，相应的按钮外观应该是 2 列。

一切都清楚了以后，接下来需要在 Body 部分的上面添加一个新的方法。

```
// MARK: - Function
func gridSwitch() {
  gridLayout = Array(repeating: GridItem(.flexible()),
                    count: gridLayout.count % 3 + 1)
gridColumn = gridLayout.count
}
```

我们的想法是：每次用户在单击按钮的时候，都要执行 gridSwitch 方法，该方法用于修改网格视图的布局方式。

例如，当前的网格视图布局是 1 列，则通过 gridLayout.count 属性获取当前网格视图的列数（必然是 1），然后对这个数做除以 3 取余数（操作符为%）再加 1 的操作。此时的 gridLayout 就变成了包含两个 GridItem 元素的数组。因为在声明 gridLayout 的时候使用@State 进行了封装，所以网格视图会自动更新为新的视图布局。

让我们继续顺着这个思路往下思考：在 2 列视图布局状态下，用户单击按钮后执行 gridSwitch 方法，因为此时的 gridLayout.count 属性值为 2，做除以 3 取余数再加 1 的操作后，count 参数值为 3，所以 gridLayout 就会成为一个包含 3 个 GridItem 元素的数组。如果用户继续单击按钮，那么 gridLayout.count 的值为 3 除以 3 取余数再加 1，gridLayout 就会成为包含 1 个 GridItem 元素的数组。如此往复，gridLayout 包含的 GridItem 元素数就会在 1、2、3 之间轮换。

在 Body 部分，找到网格按钮的 action 参数，添加一行代码即可。

```
// 网格视图模式
Button(action: {
  print("网格视图被激活")
  isGridViewActive = true
  haptics.impactOccurred()
  gridSwitch()
}){
……
```

在预览窗口中开启 Live 模式，连续单击网格视图按钮后的效果如图 4-46 所示。

图 4-46　1 列、2 列、3 列网格视图的布局效果

接下来，我们需要实现按钮外观的变换。继续修改 gridSwitch 方法，根据当前网格视图的

布局列数，确定按钮的外观样式。

```
// MARK: - Function
func gridSwitch() {
  gridLayout = Array(repeating: GridItem(.flexible()), count: gridLayout.count % 3 + 1)
  gridColumn = gridLayout.count

  // 按钮外观变换
  switch gridColumn {
  case 1:
    toolbarIcon = "square.grid.2x2"
  case 2:
    toolbarIcon = "square.grid.3x2"
  case 3:
    toolbarIcon = "rectangle.grid.1x2"
  default:
    toolbarIcon = "square.grid.2x2"
  }
}
```

最后，修改网格按钮的外观定义，将 Image 的 systemName 参数由之前的字符串修改为 toolbarIcon。

```
// 网格视图模式
Button(action: {
  ……
}){
  Image(systemName: toolbarIcon)
    .font(.title2)
    .foregroundColor(isGridViewActive ? .accentColor : .primary)
} //: Grid Button
```

在预览窗口中开启 Live 模式，单击网格按钮以后，可以看到图 4-47 所示的效果。

图 4-47　不同网格视图布局的按钮样式

4.10 创建 iMessage 扩展功能

本节，我们将为中国名胜古迹 App 设计一个有趣的贴纸扩展功能，在之前的章节我们也实践过。贴纸属于短信应用的扩展功能，它可以让人们轻松地与朋友分享文字、表情和图片。该功能实现起来非常简单，简单到不用编写任何代码。

我们先在导航视图的项目顶端选择 ThePlacesOfInterest，然后单击右侧的工作区域中位于左下角的 Add a target（加号）按钮，在弹出的目标模板对话框中检索 sticker，选择 Sticker Pack Extension 模板，单击 next 按钮，步骤如图 4-48 所示。

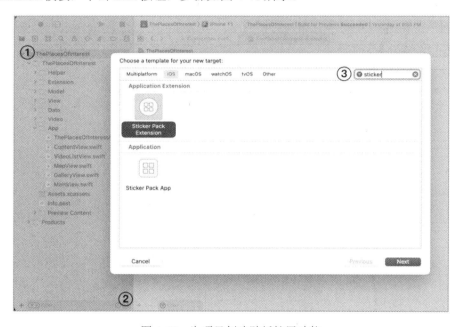

图 4-48 为项目创建贴纸扩展功能

在目标设置对话框中，设置 Product Name 为 Stickers，其他选项保持默认即可，单击 Finish 按钮。之后 Xcode 还会出现一个是否激活"Sticker"方案的提示框，这里直接单击 Activate 按钮即可。

现在，你可以在 ThePlacesOfInterest 的项目配置面板中看到新添加了一个目标 Stickers，推荐读者将 Stickers 中的 Display Name 选项修改为中国名胜古迹，因为该名称会显示到 iOS 系统的信息应用程序中，步骤如图 4-49 所示。

图 4-49　修改信息扩展项目的应用显示名称

此时，在项目导航中你可以找到 Stickers 文件夹，这里就是我们要放置贴纸图片的地方。打开该文件夹并选择 Stickers.xcassets 文件，在右侧的编辑区域中选择 iMessage App Icon 条目，与之前为程序项目设置图标一样，打开该条目文件夹所在的物理位置，然后将"项目资源/AppIcon-iMessage"文件夹中相应的图标复制到里面。

目前，Sticker Pack 文件夹中还没有任何贴图，从"项目资源/sticker"文件夹中将所有的贴图图片拖曳到里面即可，效果如图 4-50 所示。

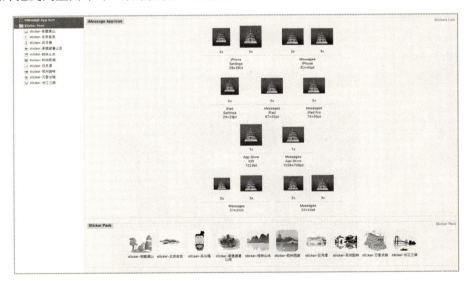

图 4-50　为 Stickers.xcassets 添加相应的图标和贴图

另外，在选中 Sticker Pack 中的某个贴图后，可以在属性检视窗中设置贴图的尺寸，有 2 Column、3 Column 和 4 Column 几个选项，如图 4-51 所示，如果你愿意，那么可以将 Sticker Size 设置为 4 列。这样，在信息应用程序中我们可以看到 4 列布局的贴图效果。

图 4-51　通过属性检视窗设置贴图的尺寸

如果想要改变贴图呈现的顺序，那么可以直接在 Sticker Pack 中调整。

我们只能借助模拟器或者真机测试 iMessage 扩展功能，确认 Stickers 出现在 Xcode 顶部工具栏的当前已激活的方案（active scheme）列表之中，使用<Ctrl+R>组合键构建并运行中国名胜古迹 App。

如果你是在 iOS 模拟器中运行的信息扩展，就会发现发送和接收这些贴图的是两个测试用户。在发送的时候，可以在文本输入框的下面找到中国名胜古迹 App 的 iMessage 图标，下面就是我们添加的相关贴图，选择一个贴图并发送。在信息应用的导航视图中返回上一级视图，可以看到另外一个用户，单击进入以后会看到接收人的贴图信息，效果如图 4-52 所示。

图 4-52　iMessage 的测试效果

4.11 将应用程序适配到 iPadOS 和 macOS 平台

目前，我们已经完成了中国名胜古迹 App 绝大部分功能。在本章的最后一节，我们将为中国名胜古迹 App 创建一个信息面板，自定义一个 Swift 修饰器，利用苹果系统的 Catalist 技术将项目移植到 macOS 平台上。也就是说在本章结束的时候，我们将会完成一个跨 iOS、iPadOS 和 macOS 平台的应用程序。

4.11.1 创建 App 的关于面板

我们先创建一个用来显示中国名胜古迹 App 相关信息的视图。在 View 文件夹中创建一个 SwiftUI 文件，将其命名为 CopyrightView。然后添加代码如下。

```
struct CopyrightView: View {
  var body: some View {
    VStack{
      Image("launch-screen-image")
        .resizable()
        .scaledToFit()
        .frame(width: 128, height: 128)
      Text("""
        Copyright © liuming happy

        感谢所有购买此书的朋友们！❤️
        祝贺你们能够完成本章的学习！
        """)
        .font(.footnote)
        .multilineTextAlignment(.center)
    } //: VStack
    .padding()
    .opacity(0.4)
  }
}

struct CopyrightView_Previews: PreviewProvider {
  static var previews: some View {
    CopyrightView()
      .previewLayout(.sizeThatFits)
      .padding()
  }
}
```

在上面的这段代码中，我们在 VStack 容器中添加了一个 Image 和一个 Text。其中对于

Text 的参数使用了 Swift 的**多行字符串**（Multiline String Literals）特性。如果你需要在屏幕上呈现一个跨越多行的字符串，就可以使用该特性。它是由三个双引号（"""）括起来的字符串序列。

另外，在 Text 的文本中我们还使用了苹果系统的字符检视器来输入特殊符号——心。使用**<Ctrl+Command+空格>**组合键就可以快速调出字符检视器，然后在搜索栏中输入"心"就可以找到你需要的字符了，非常方便。

在预览窗口中，我们可以看到图 4-53 所示的效果。

图 4-53　关于面板视图的效果

4.11.2　自定义修饰器

接下来，我们需要打开 ContentView 文件，在列表视图的最下方添加刚刚创建好的关于面板视图。修改代码如下。

```
if !isGridViewActive {
  List {
    ……
    ForEach(places) { place in
      NavigationLink(destination: PlaceDetailView(place: place)) {
        PlaceListItemView(place: place)
      } //: Link
    } //: Loop
    CopyrightView()
  } //: List
} else {
……
```

在 List 的内部，ForEach 循环的下方，直接添加对 CopyrightView 的调用，在预览窗口中我们会发现当前的这个关于面板是左对齐的，如图 4-54 所示。

List 控件在大部分的时候都会按照我们的意愿来布局其内部的视图对象，由于它在 SwiftUI 中还有一些默认的优先权，所以有些时候会出现一些奇怪的事情。当前的关于面板视图就是一个很好的例子。要解决这个问题，我们可以把关于面板视图放入 HStack 容器封装起来，然后利用 HStack 容器的修饰器让其居中。因为我们经常会遇到这样的问题，所以可以创建一个自定义的修饰器以便复用。

图 4-54　CopyrightView 在 List 中为左对齐

在项目中创建一个新的文件夹 **Modifier**，在该文件夹中创建一个 Swift 类型文件，将其命名为 CenterModifier，修改其代码如下。

```
import SwiftUI

struct CenterModifier: ViewModifier {
  func body(content: Content) -> some View {
    HStack {
      Spacer()
      content
      Spacer()
    }
  }
}
```

在该文件中，需要导入 SwiftUI 框架，因为当前自定义的修饰器必须符合 ViewModifier 协议，该协议属于 SwiftUI 框架。在 CenterModifier 中，我们只定义了一个 body 方法，这也是 ViewModifier 协议中必须有的方法。在该方法中，我们利用 HStack 容器和两个 Spacer 方法，将需要居中的内容视图夹在了中间位置，很好地实现了居中效果。

回到 ContentView，在调用 CopyrightView 方法的代码行处，为其添加一行修饰器代码。

```
CopyrightView()
    .modifier(CenterModifier())
```

我们使用 modifier 修饰器调用自定义的修饰器，CopyrightView 会作为 CenterModifier 结构体中 body 方法的 content 参数被传递进去，得到的返回值应该是 HStack 容器包含 Spacer-CopyrightView-Spacer 的视图结构，效果如图 4-55 所示。

图 4-55　通过自定义 CenterModifier 让视图在 List 里居中布置

4.11.3　将项目迁移到 macOS 平台

此时，我们可以在模拟器中用 iPad 设备进行测试，效果也是非常好的，如图 4-56 所示。

第 4 章 名胜古迹 App

图 4-56 在模拟器中测试 iPad 设备的运行效果

除了 iPadOS 平台，我们还可以将项目迁移到 macOS 平台上面，利用苹果系统 Catalist 解决方案，可以快速实现。

在项目导航中单击顶部的 ThePlacesOfInterest 条目，在项目配置区域中找到 Deployment Info，勾选 mac 选项。在勾选以后，Xcode 还会弹出一个是否允许 Mac 支持的对话框，单击 Enable 即可，如图 4-57 所示。

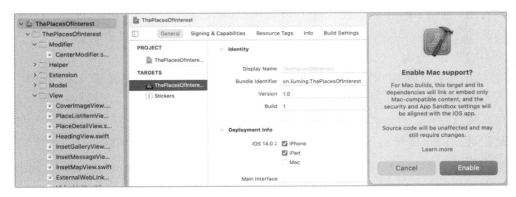

图 4-57 将项目部署到 mac 上面

此时，Xcode 将在项目中创建一个新的文件 ThePlacesOfInterest.entitlements。单击以后你会发现该文件类似 Info.plist 文件，目前只有简单的两条信息。

确认 Xcode 顶部的活动方案（Set the active scheme）为 **ThePlacesOfInterest> My Mac**，在 Xcode 中构建并运行项目，这时模拟器不会出现了，取而代之的是打开一个真正的 macOS 应用程序，如图 4-58 所示。

图 4-58　在 macOS 平台上运行的中国名胜古迹应用程序

至此，我们已经完成了本章所有的任务。让我们一起回忆一下在这一章中学到或是用到的技能。首先，我们了解了如何将应用程序设置为深色模式，然后学习了解析 JSON 格式数据文件的方法，并为不同的数据内容建立数据模型。我们还创建了几个之前没有用过的布局视图，包括基本的网格（Grid）视图以及更高级别的 1 列至 3 列的动态网格视图。另外，我们使用 SwiftUI 带来的全新地图工具（Map Kit）创建了一个基本地图，并在此基础上为地图增加了动感定制图标。本章还用到了 SwiftUI 的音视频工具（Audio Video Kit）播放相关的视频素材。在 Swift 语言层面，通过扩展（Extension）和范式（Generics）优化代码。最后，我们将应用程序适配到了 iPadOS 和 macOS 平台上，并为应用程序添加了 iMessage 贴图特性。

第 5 章 爱上写字

本章，我们将创建一个与文具相关的电子商务应用程序——爱上写字。

在这一章中我们将使用 SwiftUI 框架快速制作电子商务网站的原型；了解@Environment 关键字的工作原理；学习使用 Observable Object 类型的属性；跨整个程序共享数据模型；开发自定义的导航栏；使用 Shape Path 创建自定义形状；在单独的文件中存储程序会用到的所有常量；学习使用 SwiftUI 创建横向滚动网格视图以及继续利用自定义的 decode()方法解析 JSON 格式文件并获取相关数据。

5.1 使用 Xcode 创建项目

在启动 Xcode 以后，选择 **Create a new Xcode project** 选项创建一个项目，在弹出的项目模板选项卡中选择 **iOS / App**，单击 **Next** 按钮。

在随后出现的项目选项卡中，做如下设置：

- 在 Product Name 处填写 LoveToWrite。
- 如果没有苹果公司的开发者账号，那么请将 Team 设置为 **None**；如果有，则可以设置为你的开发者账号。
- Organization Identifier 项可以随意输入，但最好是你拥有的域名的反向，例如：cn.liuming。如果你目前还没有拥有任何域名，那么使用 cn.swiftui 是一个不错的选择。
- Interface 选为 **SwiftUI**。
- Lift Cycle 选为 **SwiftUI App**。
- Language 选为 **Swift**。

在该选项卡中，确认 Use Core Data 和 Include Tests 选项处于未勾选状态，然后单击 **Next** 按钮。

在确定好项目的保存位置以后，单击 **Create** 按钮完成项目的创建。

因为本章的程序界面设计只适合 iPhone 纵向显示，所以当项目创建好以后，需要先在项目导航中进行如图 5-1 所示的设置。在 Device Orientation 中去掉 **Landscape Left/Right** 的勾选项。

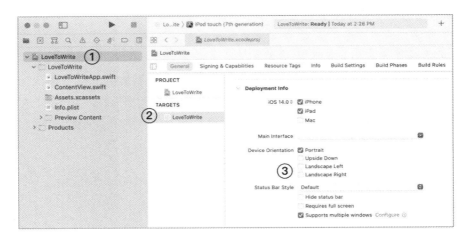

图 5-1 设置项目的设备方向仅为纵向（Portrait）

另外，修改 **Display Name** 选项，将其设置为**爱上写字**，这样在模拟器中就可以看到中文名称的应用程序了。

5.1.1 为项目添加程序图标和相关图片素材

在 Xcode 项目导航面板中选择**资源分类**（**Assets.xcassets**）。右击应用**程序图标**组（AppIcon），并在弹出的快捷菜单中选择 Show in Finder。进入 AppIcon.appiconset 文件夹，将本书提供的"**项目资源/AppIcon**"中的所有文件拖曳到里面，根据提示覆盖原有的 Contents.json 文件，这样就可以将所有尺寸的图标添加到 AppIcon 中了，如图 5-2 所示。

接下来，我们需要在"项目资源"文件夹中找到 Brand、Category、Header、Logo 和 Pen 5 个文件夹，将它们直接拖曳到 Assets.xcassets 中。接着，打开 Category 文件夹并选中其中的 16 个图标，因为它们都是矢量图，所以需要在属性检视窗中勾选 **Preserve Vector Data**，保证程序以矢量图形式呈现图标。

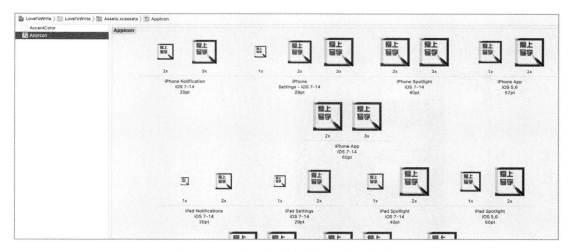

图 5-2　为项目添加爱上写字应用程序图标

接下来，还需要为项目添加一个背景色的颜色集，用来适配 iOS 系统的浅色和深色两种不同显示模式背景，这里手动添加即可。

在 Xcode 选中 Assets.xcassets，在右侧编辑区域的底部找到加号（+）按钮，然后在弹出的快捷菜单中选择 **Color Set** 选项，一个全新的白色颜色集就会出现在项目中，将该颜色集的名称修改为 **ColorBackground**。选中 Any Appearance 颜色块，然后打开 Xcode 最右侧的属性检视窗。在 Color 部分将 Content 设置为 sRGB，将 Input Method 设置为 8-bit（0-255），将红色、绿色、蓝色的颜色滑块分别设置为 240、240 和 230，最后将 Dark Appearance 颜色块也做同样的设置。

最后，在项目中创建一个 Data 文件夹，再将"项目资源/Data"中的 brand、category、header 和 pen 4 个 json 格式的文件拖曳到里面。

5.1.2　为项目添加启动画面

现在需要为应用程序添加启动画面，在 LoveToWrite 项目配置页面中选择 Info 标签，里面都是预定义好的项目配置条目，这些条目均包含键（Key）和值（Value）两部分内容。让我们找到 Launch Screen 条目，当前该条目中没有任何内容。

单击其右侧的加号按钮，添加 Image Name 条目，然后将其值修改为 **Logo**。再添加 Background color 条目，将其值设置为 **ColorBackground**。

最后，我们还需要设置一下应用程序的外观，让它始终运行在浅色模式下。单击 Info 中最后一个条目右侧的加号按钮，从下拉列表中找到 **Appearance** 选项，并将其值设置为 **Light**。这样的话，应用程序只能运行在浅色模式。

现在，我们可以在模拟器中运行该项目，程序图标和启动画面如图 5-3 所示。

图 5-3　在模拟器中运行爱上写字项目

5.1.3　整理项目文件架构

在开始编写代码之前，需要先整理一下项目的文件架构。选中 LoveToWrite 和 ContentView 两个文件，右击并选择"New Group from Selection"，然后将文件夹名修改为 **App**。

在 LoveToWrite 中创建 View 文件夹，然后在 View 文件夹中创建 Home 和 Detail 两个文件夹。

最后，在 LoveToWrite 中创建 Model、Extension 和 Utility 三个文件夹。

项目架构文件夹全部创建好以后，需要先在 Utility 文件夹中创建一个 Swift 类型的文件，将其命名为 **Constant**。顾名思义，我们用这个文件存储项目中所用的常量。

创建该文件的目的是将所有的基础数据和 Color、Font、Image、String、Url 等资源集合到一起，以方便我们统一调用。另外，在 Constant 文件中要根据数据的不同类型，将其分类存储。目前 Constant 文件中的代码如下。

```
import Foundation
import SwiftUI

// Data
// Color
let colorBackground = Color("ColorBackground")
let colorGray = Color(UIColor.systemGray4)

// Layout
// UX
// API
// Image
// Font
// String
// Misc
```

先导入 SwiftUI 框架，然后针对不同类型的常量，预先编写相应的注释语句。在 Color 部分，colorBackground 引用了 ColorBackground 颜色集，这样的好处在于我们每次只需要调用该属性即可，省去了在项目中直接调用颜色集的麻烦。另外，如果我们需要替换其他颜色，那么直接修改 colorBackground 常量即可，不必在整个项目中挨个搜索并修改每一处的颜色调用。

常量 colorGray 是一个系统颜色的引用，除了上面所介绍的两点好处，它还缩短了代码录入的长度。其中 UIColor.systemGray4 代表第四级别的灰色，该颜色会适配当前的环境。在浅色模式下，这个灰色会比 systemGray3 亮一些。在深色模式下，这个灰色则比 systemGray3 暗一些。当前，所有的灰色级别都包含 systemGray 及 systemGray2 至 systemGray6。

随着学习的不断深入，我们还会在这个文件中添加更多的常量，以方便我们对数据的调用。

5.1.4 创建 FooterView

本节，我们将为项目创建第一个视图，在 View/Home 文件夹中新建一个 SwiftUI 类型的文件，将其命名为 FooterView。

修改 Preview 部分，为 preview 添加如下修饰器。

```
FooterView()
  .previewLayout(.sizeThatFits)
  .background(colorBackground)
```

然后修改 Body 部分的代码如下。

```
VStack(alignment: .center, spacing: 10) {
  Text("练字是一种慢功,得勤学苦练,天长日久方能见功夫。是没有捷径可以走的!练字是思维活动和对感觉器官的一种锻炼,是眼、脑、手并用形成的一种特殊技巧。")
    .foregroundColor(.gray)
    .multilineTextAlignment(.center)
    .layoutPriority(2)

  Image("Logo")
    .renderingMode(.template)
    .foregroundColor(.gray)
    .layoutPriority(0)

  Text("Copyright © Happy Liu\nAll right reserved")
    .font(.footnote)
    .fontWeight(.bold)
    .foregroundColor(.gray)
    .multilineTextAlignment(.center)
    .layoutPriority(1)
} //: VStack
.padding()
```

Body 部分是一个 VStack 容器，里面是 Text 和 Image，为了保证两个 Text 的空间不被"挤占"，我们利用 layoutPriority 修饰器将其优先级调高。另外，第二个 Text 中，使用了"\n"转义字符，它代表换行。

回到 ContentView，将 Body 部分修改为下面这样。

```
// MARK: - Body
var body: some View {
  FooterView()
    .padding(.horizontal)
}
```

在预览窗口中，可以看到如图 5-4 所示的效果。

图 5-4　ContentView 在预览窗口中的效果

5.1.5　快速输入自定义代码块

目前，第 1 部分的功能代码已经全部编写完毕，在这里向读者介绍一个 Xcode 原生的自定义代码块功能，如果你用好它，则可以加快代码的录入速度。

之前，我们总是不断地在 SwiftUI 文件中插入 3 个不同的注释语句。接下来，我们将为它们创建自定义的注释代码块。

在 ContentView 文件中选中 **// MARK: -** 的注释字符串，右击鼠标，在弹出的快捷菜单中选择 **Create Code Snippet**。

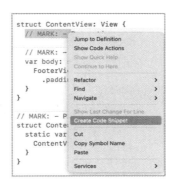

图 5-5　为注释语句创建自定义代码块

在弹出的 Snippet Library 面板中，左侧是 Xcode 已经预定义好的代码块，而当前正是我们要创建的自定义代码块。在面板的右侧先输入自定义代码块的名称——**Comment Mark**，然后跳过摘要（Summary）部分。在真正的代码块部分，可以添加一个占位符——**<#placeholder#>**，一旦输入完成，代码就会变成图 5-6 所示的样子。最后，在 Completion 中输入 **mak**，代表只要在编写代码的时候输入 mak 字符串，就会弹出自动完成面板，利用它就可以帮助我们快速完成注释语句的编写。感觉是不是非常酷呢？

图 5-6　设置自定义代码块的选项

5.2　创建自定义导航栏

本节，我们将创建一个自定义导航栏，并且在呈现导航栏的时候伴随一个微动画效果。之所以要创建自定义的导航栏，是因为当前的这个应用程序既要完美适配 iPhone X 以后的"刘海"设备，也要完美适配 iPhone X 之前的无"刘海"设备。最终效果如图 5-7 所示。

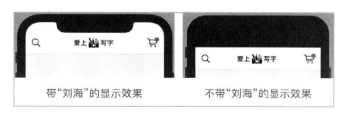

图 5-7　不同型号的 iPhone 所呈现的导航栏效果

5.2.1 创建导航栏视图

在 View/Home 文件夹中新建一个 SwiftUI 类型文件,将其命名为 NavigationBarView。为 Preview 添加两个修饰器。

```
NavigationBarView()
  .previewLayout(.sizeThatFits)
  .padding()
```

修改 Body 部分的代码如下。

```
HStack {
 Button(action: {
    
 }, label: {
   Image(systemName: "magnifyingglass")
     .font(.title)
     .foregroundColor(.black)
 }) //: Button
 
 Spacer()
 
 Button(action: {
    
 }, label: {
   ZStack {
     Image(systemName: "cart")
       .font(.title)
       .foregroundColor(.black)
     
     Circle()
       .fill(Color.red)
       .frame(width: 14, height: 14, alignment: .center)
       .offset(x: 13, y: -10)
   }
 }) //: Button
} //: HStack
```

我们在 HStack 容器中,先添加一个 Button,它的外观是一个 Image,通过 systemName 参数显示了一个放大镜,它是一个 SF 符号。接着是一个 Spacer 用于撑开其右侧的空间,最后添加一个 Button,它的外观是一个 ZStack 容器,底层是一个 Image,上面则是一个圆形(Circle),填充色为红色,因为 ZStack 容器的对齐方式为中心对齐,所以这里使用 offset 修饰器将其移动到购物车的右上角,效果如图 5-8 所示。

图 5-8　自定义导航栏视图

5.2.2　设计导航栏中的 Logo 视图

在 View/Home 文件夹中新建一个 SwiftUI 类型文件，将其命名为 LogoView。与 NavigationBarView 一样，为 Preview 添加两个修饰器。

```
NavigationBarView()
  .previewLayout(.sizeThatFits)
  .padding()
```

继续修改 Body 部分的代码如下。

```
HStack(spacing: 4) {
  Text("爱上")
    .font(.title3)
    .fontWeight(.black)
    .foregroundColor(.black)

  Image("Logo-Dark")
    .resizable()
    .scaledToFit()
    .frame(width: 30, height: 30, alignment: .center)

  Text("写字")
    .font(.title3)
    .fontWeight(.black)
    .foregroundColor(.black)
} //: HStack
```

在 HStack 容器中，我们添加了两个 Text 和一个 Image，在预览窗口中的效果如图 5-9 所示。

图 5-9　LogoView 在预览窗口中的效果

回到 NavigationBarView，在 Body 部分的两个 Button 之间添加 LogoView 的调用。

```
Button(action: {
  ……
}) //: Button

Spacer()
LogoView()
Spacer()

Button(action: {
  ……
}) //: Button
```

此时 NavigationBarView 的效果如图 5-10 所示。

图 5-10　NavigationBarView 在预览窗口中的效果

现在，我们可以为导航栏中的 LogoView 添加微动画效果了。打开 LogoView 文件，在 Properties 部分添加一个新的属性。

```
// MARK: - Properties
@State private var isAnimated: Bool = false
```

这里通过 isAnimated 布尔变量，设置动画是否开启。在 Body 部分，为 LogoView 添加 3 个修饰器。

```
LogoView()
  .opacity(isAnimated ? 1 : 0)
  .offset(x: 0, y: isAnimated ? 0 : -25)
  .onAppear() {
    withAnimation(.easeOut(duration: 0.5)) {
      isAnimated.toggle()
    }
  }
```

当 LogoView 出现在屏幕上的时候会运行 onAppear 修饰器中的代码，这里设置了一个 easeOut 类型动画，时长 0.5s。在这 0.5s 的时间里，我们让 LogoView 的透明度从 0 变为 1，并从靠上的位置下移到导航栏中，你可以在预览窗口中启动 Live 模式查看动画效果。

5.2.3　为主场景视图添加导航栏

本节，我们会用一点儿时间来设置主场景视图布局。打开 ContentView 文件，然后在

Body 部分添加如下代码。

```
VStack{
  Spacer()
  FooterView()
    .padding(.horizontal)
} //: VStack
.background(colorBackground.ignoresSafeArea(.all, edges: .all))
```

目前的 Body 中只有一个 VStack 容器，该容器中只有一个 FooterView，为了将其放置到屏幕的底部，在其上面添加了一个 Spacer。注意这里的 background 修饰器，我们使用 colorBackground 作为背景色，并且忽略所有类型（包括虚拟键盘、容器等）的安全区域，对于第二个参数 edges，则会让它忽略四周的安全区域。

目前 ContentView 在预览窗口的效果如图 5-11 所示。

图 5-11　ContentView 在预览窗口中的效果

继续在 VStack 容器中添加 NavigationBarView，代码如下。

```
VStack {
  NavigationBarView()
    .padding()
    .background(Color.white)
    .shadow(color: Color.black.opacity(0.05), radius: 5, x: 0, y: 5)
  Spacer()
```

```
FooterView()
    .padding(.horizontal)
} //: VStack
.background(colorBackground.ignoresSafeArea(.all, edges: .all))
```

在预览窗口中可以看到如图 5-12 所示的效果。

图 5-12 在 ContentView 中添加导航栏视图后的效果

目前的效果虽然不错，但是在导航栏的上方呈现的并不是白色背景，而是 colorBackground 所定义的颜色。要想修复这个问题，需要做如下修改。

在 VStack 容器的外层嵌套一个 ZStack 容器，并为其添加 ignoresSafeArea 修饰器，这里设置忽略屏幕顶部的安全区域。

```
ZStack {
  VStack{
    ……
  }
} //: ZStack
.ignoresSafeArea(.all, edges: .top)
```

此时，你会看到如图 5-13 所示的效果，虽然忽略了顶部的安全区域，但是导航栏视图被"刘海"遮挡了大部分内容，界面看起来非常丑。

图 5-13 忽略顶部安全区域后导航栏视图的效果

继续为 NavigationBarView 添加 padding 修饰器。

```
NavigationBarView()
    .padding(.horizontal, 15)
    .padding(.bottom)
    .padding(.top, UIApplication.shared.windows.first?.safeAreaInsets.top)
```

```
.background(Color.white)
.shadow(color: Color.black.opacity(0.05), radius: 5, x: 0, y: 5)
```

在上面的代码中，我们将之前的 padding 替换为三个 padding。第一个设置导航栏水平方向的间隔距离为 15 点，第二个设置导航栏与底部有一个标准的间隔距离。第三个最为关键，利用 **UIApplication** 所提供的 **safeAreaInsets.top** 属性，可以得到顶部安全区域的高度，我们利用它设置导航栏与顶部的间隔距离。通过这样的设置，导航栏在预览窗口中启动 Live 模式以后，就会呈现图 5-14 所示的效果。而对于不带"刘海"的设备 safeAreaInsets.top 的值则为 0，所以也可以正常显示。

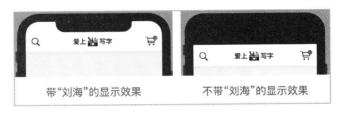

图 5-14　不同类型设备上导航栏视图的最终效果

5.3　创建图像滑动视图

在这一节中我们将使用 SwiftUI 框架创建一个图像滑动视图。如果你已经学习完了之前章节的内容，并且没有任何疑惑，那么本节所要完成的任务对于你来讲不会存在任何压力。我们还是需要先载入 JSON 格式的数据，然后针对 Bundle 类创建一个 decode 扩展方法，最后创建图像滑动视图。

5.3.1　创建数据模型

这里所创建的数据模型文件，应该与 Data 文件夹中的 header.json 文件内容相匹配。在 Model 文件夹中新建一个 Swift 类型的文件，将其命名为 HeaderModel。修改文件中的代码如下。

```
import Foundation

struct Header: Codable, Identifiable {
  let id: Int
  let image: String
}
```

作为数据模型，它需要符合 Codable 协议，否则无法将解析后的 JSON 格式数据写入该模型中。Identifiable 则用于确定每个数据的唯一性，所以必须有一个 id 属性。

5.3.2 创建 JSON 解析方法

接下来我们需要为 Bundle 创建一个扩展方法，我们通过该方法来解析 JSON 格式的数据文件。

在 Extension 文件夹中新建一个 Swift 类型的文件，将其命名为 CodableBundleExtension。该文件中涉及的代码，与第 4 章的 CodableBundleExtension.swift 文件一样，所以直接将代码复制过来即可。

让我们回到 Constant.swift 文件中，在 // Data 注释语句的下面添加一行新的常量定义。这样，我们就可以直接在程序中使用这些图像了。

```
// Data
let headers: [Header] = Bundle.main.decode("header.json")
```

5.3.3 创建用于滑动的图像视图

我们将数据准备好后，就可以为滑动视图创建相应的图像视图了。在 View/Home 文件夹中新建一个 SwiftUI 类型文件，将其命名为 HeaderItemView。修改文件中的代码如下。

```
struct HeaderItemView: View {
  // MARK: - Properties
  let header: Header
  
  // MARK: - Body
  var body: some View {
    Image(header.image)
      .resizable()
      .scaledToFit()
      .cornerRadius(12)
  }
}

// MARK: - Preview
struct HeaderItemView_Previews: PreviewProvider {
  static var previews: some View {
    HeaderItemView(header: headers[1])
      .previewLayout(.sizeThatFits)
      .padding()
```

```
    .background(colorBackground)
  }
}
```

在预览窗口中可以看到图 5-15 所示的效果。

图 5-15　HeaderItemView 在预览窗口中的效果

接下来，我们创建一个独立的图像滑动视图，在该视图中呈现图片滑动的效果。

在 View/Home 文件夹中新建一个 SwiftUI 类型文件，将其命名为 HeaderTabView。修改文件中的代码如下。

```
// MARK: - Body
var body: some View {
  TabView {
    ForEach(headers) { item in
      HeaderItemView(header: item)
        .padding(.top, 10)
        .padding(.horizontal, 15)
    } //: Loop
  } //: TabView
  .tabViewStyle(PageTabViewStyle(indexDisplayMode: .always))
}
```

我们使用 TabView 创建图像滑动视图，通过 ForEach 循环遍历出所有的 Header 图像，然后为 TabView 添加 tabViewStyle 修饰器，参数 PageTabViewStyle 用于呈现翻页风格，并且让翻页指示点永远显示在屏幕上，只不过目前的指示点在屏幕的底部。在预览窗口中启动 Live 模式，可以看到如图 5-16 所示的效果。我们还可以滑动鼠标让其左右翻页。

图 5-16　图像滑动视图的效果

5.3.4　将图像滑动视图添加到主场景视图

最后，我们还需要将 HeaderTabView 添加到 ContentView 中，将 ContentView 代码修改如下。

```
ZStack {
 VStack{
   NavigationBarView()
     .padding(.horizontal, 15)
     .padding(.bottom)
     .padding(.top, UIApplication.shared.windows.first?.safeAreaInsets.top)
     .background(Color.white)
     .shadow(color: Color.black.opacity(0.05), radius: 5, x: 0, y: 5)
   
   ScrollView(.vertical, showsIndicators: false) {
     VStack(spacing: 0) {
       HeaderTabView()
         .padding(.vertical, 20)
       
       FooterView()
```

```
            .padding(.horizontal)
        } //: VStack
    } //: ScrollView
} //: VStack
.background(colorBackground.ignoresSafeArea(.all, edges: .all))
} //: ZStack
.ignoresSafeArea(.all, edges: .top)
```

在 ScrollView 里有一个 VStack 容器，里面包含了图像滑动视图和 FooterView，在预览窗口中启动 Live 模式，效果如图 5-17 所示。

图 5-17　图像滑动视图在 ContentView 中的效果

5.4　为文具分类创建网格布局视图

本节，我们将创建一个横向滚动网格视图（Lazy Horizontal Grid Layout），并利用该视图呈现文具的分类条目。之所以称之为 Lazy，是因为该视图中的显示条目只有在需要呈现到屏幕上的时候，才会被系统真正加载，这样处理会提高应用程序的执行效率。

5.4.1　创建文具分类数据模型

这里所创建的数据模型文件，应该与 Data 文件夹中的 category.json 文件内容相匹配。在 Model 文件夹中新建一个 Swift 类型的文件，将其命名为 CategoryModel。修改文件中的代码如下。

```
import Foundation

struct Category: Codable, Identifiable {
  let id: Int
  let name: String
}
```

虽然目前在 Category 结构体中只有两个属性，但是随着学习的不断深入，我们还会为其继续添加新的计算属性。让我们先回到 Constant.swift 文件中，在// Data 注释语句的下面添加一行新的常量定义。这样，我们就可以直接在程序中使用这些图像了。

```
// Data
let headers: [Header] = Bundle.main.decode("header.json")
let categories: [Category] = Bundle.main.decode("category.json")
```

另外，在 Constant 文件中的// Layout 注释语句的下面添加如下几行代码。

```
// Layout
let columnSpacing: CGFloat = 10
let rowSpacing: CGFloat = 10
var gridLayout: [GridItem] {
  return Array(repeating: GridItem(.flexible(), spacing: rowSpacing), count: 2)
}
```

这里定义了网格视图会用到的列和行间隔距离。需要注意的是，在定义 gridLayout 的时候使用 var 关键字，它属于变量。因为系统规定，必须将计算属性定义为变量。在之后的网格视图布局中，我们需要通过 gridLayout 定义一个两行横向滚动网格视图，所以 count 参数设置为 2。

5.4.2 创建文具分类子视图

我们需要为横向滚动网格视图提供用于显示的子视图，因此在 View/Home 文件夹中新建一个 SwiftUI 类型文件，将其命名为 CategoryItemView。修改 Preview 部分的代码如下。

```
CategoryItemView(category: categories[1])
  .previewLayout(.sizeThatFits)
  .padding()
  .background(colorBackground)
```

然后，继续修改 Body 部分的代码。

```
// MARK: - Body
var body: some View {
  Button(action: {
```

```
    }, label: {
      HStack(alignment: .center, spacing: 6) {
        Image(category.name)
          .renderingMode(.template)
          .resizable()
          .scaledToFit()
          .frame(width:30, height: 30, alignment: .center)
          .foregroundColor(.gray)
        Text(category.name)
          .fontWeight(.light)
          .foregroundColor(.gray)
        Spacer()
      } //: HStack
      .padding()
      .background(Color.white.cornerRadius(12))
      .background(
        RoundedRectangle(cornerRadius: 12)
          .stroke(Color.gray, lineWidth: 1)
      )
    }) //: Button
}
```

在 Body 部分，我们只添加了一个 Button。它的外观是由 HStack 容器组织起来的。容器里面分别是 Image、Text 和 Spacer，其中，Image 和 Text 均调用了 category 数据模型中的 name 属性。在预览窗口中的效果如图 5-18 所示。

图 5-18　CategoryItemView 在预览窗口中的效果

其实，从严格意义来说，Category 模型中应该包含一个 image 属性，这样在 Image 里面可以通过 category.image 来呈现文具分类图标，由于存储在资源分类（Assets.xcassets）中的 Category 图标名称与 name 属性的值相同，所以这里就直接在 Image 中使用了 category.name 属性。

如果你想做到尽善尽美，那么打开 CategoryModel 文件，为其添加一个计算属性。

```
struct Category: Codable, Identifiable {
  let id: Int
  let name: String
  var image: String {
```

```
        self.name
    }
}
```

因为 image 是计算属性，所以必须将其声明为变量（var）。在外部调用 image 属性的时候，它会直接返回 name 属性的值。

然后在 CategoryItemView 中将 Image(category.name)修改为 Image(**category.image**)即可。

5.4.3　创建文具分类网格视图

接下来，我们就要创建文具分类的网络视图了。在 View/Home 文件夹中新建 SwiftUI 类型文件，将其命名为 CategoryGridView。修改 Preview 部分的代码如下。

```
CategoryGridView()
  .previewLayout(.sizeThatFits)
  .padding()
  .background(colorBackground)
```

继续修改 Body 部分的代码如下。

```
// MARK: - Body
var body: some View {
  ScrollView(.horizontal, showsIndicators: false) {
    LazyHGrid(rows: gridLayout, alignment: .center, spacing: columnSpacing,
              pinnedViews: [], content: {
      ForEach(categories) { category in
        CategoryItemView(category: category)
      } //: Loop
    }) //: Grid
    .frame(height: 140)
    .padding(.horizontal, 15)
    .padding(.vertical, 10)
  } //: ScrollView
}
```

在上面的代码中，首先是一个 ScrollView 横向滚动视图，其内部是 LazyHGrid 网格视图，rows 参数用于指定行布局，在 Constant 文件中定义其为 2 行。采用居中对齐方式，每列的间隔距离为 10。网格中的子视图是通过 ForEach 生成的相应数量的 CategoryItemView。在预览窗口中启动 Live 模式，效果如图 5-19 所示。

图 5-19　启动 Live 模式后 CategoryGridView 在预览窗口中的效果

接下来，我们要为这个网格视图添加 Header 和 Footer 视图。直接在 ForEach 循环的外层嵌套一个 Section，代码如下。

```
Section(header: Text("Header"), footer: Text("Footer")) {
  ForEach(categories) { category in
    CategoryItemView(category: category)
  } //: Loop
} //: Section
```

此时，预览窗口中会在网格视图的开头和结尾呈现 Header 和 Footer 字符串，但是这个布局样式非常丑，如图 5-20 所示。

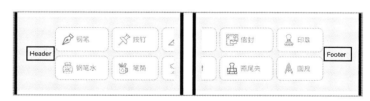

图 5-20　添加了 Header 和 Footer 的网格视图

5.4.4　为网格视图创建 Header 和 Footer 视图

在 View/Home 文件夹中新建一个 SwiftUI 类型文件，将其命名为 SectionView。先将 Preview 部分设置为下面这样。

```
SectionView()
  .previewLayout(.fixed(width: 120, height: 240))
  .padding()
  .background(colorBackground)
```

在 Body 部分添加如下代码。

```
VStack(spacing: 0) {
  Spacer()
  Text("文具分类列表")
```

```
    .font(.footnote)
    .fontWeight(.bold)
    .foregroundColor(.white)
    .rotationEffect(Angle(degrees: -90))
  Spacer()
} //: VStack
.background(colorGray.cornerRadius(12))
.frame(width: 85)
```

在上面的代码中，VStack 容器里会居中显示一个 Text，只不过这里使用 rotationEffect 修饰器将文字逆时针旋转 90 度。我们还想在 Footer 视图部分顺时针旋转结尾部分的文字。所以，在 Properties 部分添加一个属性。

```
// MARK: - Properties
@State var rotateClockwise: Bool
```

添加属性以后，还需要在 Preview 部分为其添加参数 SectionView(**rotateClockwise: false**)。

最后将 Body 部分对 rotationEffect 修饰器的调用修改为 rotationEffect(Angle(degrees: **rotateClockwise ? 90 : -90**))即可。

都设置好以后可以回到 CategoryGridView，将之前的 Section 语句替换为下面这样。

```
Section(
    header: SectionView(rotateClockwise: false),
    footer: SectionView(rotateClockwise: true))
```

在预览窗口中启动 Live 模式可以查看其运行效果，如图 5-21 所示。

图 5-21　添加 Header 和 Footer 的网格视图

以上这些都做好以后，就可以回到 ContentView，在 HeaderTabView 代码的下方添加一行代码 CategoryGridView()，在预览窗口中启动 Live 模式后可以查看其运行效果，如图 5-22 所示。

图 5-22　将 CategoryGridView 添加到 ContentView 中的效果

5.5　为商品创建网格布局视图

本节，我们将使用纵向网格视图创建商品展示列表。由于篇幅的原因，我们只展示文具分类中钢笔的信息，这些信息包括钢笔的照片及相应的背景颜色，钢笔的标题及价格。

5.5.1　创建可复用的标题组件

你可能会想到需要为网格视图创建一个用于商品展示的子视图，但我们还需要创建一个可复用的标题组件。

在 View/Home 文件夹中新建一个 SwiftUI 类型文件，将其命名为 TitleView。先将 Preview 部分设置为下面这样。

```
TitleView()
  .previewLayout(.sizeThatFits)
  .background(colorBackground)
```

然后我们需要在 Properties 部分添加一个属性，并修改 Body 部分的代码如下。

```
// MARK: - Properties
let title: String
```

```
// MARK: - Body
var body: some View {
    HStack {
        Text(title)
            .font(.largeTitle)
            .fontWeight(.heavy)
        
        Spacer()
    }
    .padding(.horizontal)
    .padding(.top, 15)
    .padding(.bottom, 10)
}
```

在 Body 部分，我们在 HStack 容器中放置一个 Text，让它显示指定的文具分类标题，并将 Text 设置为 largeTitle 和粗体字，最后使用 Spacer 将 Text 挤到最左边。

此时编译器会报错，我们还需要为 Preview 添加一个参数。

`TitleView(title: "钢 笔")`

回到 ContentView 文件，然后在 Body 部分 CategoryGridView 语句的下方添加一行代码 **TitleView(title: "钢 笔")**。在预览窗口中，我们可以看到如图 5-23 所示的效果。

图 5-23　将 TitleView 添加到 ContentView 中的效果

5.5.2 创建商品的数据模型

我们为商品创建的数据模型文件,应该与 Data 文件夹中的 pen.json 文件内容相匹配。在 Model 文件夹中新建一个 Swift 类型的文件,将其命名为 PenModel。

此时你可以打开 pen.json 文件,观察里面的数据信息。其中,color 代表商品的背景颜色,我们会在程序中通过该数组直接生成它。

修改 PenModel 文件中的代码如下。

```
import Foundation

struct Pen: Codable, Identifiable {
  let id: Int
  let name: String
  let image: String
  let price: Int
  let description: String
  let color: [Double]
}
```

再次打开 Constant 文件,在// Data 部分添加下面一行代码。

```
let pens: [Pen] = Bundle.main.decode("pen.json")
```

现在,我们就可以直接在程序中调用 pen.json 中的商品信息了。

5.5.3 创建商品子视图

现在,我们要为纵向滚动网格视图提供用于显示的子视图,在 View/Home 文件夹中新建一个 SwiftUI 类型文件,将其命名为 PenItemView。修改 Preview 部分的代码如下。

```
PenItemView()
  .previewLayout(.fixed(width: 200, height: 300))
  .padding()
  .background(colorBackground)
```

在 Properties 部分添加一个 Pen 类型的属性。

```
// MARK: - Properties
let pen: Pen
```

此时编译器会报错，在 Preview 部分添加一个参数——PenItemView(**pen: pens[1]**)即可。

接下来我们需要修改 Body 部分的代码如下。

```
VStack(alignment: .leading, spacing: 6) {
  // 图片
  ZStack {
    Image(pen.image)
      .resizable()
      .scaledToFit()
      .padding(10)
  } //: ZStack
  .background(
      Color(red: pen.color[0], green: pen.color[1], blue: pen.color[2]))
  .cornerRadius(12)
  
  // 标题
  Text(pen.name)
    .font(.title3)
    .fontWeight(.black)
  
  // 价格
  Text("￥\(pen.price)")
    .fontWeight(.semibold)
    .foregroundColor(.gray)
} //: VStack
```

需要说明的是，在图片部分我们使用 ZStack 容器，该容器的背景色是通过 Color 调用 pen.color 数组生成的。在预览窗口中可以看到如图 5-24 所示的效果。

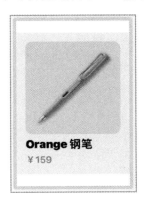

图 5-24　PenItemView 在预览窗口中的效果

目前的 PenItemView，虽然呈现出了我们所需要的效果，但是还可以继续优化。

打开 PenModel 数据模型，为其添加 4 个计算属性。

```
struct Pen: Codable, Identifiable {
  ……
  var red: Double { color[0] }
  var green: Double { color[1] }
  var blue: Double { color[2] }

  var formattedPrice: String { "¥\(price)" }
}
```

因为是计算属性，所以必须将属性声明为变量，前 3 个变量用于背景色的设置，第 4 个变量用于呈现商品价格。

回到 PenItemView，修改两个地方的代码即可。

```
.background(Color(red: pen.red, green: pen.green, blue: pen.blue))
Text(pen.formattedPrice)
```

5.5.4 创建商品网格视图

现在，让我们回到 ContentView，在 TitleView 的下方添加如下代码。

```
LazyVGrid(columns: gridLayout, spacing: 15, content: {
  ForEach(pens) { item in
    PenItemView(pen: item)
  } //: Loop
}) //: Grid
.padding(15)
```

纵向网格视图与横向网格视图的设置基本相同，因为之前的 LazyHGrid 是 2 行，这里的 LazyVGrid 是 2 列，所以都是用 gridLayout 进行布局。

在预览窗口中开启 Live 模式可以看到如图 5-25 所示的效果。

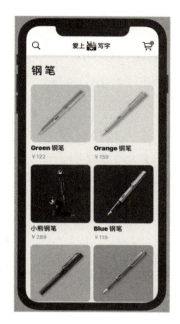

图 5-25　商品列表在预览窗口中的效果

5.6　创建品牌网格布局视图

本节我们将继续利用横向网格视图创建一个文具的品牌列表。有了之前的实践经验，这部分的任务实现起来并不复杂。

5.6.1　创建品牌的数据模型

为品牌创建的数据模型文件，应该与 Data 文件夹中的 brand.json 文件内容相匹配。在 Model 文件夹中新建一个 Swift 类型的文件，将其命名为 BrandModel。

可以打开 brand.json 文件，观察里面的数据信息，修改 PenModel 文件中的代码如下。

```
import Foundation

struct Brand: Codable, Identifiable {
  let id: Int
  let image: String
}
```

再次打开 Constant 文件，在// Data 部分添加下面一行代码。

```
let brands: [Brand] = Bundle.main.decode("brand.json")
```

现在，我们就可以直接在程序中调用 brand.json 中的品牌信息了。

5.6.2 创建品牌子视图

现在，我们要为横向网格视图提供用于显示的子视图，在 View/Home 文件夹中新建一个 SwiftUI 类型文件，将其命名为 BrandItemView。修改 Properties 和 Preview 部分的代码如下。

```
// MARK: - Properties
let brand: Brand

// MARK: - Preview
BrandItemView(brand: brands[1])
  .previewLayout(.sizeThatFits)
  .padding()
  .background(colorBackground)
```

继续修改 Body 部分的代码如下。

```
// MARK: - Body
var body: some View {
  Image(brand.image)
    .resizable()
    .scaledToFit()
    .padding()
    .background(Color.white.cornerRadius(12))
    .background(
      RoundedRectangle(cornerRadius: 12).stroke(Color.gray, lineWidth: 1)
    )
}
```

在预览窗口中可以看到如图 5-26 所示的效果。

图 5-26　BrandItemView 在预览窗口中的效果

5.6.3　创建品牌网格视图

在 View/Home 文件夹中新建一个 SwiftUI 类型文件，将其命名为 BrandGridView。修改 Preview 部分的代码如下。

```
BrandGridView()
  .previewLayout(.sizeThatFits)
  .background(colorBackground)
```

继续修改 Body 部分的代码如下。

```
ScrollView(.horizontal, showsIndicators: false) {
  LazyHGrid(rows: gridLayout, spacing: columnSpacing) {
    ForEach(brands) { item in
      BrandItemView(brand: item)
    } //: Loop
  } //: Grid
  .frame(height: 200)
  .padding(15)
} //: ScrollView
```

在一般情况下，LazyHGrid 的外层都会嵌套一个 ScrollView，只有这样用户才能横向（或者纵向）滚动网格视图。在预览窗口中的效果如图 5-27 所示。

图 5-27　BrandGridView 在预览窗口中的效果

现在，回到 ContentView 中，在 Body 的商品网格列表视图的下方，添加下面两行代码。

```
TitleView(title: "品　牌")
BrandGridView()
```

在预览窗口中开启 Live 模式可以看到如图 5-28 所示的效果。

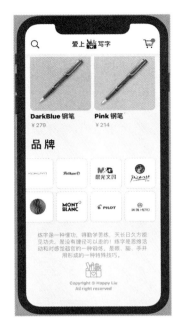

图 5-28 ContentView 在预览窗口中的效果

5.7 创建商品详细页面视图

本节我们将为商品创建详细页面视图，该视图包含一个自定义导航栏以及商品的标题、图片、价格、描述等信息。

首先，让我们在 Constant 文件的 // Data 部分创建一个样例商品对象 samplePen，之所以这样做是因为在程序开发阶段，这种方式可以帮助我们集中精力去实现界面的布局效果，无须再去考虑商品列表与商品详细页面视图之间的数据传递，等设计完成以后实现数据传递即可。

```
// Data
……
let samplePen: Pen = pens[0]
```

5.7.1 创建产品详细页面视图

在 App 文件夹中新建一个 SwiftUI 类型文件，将其命名为 PenDetailView。修改 Preview 部分的代码如下。

```
PenDetailView()
  .previewLayout(.fixed(width: 375, height: 812))
```

修改 Body 部分的代码如下。

```
VStack(alignment: .leading, spacing: 5) {
  // 导航栏

  // Header
  Text(samplePen.name)

  Spacer()
} //: VStack
.ignoresSafeArea(.all, edges: .all)
.background(
  Color(
    red: samplePen.red,
    green: samplePen.green,
    blue: samplePen.blue)
).ignoresSafeArea(.all, edges: .all)
```

在上面的代码中，我们利用 VStack 容器组织了一个 Text，再利用 Spacer 将其挤到屏幕顶端。让 VStack 容器忽略屏幕的安全区域，再为其设置一个背景视图，也让其忽略屏幕的安全区域，效果如图 5-29 所示。

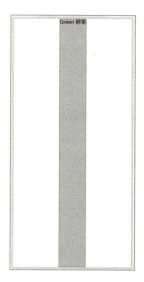

图 5-29　PenDetailView 在预览窗口中的效果

5.7.2　创建详细页面导航栏

接下来，我们需要为详细页面创建自定义的导航栏视图，在 View/Detail 文件夹中新建一个 SwiftUI 类型文件，将其命名为 NavigationBarDetailView。修改 Preview 部分的代码如下。

```
NavigationBarDetailView()
  .previewLayout(.sizeThatFits)
  .padding()
  .background(Color.gray)
```

继续修改 Body 部分的代码如下。

```
HStack {
  Button(action: {}, label: {
    Image(systemName: "chevron.left")
      .font(.title)
      .foregroundColor(.white)
  })
  Spacer()
  Button(action: {}, label: {
    Image(systemName: "cart")
      .font(.title)
      .foregroundColor(.white)
  })
} //: HStack
```

在 HStack 容器中一共有两个 Button，它们被 Spacer 分开。

让我们回到 PenDetailView，在 // **导航栏**注释语句的下方添加下面几行代码。

```
// 导航栏
NavigationBarDetailView()
  .padding(.horizontal)
  .padding(.top, UIApplication.shared.windows.first?.safeAreaInsets.top)
```

其中，UIApplication 的调用方式在之前已经介绍过，通过它我们可以为带有"刘海"的 iPhone 设备设置合适的顶部间隔距离。在预览窗口中的效果如图 5-30 所示。

图 5-30　导航栏在预览窗口中的效果

5.7.3　创建 Header 视图

在 View/Detail 文件夹中新建一个 SwiftUI 类型文件，将其命名为 HeaderDetailView。修改

Preview 部分的代码如下。

```
HeaderDetailView()
  .previewLayout(.sizeThatFits)
  .padding()
  .background(Color.gray)
```

继续修改 Body 部分的代码如下。

```
VStack(alignment: .leading, spacing: 6) {
  Text("书写用品")
  Text(samplePen.name)
    .font(.largeTitle)
    .fontWeight(.black)
} //: VStack
.foregroundColor(.white)
```

在 HeaderDetailView 组件创建好后,可以将其添加到 PenDetailView 中。在// Header 注释语句的下方添加下面几行代码,替换掉之前的 Text(samplePen.name)语句。

```
// Header
  HeaderDetailView()
    .padding(.horizontal)
```

在预览窗口中的效果如图 5-31 所示。

图 5-31　Header 视图在预览窗口中的效果

5.7.4　创建详细页面的上半部分视图

让我们继续设计详细页面视图的上半部分内容。在 View/Detail 文件夹中新建一个 SwiftUI 类型文件,将其命名为 TopPartDetailView。修改 Preview 部分的代码如下。

```
TopPartDetailView()
  .previewLayout(.sizeThatFits)
  .padding()
```

继续修改 Body 部分的代码如下。

```
HStack(alignment:.center, spacing: 6) {
  // 价格
  VStack(alignment:.leading, spacing: 6) {
    Text("单价")
      .fontWeight(.semibold)
    Text(samplePen.formattedPrice)
      .font(.largeTitle)
      .fontWeight(.black)
      .scaleEffect(1.35, anchor: .leading)
  } //: VStack
  Spacer()
  // 图片
  Image(samplePen.image)
    .resizable()
    .scaledToFit()
} //: HStack
```

在 HStack 容器中分别放置了用于显示价格的 VStack 容器，用于分割的 Spacer 和一个 Image。其中第二个 Text 使用了 scaleEffect 修饰器将 largeTitle 再放大 1.35 倍，参数 anchor（锚点）用于确定放大的方向，这里是左侧位置不变，整体向右放大。

接下来，我们在 Properties 部分添加一个布尔型属性，让视图产生微动画效果。

```
// MARK: - Properties
@State private var isAnimating: Bool = false
```

在 Body 部分，为 HStack 容器添加 onAppear 修饰器，并在另外两个视图中添加 offset 修饰器。

```
HStack(alignment:.center, spacing: 6) {
    // 价格
    VStack(alignment:.leading, spacing: 6) {
      Text("单价")
        .fontWeight(.semibold)
      Text(samplePen.formattedPrice)
        .font(.largeTitle)
        .fontWeight(.black)
        .scaleEffect(1.35, anchor: .leading)
    } //: VStack
    .offset(y: isAnimating ? -50 : -75)
    Spacer()
    // 图片
    Image(samplePen.image)
      .resizable()
      .scaledToFit()
      .offset(y: isAnimating ? 0 : -35)
```

```
    } //: HStack
    .onAppear(){
      withAnimation(.easeOut(duration: 0.75)) {
        isAnimating.toggle()
      }
    }
```

回到 PenDetailView，在 Body 部分 HeaderDetailView 的下方添加下面几行代码。

```
// Top Part
TopPartDetailView()
  .padding(.horizontal)
```

在预览窗口中启动 Live 模式可以看到如图 5-32 所示的效果。

图 5-32　TopPartDetailView 在预览窗口中的效果

5.7.5　创建详细页面的商品描述视图

在本节之后的学习中，我们将完成详细页面中下半部分的视图创建任务。首先是商品描述视图。

在 PenDetailView 的 Body 部分里面的// Top Part 下方，添加一个 VStack 容器。

```
VStack(alignment: .leading, spacing: 5) {
  ……
  // Top Part
  TopPartDetailView()
    .padding(.horizontal)
  
  // Bottom Part
  VStack(alignment: .center, spacing: 0) {
```

```
// 评星 & 笔尖规格

// 描述
ScrollView(.vertical, showsIndicators: false, content: {
  Text(samplePen.description)
    .font(.subheadline)
    .foregroundColor(.gray)
    .multilineTextAlignment(.leading)
})
  Spacer()
} //: VStack
.padding(.horizontal)
.background(Color.white)
} //: VStack
```

在 Bottom Part 中，我们利用纵向滚动视图呈现 Text，并设置了字体颜色为灰色，将之前的 Spacer 移动到 VStack 容器内部，确保让其占满屏幕的下半部分。效果如图 5-33 所示。

图 5-33　Bottom Part 在预览窗口中的效果

5.7.6　创建自定义形状

接下来我们创建一个自定义形状，在 Utility 中新建一个 SwiftUI 类型文件，将其命名为 CustomShape。修改 Preview 部分的代码如下。

```
CustomShape()
  .previewLayout(.fixed(width: 428, height: 120))
  .padding()
```

在 Struct 部分，需要将 **View** 协议修改为 **Shape** 协议，这一点至关重要。因为我们要生成的是一个图形，而不是一个视图。一旦修改为 Shape，编译器就会报错：CustomShape 不符合 Shape 协议。我们必须在结构体中添加 path()方法，并删除模板自带的 var body 属性的定义，代码如下。

```
struct CustomShape: Shape {
  func path(in rect: CGRect) -> Path {
    let path = UIBezierPath(
                            roundedRect: rect,
                            byRoundingCorners: [.topLeft, .topRight],
                            cornerRadii: CGSize(width: 35, height: 35))

    return Path(path.cgPath)
  }
}
```

我们在 path()方法中，创建了一个贝塞尔（Bezier）路径。利用当前的方法创建并返回一个新的贝塞尔路径对象，该对象的矩形路径在指定的角处会变圆。它有 3 个参数：roundRect 代表矩形的基本路径。byRoundingCorners 用于指定具有圆角的集合，可选项包括 topLeft、topRight、bottomLeft、bottomRight 和 allCorners，在当前的代码中指定了左上和右上为圆角。第 3 个参数 cornerRadii 用于指定圆角的圆半径。

在预览窗口中的效果如图 5-34 所示。

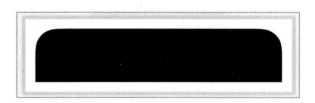

图 5-34　自定义形状在预览窗口中的效果

在创建好自定义形状后，就可以在 PenDetailView 中使用该形状了。

回到 PenDetailView，修改// **Bottom Part** 部分的 VStack 容器的 background 修饰器中的代码如下。

```
.background(
  Color.white.clipShape(CustomShape()).padding(.top, -105)
)
```

此时的白色背景使用了 CustomShape 形状进行裁剪，并且将其顶部通过 padding 修饰器向上扩展了 105 点，效果如图 5-35 所示。

图 5-35　对 VStack 容器背景使用自定义形状裁剪后的效果

但是，现在的情况是 TopPartDetailView 被 VStack 容器遮盖住了，我们需要利用 zIndex 修饰器调整它们的前后顺序。

为 TopPartDetailView 和 Bottom Part 部分的 VStack 容器添加 zIndex 修饰器。

```
// Top Part
TopPartDetailView()
  .padding(.horizontal)
  .zIndex(1)

// Bottom Part
VStack(alignment: .center, spacing: 0) {
  // 评星 & 笔尖规格

  // 描述
  ScrollView(.vertical, showsIndicators: false, content: {
    Text(samplePen.description)
      .font(.subheadline)
      .foregroundColor(.gray)
      .multilineTextAlignment(.leading)
  })
  Spacer()
} //: VStack
.padding(.horizontal)
```

```
.background(
    Color.white.clipShape(CustomShape()).padding(.top, -105)
)
.zIndex(0)
```

此时，TopPartDetailView 的层级会比下面的 Bottom Part 视图的层级高，所以会呈现如图 5-36 所示的效果，如果你在预览窗口中启动 Live 模式，那么还会伴随微动画，是不是非常酷呢？

图 5-36　设置了 zIndex 后的效果

5.7.7　创建评星和笔尖规格视图

接下来，我们需要在详细页面的下半部分实现一些小的组件，首先是评星和钢笔笔尖规则的视图。在 View/Detail 中新建一个 SwiftUI 类型文件，将其命名为 RatingsSizesDetailView。修改 Preview 部分的代码如下。

```
RatingsSizesDetailView()
  .previewLayout(.sizeThatFits)
  .padding()
```

继续修改 Body 部分的代码，在视图中添加评星部分的界面。

```
HStack(alignment:.top, spacing: 3) {
  // 评星
  VStack(alignment:.leading, spacing: 3) {
    Text("评星")
      .font(.footnote)
```

```
      .fontWeight(.semibold)
      .foregroundColor(colorGray)

    HStack(alignment:.center, spacing: 3) {
      ForEach(1...5, id: \.self) { item in
        Button(action: {}, label: {
          Image(systemName: "star.fill")
            .frame(width: 28, height: 28, alignment: .center)
            .background(colorGray.cornerRadius(5))
            .foregroundColor(.white)
        })
      } //: Loop
    } //: HStack
  } //: VStack
  Spacer()
  // 笔尖规格

} //: HStack
```

在上面的代码中，在 HStack 容器的内部使用一个 VStack 容器来组织评星部分的界面，其内部是 Text 和一个 HStack 容器。在 HStack 容器中利用 ForEach 循环生成 5 星的评分，使用 Spacer 将评星部分的视图挤到 HStack 容器的左边。

继续为// **笔尖规格**部分添加代码。

```
// 笔尖规格
VStack(alignment:.trailing, spacing:3) {
  Text("笔尖规格")
    .font(.footnote)
    .fontWeight(.semibold)
    .foregroundColor(colorGray)

  HStack(alignment:.center, spacing: 5) {
    ForEach(sizes, id: \.self) { size in
      Button(action: {}, label: {
        Text(size)
          .font(.footnote)
          .fontWeight(.heavy)
          .foregroundColor(colorGray)
          .frame(width: 28, height: 28, alignment: .center)
          .background(Color.white.cornerRadius(5))
          .background(RoundedRectangle(
                cornerRadius: 5).stroke(colorGray, lineWidth: 2))
      })
    } //: Loop
  } //: HStack
```

```
} //: VStack
```

笔尖规格部分的界面布局与之前的评星类似，只不过需要我们在 Properties 部分为笔尖规格定义一个字符串数组，代码如下。

```
// MARK: - Properties
let sizes: [String] = ["EF","F","M","B","BB"]
```

如果你熟悉钢笔，就会知道钢笔的笔尖分不同的粗细，其中 EF 为最细，大概 0.3 至 0.5mm，BB 最粗，大概 0.6 至 0.8mm。

在预览窗口中我们可以看到如图 5-37 所示的效果。

图 5-37 评星和笔尖规格视图的效果

回到 PenDetailView 中，在 // 评星 & 笔尖规格 注释语句的下方添加下面几行代码。

```
// 评星 & 笔尖规格
RatingsSizesDetailView()
  .padding(.top, 20)
  .padding(.bottom, 10)
```

在预览窗口中的效果如图 5-38 所示。

图 5-38 评星和笔尖规格视图在 PenDetailView 中的效果

5.7.8 创建数量和"设为最爱"视图

接下来,我们需要在详细页面的下半部分创建数量和"设为最爱"视图。在 View/Detail 中新建一个 SwiftUI 类型文件,将其命名为 QuantityFavouriteDetailView。修改 Preview 部分的代码如下。

```
QuantityFavouriteDetailView()
  .previewLayout(.sizeThatFits)
  .padding()
```

继续修改 Body 部分的代码如下。

```
// MARK: - Body
var body: some View {
  HStack(alignment:.center, spacing: 6) {
    Button(action: {
      if counter > 0 {
        counter -= 1
      }
    }, label: {
      Image(systemName: "minus.circle")
    })
    Text("\(counter)")
    Button(action: {
      if counter < 100 {
        counter += 1
      }
    }, label: {
      Image(systemName: "plus.circle")
    })
    
    Spacer()
    Button(action: {}, label: {
      Image(systemName: "heart.circle")
        .foregroundColor(.pink)
    })
  } //: HStack
  .font(.title)
  .foregroundColor(.black)
  .imageScale(.large)
}
```

这是一个 HStack 容器,它是 Button-Text-Button-Spacer-Button 结构。

回到 PenDetailView 中,在 // 描述注释语句的下方添加下面几行代码。

```
// 数量和设为最爱
QuantityFavouriteDetailView()
  .padding(.vertical, 10)
```

在预览窗口中的效果如图 5-39 所示。

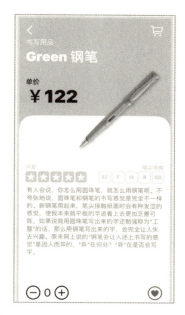

图 5-39 数量和"设为最爱"在 PenDetailView 中的效果

5.7.9 创建添加到购物车视图

接下来，我们需要在数量和"设为最爱"视图的下方添加购物车视图。在 View/Detail 中新建一个 SwiftUI 类型文件，将其命名为 AddToCartDetailView。修改 Preview 部分的代码如下。

```
AddToCartDetailView()
  .previewLayout(.sizeThatFits)
  .padding()
```

继续修改 Body 部分的代码如下。

```
// MARK: - Body
var body: some View {
  Button(action: {}, label: {
    Spacer()
    Text("添加到购物车")
```

```
        .font(.title2)
        .fontWeight(.bold)
        .foregroundColor(.white)
      Spacer()
    })
    .padding(15)
    .background(
      Color(red: samplePen.red,
          green: samplePen.green,
          blue: samplePen.blue)
    )
    .clipShape(Capsule())
}
```

我们针对 Button 按钮设置了背景色，并且将背景裁剪为胶囊形状。

回到 PenDetailView 中，在 // 数量和设为最爱 注释语句的下方添加下面几行代码，并删除之前的 Spacer() 语句。

```
// 购物车
AddToCartDetailView()
  .padding(.bottom, 20)
```

在预览窗口中的效果如图 5-40 所示。

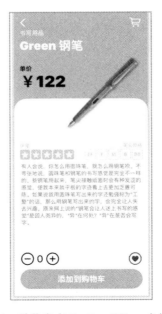

图 5-40　购物车在 PenDetailView 中的效果

5.8 完成最后的设置

在本章的最后一节,我们将完成爱上写字 App 的项目构建。此外,我们会在本节使用全新的技术实现视图间数据的轻松共享,从而让我们可以在整个应用程序中任意读写共享的数据。

5.8.1 创建 Shop 类

SwiftUI 为我们提供了环境对象(Environment Object),环境对象可以让我们在任何需要的地方使用数据模型对象,而且也可以在数据发生变化的时候自动更新用户界面。

首先,我们在 Utility 文件夹中新建一个 Swift 类型文件,将其命名为 **Shop**。

```
import Foundation

class Shop: ObservableObject {
  @Published var showingPen: Bool = false
  @Published var selectedPen: Pen? = nil
}
```

在 Shop 类中一共有两个变量属性,如果 showingPen 的值为 true,则代表要显示钢笔的详细视图页面。selectedPen 属性用于存储用户选择的钢笔,该变量的类型为 **Pen?**,问号代表该变量为可选类型,目前的初始值为 nil,表示该变量的值为空。其实这也非常好理解,因为在爱上写字 App 刚开始运行的时候,用户不可能选择某支钢笔。

该类还要符合 ObservableObject 协议,这样我们就可以在任何视图里面使用 Shop 类的实例,并且当该实例的值发生变化的时候,还会自动更新用户界面。与@State 封装的属性不同的是,被@State 封装的实例在值发生变化的时候,只会更新本结构体中 Body 定义的用户界面。至于类中的哪个属性在发生变化时会更新界面,则需要通过@Published 关键字进行设置。

在创建好 Shop 类以后,我们还要告诉 SwiftUI 框架哪一个数据需要被持续侦测。

打开 LoveToWriteApp.swift 文件,为 ContentView 添加 environmentObject 修饰器,代码如下。

```
ContentView()
  .environmentObject(Shop())
```

接下来,我们就可以在视图中随意使用 Shop 类的实例了,目前该实例中 showingPen 的值为 false，selectedPen 的值为 nil。

5.8.2 在 ContentView 类中添加 Shop 实例

在 ContentView 的 Properties 部分添加环境对象。

```
// MARK: - Properties
@EnvironmentObject var shop: Shop
```

此时的 shop 对象已经在 LoveToWriteApp 中被初始化完成，可以直接使用，不用再对它进行初始化。

在 Body 部分，我们可以根据 shop.showingPen 和 shop.selectedPen 的值来确定显示哪个视图，将代码修改为下面这样。

```
// MARK: - Body
var body: some View {
  ZStack {
    if shop.showingPen == false && shop.selectedPen == nil {
      VStack{
        ……
      } //: VStack
      .background(colorBackground.ignoresSafeArea(.all, edges: .all))
    } else {
      PenDetailView()
    }
  } //: ZStack
  .ignoresSafeArea(.all, edges: .top)
}
```

在用户单击某支钢笔的商品信息后，需要修改 shop 中的属性信息。因此，继续修改 ContentView 中的钢笔网格列表，为 PenItemView 添加 onTapGesture 修饰器。

```
LazyVGrid(columns: gridLayout, spacing: 15, content: {
  ForEach(pens) { item in
    PenItemView(pen: item)
      .onTapGesture {
        withAnimation(.easeOut) {
          shop.showingPen = true
          shop.selectedPen = item
        }
      }
  } //: Loop
}) //: Grid
```

在用户单击某支钢笔信息后，shop 的属性被修改，详细页面视图会以动画的方式呈现在屏幕上。

此时如果想在预览窗口中测试 ContentView 的效果，那么必须在 Preview 部分为其添加 environmentObject 修饰器，并传递 Shop 类的实例。这是因为在 ContentView 的预览窗口中，目前接收不到从 LoveToWriteApp 传递过来的 Shop 实例。

```
ContentView()
    .environmentObject(Shop())
```

现在，在预览窗口中启动 Live 模式，选择一支钢笔，界面会切换到详细页面视图，如图 5-41 所示，只不过目前的详细页面视图只会显示 pens[0] 的数据信息。

图 5-41　单击某支钢笔后呈现详细页面视图

接下来，我们还有两个问题需要解决，一个是在进入钢笔详细页面视图以后，用户可以单击导航栏左侧的返回按钮回到 App 首页；另一个是需要修改详细页面的信息，不能只显示 samplePen 的数据。

5.8.3　实现返回按钮的功能

让我们先来实现详细页面中导航栏左侧返回按钮的功能。不知道你是否考虑过下面这个问题：即便我们为返回按钮编写了相应的功能代码，在 PenDetailView 的预览窗口中启动 Live 模式测试后，该功能也不可能实现，因为当前的页面视图并不是通过父视图调用而呈现到屏幕上的。为了可以顺利测试返回按钮的功能，我们可以在 ContentView 的预览窗口中单击左下角的图钉按钮，将 ContentView 的界面"钉"在预览窗口中，如图 5-42 所示。

图 5-42　预览窗口中的图钉按钮

让我们回到 NavigationBarDetailView，在 Properties 部分添加环境对象 shop。

```
// MARK: - Properties
@EnvironmentObject var shop: Shop
```

注意，对于@EnvironmentObject 封装的变量是不用为其设置初始值的，它的值已经存储到系统的环境变量池中，我们在这里只引用地址。这也意味着我们可以直接对变量进行读取或写入。

在 Body 部分的第一个 Button 里，为 action 参数添加下面的代码。

```
Button(action: {
  withAnimation(.easeIn) {
    shop.showingPen = false
    shop.selectedPen = nil
  }
}, label: {
```

在 Preview 部分还要添加 .environmentObject(Shop()) 修饰器。

在用户单击导航栏中的返回按钮后，设置 shop 对象中的 showingPen 为 false，selectedPen 为 nil，并且由此产生的界面变化会通过 easeIn 的动画方式实现。

因为 shop 是环境对象，所以在 ContentView 里面同样会监测该对象值的变化，通过 if 判断语句决定呈现什么视图。

在预览窗口中启动 Live 模式，因为启动了"图钉"，所以从 ContentView 开始，单击某一支钢笔进入详细页面视图后，再单击导航栏的返回按钮又会回到爱上写字的主界面。

5.8.4 完善详细页面视图功能

接下来，我们需要解决详细页面视图显示相应钢笔信息的问题。与导航栏的设置相同，在 PenDetailView 的 Properties 部分添加环境对象 shop。

```
// MARK: - Properties
@EnvironmentObject var shop: Shop
```

然后修改 Body 部分的相关代码。

```
// 描述
ScrollView(.vertical, showsIndicators: false, content: {
  Text(shop.selectedPen?.description ?? samplePen.description)
……
.background(
  Color(
    red: shop.selectedPen?.red ?? samplePen.red,
    green: shop.selectedPen?.green ?? samplePen.green,
    blue: shop.selectedPen?.blue ?? samplePen.blue)
```

在上面的代码中，Text 中显示的文本信息来自 shop.selectedPen 属性，因为在用户在 App 的主页面单击了某支钢笔后，相关信息就会存储到该属性中，我们再通过该属性获取钢笔的 description 信息。使用 ?? 的目的是，一旦 selectedPen 的值为 nil，就获取 ?? 后面对象的值，这样可以确保应用程序在运行的时候不会崩溃。

最后在 Preview 部分添加 .environmentObject(Shop()) 修饰器。

在预览窗口中启动 Live 模式，可以看到此时的详细页面中，描述（JSON 样例中描述的内容是一样的）和背景色已经发生了相应变化，如图 5-43 所示。

图 5-43　详细页面视图修改后的效果

让我们继续修改 HeaderDetailView，与 PenDetailView 的修改方式类似，首先在 Properties 部分添加环境对象 shop，然后在 Body 部分修改 samplePen 相关的代码，最后在 Preview 部分添加修饰器。

```
// MARK: - Properties
@EnvironmentObject var shop: Shop

// MARK: - Body
Text(shop.selectedPen?.name ?? samplePen.name)

// MARK: - Preview
HeaderDetailView()
    .environmentObject(Shop())
```

我们还要修改 TopPartDetailView，同样是对 3 个部分进行修改。

```
// MARK: - Properties
@State private var isAnimating: Bool = false
@EnvironmentObject var shop: Shop

// MARK: - Body
Text(shop.selectedPen?.formattedPrice ?? samplePen.formattedPrice)
Image(shop.selectedPen?.image ?? samplePen.image)

// MARK: - Preview
TopPartDetailView()
    .environmentObject(Shop())
```

最后，我们要修改 AddToCartDetailView。

```
// MARK: - Properties
@EnvironmentObject var shop: Shop
// MARK: - Body
.background(
  Color(red: shop.selectedPen?.red ?? samplePen.red,
        green: shop.selectedPen?.green ?? samplePen.green,
        blue: shop.selectedPen?.blue ?? samplePen.blue)
)

// MARK: - Preview
AddToCartDetailView()
  .environmentObject(Shop())
```

完成以上的代码修改后，在预览窗口中启动 Live 模式，单击主视图中的某一支钢笔，可以看到如图 5-44 所示的详细页面视图效果。

图 5-44　详细页面视图的最终效果

5.8.5　添加触控反馈特性

本节，我们将为 App 添加触控反馈特性。在 Constant 文件中添加一个常量。

```
// UX
let feedback = UIImpactFeedbackGenerator(style: .medium)
```

在 ContentView 中，在用户单击某支钢笔后激活触控反馈特性。

```
LazyVGrid(columns: gridLayout, spacing: 15, content: {
  ForEach(pens) { item in
    PenItemView(pen: item)
      .onTapGesture {
        feedback.impactOccurred()
        ……
      }
  } //: Loop
}) //: Grid
```

在 NavigationBarDetailView 中，在用户单击返回按钮后激活触控反馈特性。

```
Button(action: {
  feedback.impactOccurred()
  withAnimation(.easeIn) {
    shop.showingPen = false
    shop.selectedPen = nil
  }
}, label: {
```

在 QuantityFavouriteDetailView 中，当用户单击添加或减少商品按钮时激活触控反馈特性，当用户单击设为最爱按钮时激活触控反馈特性，所以这里一共要修改 3 个 Button 的 action 参数。

第 1 个 Button 的修改如下。

```
Button(action: {
  if counter > 0 {
    feedback.impactOccurred()
    counter -= 1
  }
}, label: {
```

第 2 个 Button 的修改如下。

```
Button(action: {
  if counter < 100 {
    feedback.impactOccurred()
    counter += 1
  }
}, label: {
```

第 3 个 Button 的修改如下。

```
Button(action: {
  feedback.impactOccurred()
}, label: {
```

在 AddToCartDetailView 中，当用户单击添加商品的时候会激活触控反馈特性，

```
Button(action: {
    feedback.impactOccurred()
}, label: {
```

到现在为止，我们已经完成了爱上写字 App 所有界面的搭建。

通过本章的学习，我们使用 SwiftUI 框架快速搭建了一个电子商务网站的原型；知道了 @EnvironmentObject 关键字的工作原理以及跨整个程序共享数据模型的方法；我们还开发了自定义的导航栏；使用 Shape Path 创建了自定义形状；了解在单独的文件中存储程序会用到的所有常量；学习了使用 SwiftUI 创建横向滚动网格视图以及继续利用自定义的 decode()方法解析 JSON 格式文件并获取相关数据。

第 6 章 奇妙水果机

本章我们将创建一个有趣的游戏程序——奇妙水果机。

该游戏本身并不复杂，并不需要你具备任何游戏开发经验。本章我们将学习使用 UserDefaults 特性，存储和获取游戏最高分数据；创建比较复杂的游戏界面；通过代码实现简单的游戏逻辑；在 Swift 语言中生成随机数；在程序项目中添加音效；利用微动画增加程序的吸引力，并继续巩固在项目中创建自定义视图修饰器方法的能力。

6.1 使用 Xcode 创建项目

在启动 Xcode 以后，选择 **Create a new Xcode project** 选项创建一个项目，在弹出的项目模板选项卡中选择 **iOS / App**，单击 **Next** 按钮。

在随后出现的项目选项卡中，做如下设置。

- 在 Product Name 处填写 **FruitMachine**。
- 如果没有苹果公司的开发者账号，那么请将 Team 设置为 **None**；如果有，则可以设置为你的开发者账号。
- Organization Identifier 项可以随意输入，但最好是你拥有的域名的反向，例如：cn.liuming。如果你目前还没有拥有任何域名，那么使用 cn.swiftui 是一个不错的选择。
- Interface 选为 **SwiftUI**。
- Lift Cycle 选为 **SwiftUI App**。
- Language 选为 **Swift**。

在该选项卡中，确认 Use Core Data 和 Include Tests 选项处于未勾选状态。然后单击 **Next** 按钮。

在确定好项目的保存位置以后，单击 **Create** 按钮完成项目的创建。

因为本章的程序界面设计只适合 iPhone 纵向显示，所以当项目创建好以后，需要先在项目导航中进行如图 5-1 所示的设置。在 Device Orientation 中去掉 **Landscape Left/Right** 的勾选项。

另外，修改 **Display Name** 选项，将其设置为**奇妙水果机**，这样在模拟器中就可以看到中文名称的应用程序了。

6.1.1　为项目添加程序图标和相关图片素材

在 Xcode 项目导航面板中选择**资源分类**（Assets.xcassets）。鼠标右击应用**程序图标**组（AppIcon），并在弹出的快捷菜单中选择 Show in Finder。在弹出的 Finder 中进入 AppIcon.appiconset 文件夹，将本书提供的"项目资源/AppIcon"中的所有文件拖曳到里面，根据提示覆盖原有的 Contents.json 文件，将所有尺寸的图标添加到 AppIcon 中。

接下来，将"项目资源/Photos"文件夹中的所有文件直接拖曳到 Assets.xcassets 中。再选中 background 图片集，因为它是矢量图，所以需要在属性检视窗中勾选 **Preserve Vector Data**，保证程序以矢量图形式呈现该背景图。

接下来，还需要为项目手动添加几个颜色集。

在 Xcode 选中 Assets.xcassets，在右侧编辑区域的底部找到加号（+）按钮，然后在弹出的快捷菜单中选择 **Color Set** 选项，一个全新的白色颜色集就会出现在项目中，修改该颜色集的名称为 **ColorPink**。打开 Xcode 最右侧的属性检视窗，确保 Color Set 部分的 Appearances 被设置为 **None**，此时的 ColorPink 颜色集只有一个颜色块。选中该颜色块，将 Content 设置为 sRGB，将 Input Method 设置为 8-bit Hexadecimal，将 Hex 的值设置为**#DD009F**。再用同样的方法添加 **ColorPurple** 和 **ColorYellow** 颜色集，将 Hex 的值设置为**#5C0051** 和**#FFE144**。

最后添加一个用于阴影的颜色集 **ColorTransparentBlack**，将 Content 设置为 sRGB，将 Input Method 设置为 Floating point，将 Red、Green、Blue 都设置为 0，将透明度（Opacity）设置为 20%。

为了便于管理，我们可以将创建好的 4 个颜色集组织到 Colors 文件夹中，效果如图 6-1 所示。

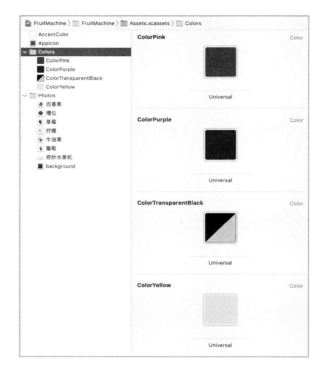

图 6-1　在资源分类中添加图片和颜色集

除了图片和颜色集，我们还需要为这个游戏项目添加必要的音频文件。将"项目资源/Sounds"文件夹中所有的音频文件都拖曳到项目中，然后将它们组织到 Sounds 文件夹即可。

6.1.2　为项目添加启动画面

现在需要为应用程序设置启动画面，在 FruitMachine 项目配置页面中选择 Info 标签，里面都是预定义好的项目配置条目，这些条目均包含键（Key）和值（Value）两部分内容。让我们找到 **Launch Screen** 条目，当前该条目中没有任何内容。

单击其右侧的加号按钮，添加 Image Name 条目，然后将其值修改为奇妙水果机**-Logo**。再添加 Background color 条目，将其值设置为 **ColorPurple**。

现在，我们可以在模拟器中运行该项目，启动画面如图 6-2 所示。

图 6-2　奇妙水果机的启动画面

在开始编写代码之前，需要先整理一下项目的整个文件架构。右击 ContentView 文件图标，在弹出的快捷菜单中，选择"New Group from Selection"，然后将文件夹名修改为 **Views**。

再创建一个 Helpers 文件夹，我们将自定义的修饰器文件夹、结构体的扩展文件及工具函数文件放置到这里。

6.2　创建 Header 视图

本节，我们将为 ContentView 场景创建 Header 视图，该视图包含 Logo、重置和相关信息按钮以及最高分等文字信息。

6.2.1　创建场景页面代码架构

在 ContentView 中，修改 Body 部分的代码如下。

```
//MARK: - Body
var body: some View {
  ZStack {
    //MARK: - Background
    LinearGradient(gradient:
      Gradient(colors: [Color("ColorPink"), Color("ColorPurple")]),
      startPoint: .top, endPoint: .bottom)
      .edgesIgnoringSafeArea(.all)
```

```
    //MARK: - Interface
    VStack(alignment: .center, spacing: 5) {
      //MARK: - Header
      //MARK: - Score
      //MARK: - FruitMachine
      //MARK: - Footer
    }
    .padding()
    .frame(maxWidth: 720)

    //MARK: - Popup
  } //: ZStack
}
```

在 Body 部分，我们首先创建了 ZStack 容器，在其内部使用 LinearGradient 创建一个从粉色到紫色的渐变背景视图，方向是从上到下，再通过 edgesIgnoringSafeArea 修饰器忽略所有方向的安全区域，这样背景色视图就会自动拉伸到屏幕的边缘。

接下来在背景视图的上面，使用 VStack 容器创建用户界面视图，并设置该视图的最大宽度为 720 点。在该容器中，我们使用注释语句搭建了 Header、Score、FruitMachine 和 Footer 4 部分。

接着，修改//MARK: - Header 注释部分的代码如下。

```
//MARK: - Header
Image("奇妙水果机")
  .resizable()
  .scaledToFit()
  .frame(minWidth: 256, idealWidth: 300, maxWidth: 320,
         minHeight: 82, idealHeight: 92, maxHeight: 112, alignment: .center)
  .padding(.horizontal)
  .layoutPriority(1)
  .shadow(color: Color("ColorTransparentBlack"), radius: 0, x: 0, y: 6)
```

这里的 frame 修饰器一共包含 7 个参数，其中包括最小宽/高度（min）、理想宽/高度（ideal）和最大宽/高度（max），这样我们就可以通过一个修饰器简单实现多种情况下的宽高度设置。为了保证 Image 不被其他视图挤占空间，这里使用 **layoutPriority** 修饰器提升其优先级。最后通过 shadow 修饰器为 Logo 添加阴影效果，在预览窗口中的效果如图 6-3 所示。

图 6-3　ContentView 添加背景和 Logo 视图后的效果

6.2.2　单独创建 Logo 视图

因为我们会在后面经常用到 Logo 视图，所以最好的办法就是将其独立出来，创建可复用视图。在 Views 文件夹中新建一个 SwiftUI 类型文件，将其命名为 LogoView。将之前 Header 部分的代码复制到 Body 部分。

```
// MARK: - Body
var body: some View {
  Image("奇妙水果机")
    .resizable()
    .scaledToFit()
    .frame(minWidth: 256, idealWidth: 300, maxWidth: 320, minHeight: 82, idealHeight: 92, maxHeight: 112, alignment: .center)
    .padding(.horizontal)
    .layoutPriority(1)
    .shadow(color: Color("ColorTransparentBlack"), radius: 0, x: 0, y: 6)
}
```

因为我们在后面还会用到阴影效果，所以这里也需要将 shadow 单独提出来，为其创建自定义修饰器。在 Helpers 文件夹中新建一个 Swift 类型文件，将其命名为 Modifiers。修改文件中的代码如下。

```
import SwiftUI

struct ShadowModifier: ViewModifier {
```

```
func body(content: Content) -> some View {
  content.shadow(color: Color("ColorTransparentBlack"),
                 radius: 0, x: 0, y: 6)
  }
}
```

回到之前的 LogoView 文件中,将之前的 shadow 修饰器替换为下面的一行代码。

```
.modifier(ShadowModifier())
```

再回到 ContentView 文件中,将之前 Header 部分的代码修改为下面的两行代码,效果如图 6-4 所示。

```
//MARK: - Header
LogoView()
Spacer()
```

图 6-4 创建独立的 Logo 视图

6.2.3 添加重置和相关信息按钮

接下来,我们需要为//**MARK: - Interface** 注释部分的 VStack 容器添加 overlay 修饰器,这相当于在该容器的上方添加一个浮动层,我们会把按钮放在该浮动层中。修改代码如下。

```
//MARK: - Interface
VStack(alignment: .center, spacing: 5) {
  ……
}
// MARK: - 在浮动层添加按钮
```

```
.overlay(
  // 重置按钮
  Button(action: {
    print("重置游戏")
  }, label: {
    Image(systemName: "arrow.2.circlepath.circle")
  })
    .font(.title)
    .accentColor(.white)
  , alignment: .topLeading
)
```

需要注意，overlay 修饰器有两个参数，第 1 个参数是按钮视图，第 2 个参数 **alignment** 用于设置按钮在浮动层中的位置，这里将其放置在左上角。如图 6-5 所示。

图 6-5　在浮动层中添加重置按钮

为了可以复用与按钮相关的修饰器，我们在 Modifiers 文件中再创建一个自定义修饰器。在 Modifiers 中添加下面这段代码。

```
struct ButtonModifier: ViewModifier {
  func body(content: Content) -> some View {
    content
      .font(.title)
      .accentColor(.white)
  }
}
```

回到 ContentView 文件，并将浮动层中与 Button 相关的 font 和 accentColor 两个修饰器替换为 **.modifier(ButtonModifier())**。

再复制一遍 overlay 修饰器的全部代码，并将其粘贴到第 1 个 overlay 的下面，然后做如下修改，效果如图 6-6 所示。

```
// MARK: - 在浮动层添加按钮
.overlay(
  ……
)
```

```
.overlay(
    // 相关信息按钮
    Button(action: {
        print("相关信息")
    }, label: {
        Image(systemName: "info.circle")
    })
    .modifier(ButtonModifier())
    , alignment: .topTrailing
)
```

图 6-6　在浮动层中添加信息按钮

6.2.4　创建记分牌视图

接下来，在 **//MARK: - Score** 注释部分的下面，完成记分牌视图的相关代码。

```
//MARK: - Score
HStack {
    Text("你的\n 分数")
        .foregroundColor(.white)
        .font(.system(size: 10, weight: .bold, design: .rounded))
    Text("100")
        .foregroundColor(.white)
        .font(.system(.title, design: .rounded))
        .fontWeight(.heavy)
        .shadow(color: Color("ColorTransparentBlack"), radius: 0, x: 0, y: 3)
        .layoutPriority(1)
}
.padding(.vertical, 4)
.padding(.horizontal, 16)
.frame(minWidth: 138)
.background(
    Capsule()
        .foregroundColor(Color("ColorTransparentBlack"))
)

//MARK: - FruitMachine
//MARK: - Footer
```

```
Spacer()
```

这部分的代码比较容易理解，需要注意的就是通过 Capsule 生成记分牌的背景视图以及利用 Spacer 将记分牌挤到屏幕中央。

为了更有效地复用修饰器，我们还可以为相关控件添加扩展（Extension）。在 Helpers 文件夹中新建一个 Swift 类型文件，将其命名为 **Extensions**。修改代码如下。

```
import SwiftUI

extension Text {
  func scoreLableStyle() -> Text {
    self
      .foregroundColor(.white)
      .font(.system(size: 10, weight: .bold, design: .rounded))
  }
}
```

再回到 ContentView 中，修改 Text 代码如下。

```
//MARK: - Score
  HStack {
    Text("你的\n 分数")
      .scoreLableStyle()
      .multilineTextAlignment(.trailing)
……
```

这里除了调用为 Text 新创建的扩展功能，还添加了 multilineTextAlignment 修饰器让多行文本居中对齐。

接下来，我们将 Score 注释部分第 2 个 Text 的 foregroundColor、font 和 fontWeight 3 个修饰器优化为 Text 的扩展，仿照上面的操作，打开 Extensions 文件，在 Text 扩展中新添加一个扩展方法 scoreNumberStyle()，代码如下。

```
extension Text {
  ……
  func scoreNumberStyle() -> Text {
    self
      .foregroundColor(.white)
      .font(.system(.title, design: .rounded))
      .fontWeight(.heavy)
  }
}
```

打开 Modifiers 文件，在底部添加一个 ScoreNumberModifier 结构体。

```
struct ScoreNumberModifier: ViewModifier {
```

```
func body(content: Content) -> some View {
    content
      .shadow(color: Color("ColorTransparentBlack"), radius: 0, x: 0, y: 3)
      .layoutPriority(1)
  }
}
```

再回到 ContentView 中，修改第 2 个 Text 代码如下，在预览窗口中的效果如图 6-7 所示。

```
Text("100")
  .scoreNumberStyle()
  .modifier(ScoreNumberModifier())
```

图 6-7　记分牌视图在预览窗口中的效果

最后，为了让记分牌视图在 ContentView 中更加清晰直观，我们将//MARK: - Score 部分的 HStack 容器修饰器代码整理到一个自定义修饰器里面。打开 Modifiers 文件，在文件底部添加一个新的自定义修饰器 ScoreContainerModifier。

```
struct ScoreContainerModifier: ViewModifier {
  func body(content: Content) -> some View {
    content
      .padding(.vertical, 4)
      .padding(.horizontal, 16)
      .frame(minWidth: 138)
      .background(
        Capsule()
          .foregroundColor(Color("ColorTransparentBlack"))
      )
```

    }
}
```

回到 ContentView，将之前 HStack 容器的修饰器调整为下面这样。

```
//MARK: - Score
  HStack {
    Text("你的\n 分数")
      .scoreLableStyle()
      .multilineTextAlignment(.trailing)

    Text("100")
      .scoreNumberStyle()
      .modifier(ScoreNumberModifier())
  }
  .modifier(ScoreContainerModifier())
```

在做好这个记分牌以后，我们还需要在它的右边添加一个外观相似的最高分记录牌。复制 HStack 容器的全部代码，然后将代码调整为下面这样。

```
//MARK: - Score
  HStack {
    HStack {
      ……
    }
    .modifier(ScoreContainerModifier())

    Spacer()

    HStack {
      Text("100")
        .scoreNumberStyle()
        .modifier(ScoreNumberModifier())
      Text("最高\n 分数")
        .scoreLableStyle()
        .multilineTextAlignment(.leading)
    }
    .modifier(ScoreContainerModifier())
  }
```

在第 2 个 HStack 容器中，第 1 个 Text 用于显示分数，第 2 个 Text 用于文字描述。注意第 2 个 Text 的 multilineTextAlignment 修饰器的参数为左对齐（leading），效果如图 6-8 所示。
```

图 6-8　两个记分牌视图在预览窗口中的效果

6.3　创建游戏主界面

本节，我们将创建游戏主界面视图，该视图包含三个槽位和一个拉杆按钮。

6.3.1　设计水果机的槽位视图

在 Views 文件夹中新建一个 SwiftUI 类型文件，将其命名为 ReelView。为 Preview 添加修饰器。

```
ReelView()
  .previewLayout(.fixed(width: 220, height: 220))
```

修改 Body 部分的代码如下。

```
//MARK: - Body
var body: some View {
  Image("槽位")
    .resizable()
    .scaledToFit()
    .frame(minWidth: 140, idealWidth: 200, maxWidth: 220,
        minHeight: 130, idealHeight: 190, maxHeight: 200, alignment: .center)
    .modifier(ShadowModifier())
}
```

我们在 Body 部分添加了一个 Image，并使用一些常规修饰器将其设置为合适的尺寸。在之后的界面设计中，我们会用到三个这样的槽位，所以这里再将相关的修饰器集成为一个自定义修饰器。

在 Modifiers 文件的底部添加一个新的自定义修饰器 ImageModifier。

```
struct ImageModifier: ViewModifier {
  func body(content: Content) -> some View {
    content
      .scaledToFit()
      .frame(minWidth: 140, idealWidth: 200, maxWidth: 220,
             minHeight: 130, idealHeight: 190, maxHeight: 200,
alignment: .center)
      .modifier(ShadowModifier())
  }
}
```

注意，在 ImageModifier 修饰器中，并没有将 resizable 添加进来，这是因为 resizable 是扩展（Extension），不属于修饰器。

回到 ReelView 中，将代码修改为下面这样，在预览窗口中的效果如图 6-9 所示。

```
//MARK: - Body
var body: some View {
  Image("槽位")
    .resizable()
    .modifier(ImageModifier())
}
```

图 6-9　水果机的槽位视图效果

6.3.2 搭建游戏主界面视图

回到 ContentView 中，在//MARK: - FruitMachine 注释语句的下面搭建游戏主界面的架构。

```
//MARK: - FruitMachine
VStack(alignment: .center, spacing: 0) {
  //MARK: - 槽位 #1
  ZStack {
    ReelView()
    Image("草莓")
      .resizable()
      .modifier(ImageModifier())
  } //: ZStack

  HStack(alignment: .center, spacing: 0) {
    //MARK: - 槽位 #2
    ZStack {
      ReelView()
      Image("柠檬")
        .resizable()
        .modifier(ImageModifier())
    } //: ZStack
    Spacer()
    ZStack {
      ReelView()
      Image("牛油果")
        .resizable()
        .modifier(ImageModifier())
    } //: ZStack
  } //: HStack
  .frame(maxWidth: 500)
} //: VStack
.layoutPriority(2)
```

在 VStack 容器中，我们先在上层添加一个槽位，利用 ZStack 容器将水果图片放置到槽位视图的上面，并应用了 ImageModifier 自定义修饰器。在 VStack 容器的下层添加一个 HStack 容器，左右放置两个 ZStack 容器，为了在 iPad 设备上也有完美的显示效果，为 HStack 容器添加 frame 修饰器，设置最大宽度为 500 点。为了保证整个 VStack 容器的空间尺寸，利用 layoutPriority 修饰器提高该容器的优先级。在预览窗口中的效果如图 6-10 所示。

图 6-10　游戏主界面在预览窗口中的效果

最后，我们还需要添加一个"拉杆"按钮。在包含两个槽位的 HStack 容器下面添加如下代码。

```
//MARK: - 拉杆
Button(action: {
  print("拉杆槽位")
}, label: {
  Image("拉杆")
    .renderingMode(.original)
    .resizable()
    .modifier(ImageModifier())
})
} //: VStack
.layoutPriority(2)
```

此时 ContentView 的效果如图 6-11 所示。

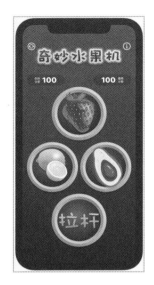

图 6-11　ContentView 在预览窗口中的效果

6.4　添加 Footer 视图

本节我们将在 ContentView 底部添加 Footer 视图，在该视图中会呈现两个按钮，用于让玩家在游戏时选择两种不同的分值。

6.4.1　创建 Footer 界面

回到 ContentView 中，在//MARK: - Footer 注释语句的下面添加如下代码。

```
//MARK: - Footer
Spacer()

HStack {
  //MARK: -分值为20
  HStack(alignment: .center, spacing: 10) {
    Button(action: {
      print("获得20分")
    }) {
      Text("20")
        .fontWeight(.heavy)
        .foregroundColor(.white)
        .font(.system(.title, design: .rounded))
        .padding(.vertical, 5)
        .frame(width: 90)
```

```
        .shadow(color: Color("ColorTransparentBlack"), radius: 0, x: 0, y: 3)
    } //: Button
    .background(
        Capsule()
            .fill(LinearGradient(gradient:
                Gradient(colors: [Color("ColorPink"), Color("ColorPurple")]),
                    startPoint: .top, endPoint: .bottom))
    )
    .padding(3)
    .background(
        Capsule()
            .fill(LinearGradient(gradient:
                Gradient(colors: [Color("ColorPink"), Color("ColorPurple")]),
                    startPoint: .bottom, endPoint: .top))
            .modifier(ShadowModifier())
    )

    Image("钱币")
        .resizable()
        .opacity(1)
        .scaledToFit()
        .frame(height: 64)
        .animation(.default)
        .modifier(ShadowModifier())
    } //: HStack
} //: HStack
```

在 Footer 部分，我们使用 HStack 容器搭建用户界面。其内部还是一个 HStack 容器，并且包含一个 Button 和一个 Image。需要注意的是，这里的 Button 使用了两次 background 修饰器，并在中间使用了 padding 修饰器，从而达到我们需要的效果。第 1 个 background 修饰器为按钮设置了胶囊形状的背景，然后利用 padding 将四周扩大 3 点，第 2 个 background 会依据扩大后的视图，再次设置一个胶囊形状的背景，并且设置渐变色方向为从下到上，最后还添加上了自定义阴影效果。

我们为 Image 添加了 opacity 和 animation 修饰器，这是为之后对其实现动画效果所做的前期准备，在预览窗口的效果如图 6-12 所示。

图 6-12 ContentView 在预览窗口中的效果

6.4.2 重构 Footer 视图的代码

除了上面的设置好的按钮,我们还需要在其右侧添加一个类似的按钮。在添加之前,我们可以将一些重复的代码整理为新的自定义修饰器。

剪切 Text 的 font、padding、frame 和 shadow 修饰器,在 Modifiers 文件中添加一个新的自定义修饰器,代码如下。

```
struct CoinNumberModifier: ViewModifier {
  func body(content: Content) -> some View {
    content
      .font(.system(.title, design: .rounded))
      .padding(.vertical, 5)
      .frame(width: 90)
      .shadow(color: Color("ColorTransparentBlack"), radius: 0, x: 0, y: 3)
  }
}
```

回到 ContentView,在剪切修饰器的位置添加如下黑体字的代码。

```
Text("20")
  .fontWeight(.heavy)
  .foregroundColor(.white)
  .modifier(CoinNumberModifier())
```

接下来，剪切与 Button 相关的 background、padding、background 3 个修饰器，在 Modifiers 的底部添加一个新的自定义修饰器 CoinCapsuleModifier。

```
struct CoinCapsuleModifier: ViewModifier {
  func body(content: Content) -> some View {
    content
      .background(
        Capsule()
          .fill(LinearGradient(gradient:
              Gradient(colors: [Color("ColorPink"), Color("ColorPurple")]),
              startPoint: .top, endPoint: .bottom))
      )
      .padding(3)
      .background(
        Capsule()
          .fill(LinearGradient(gradient:
              Gradient(colors: [Color("ColorPink"), Color("ColorPurple")]),
              startPoint: .bottom, endPoint: .top))
          .modifier(ShadowModifier())
      )
  }
}
```

回到 ContentView，在之前修饰器的位置添加如下黑体字的代码。

```
Button(action: {
  print("获得 20 分")
}) {
  Text("20")
    .fontWeight(.heavy)
    .foregroundColor(.white)
    .modifier(CoinNumberModifier())
} //: Button
.modifier(CoinCapsuleModifier())
```

最后，剪切与 Image 相关的 scaledToFit-frame-animation-modifier 修饰器，在 Modifiers 文件的底部添加一个新的自定义修饰器 CoinImageModifier。

```
struct CoinImageModifier: ViewModifier {
  func body(content: Content) -> some View {
    content
      .scaledToFit()
      .frame(height: 64)
      .animation(.default)
      .modifier(ShadowModifier())
  }
}
```

回到 ContentView，在之前修饰器的位置添加如下黑体字的代码。

```
Image("钱币")
  .resizable()
  .opacity(1)
  .modifier(CoinImageModifier())
```

经过这样的优化，代码更具可读性。接下来，我们在 HStack 容器中添加另一个按钮视图，在//MARK: -分值为20 部分的下面再复制一个按钮视图。

```
HStack {
  //MARK: -分值为20
  HStack(alignment: .center, spacing: 10) {
    ……
  } //: HStack

  Spacer()

  //MARK: -分值为10
  HStack(alignment: .center, spacing: 10) {
    Image("钱币")
      .resizable()
      .opacity(1)
      .modifier(CoinImageModifier())

    Button(action: {
      print("获得10分")
    }) {
      Text("10")
        .fontWeight(.heavy)
        .foregroundColor(.yellow)
        .modifier(CoinNumberModifier())
    } //: Button
    .modifier(CoinCapsuleModifier())
  } //: HStack
} //: HStack
```

现在，ContentView 在预览窗口中的效果如图 6-13 所示。

图 6-13　ContentView 在预览窗口中的效果

6.5　创建游戏信息视图页面

本节，我们将为水果机游戏创建一个全新的信息视图页面。在 Views 文件夹中新建一个 SwiftUI 类型文件，将其命名为 **InfoView**。

6.5.1　创建信息视图

修改 Body 部分的代码如下。

```
//MARK: - Body
var body: some View {
  VStack{
    LogoView()
    Spacer()
    Form {
      Section(header: Text("关于应用程序")) {
        HStack {
          Text("应用程序").foregroundColor(.gray)
          Spacer()
          Text("奇妙水果机")
        } //: HStack
      } //: Section
    } //: Form
  } //: VStack
}
```

在 Body 部分，视图通过 VStack 容器分成上下两层，上层是 LogoView，下层是一个表单（Form），在 Section 中设置了标题和一个 HStack 容器，效果如图 6-13 所示。

图 6-14　InfoView 在预览窗口中的效果

对于 HStack 容器内部的代码，我们会重复使用几遍，所以将其整理为一个子视图。

按住 Command 键并单击 HStack 容器字符代码，此时会弹出快捷菜单，选择 **Extract Subview**，然后将默认的 ExtractedView 修改为 **FormRowView**。

图 6-15　设置 Extract Subview

此时在 InfoView 的底部会自动添加一个新的 FormRowView 结构体，你会发现该结构体的 Body 部分正是之前 HStack 容器的视图代码。我们还需要为该结构体添加两个变量，并让两个 Text 的参数匹配这两个变量。

```
struct FormRowView: View {
  var firstItem: String
  var secondItem: String

  var body: some View {
    HStack {
      Text(firstItem).foregroundColor(.gray)
      Spacer()
      Text(secondItem)
    }
  }
}
```

现在 Xcode 编译器会报错，因为在调用 FormRowView()方法的时候，我们还没有设置相关参数。修改 InfoView 中 Body 部分的代码如下。

```
Form {
  Section(header: Text("关于应用程序")) {
    FormRowView(firstItem: "应用程序", secondItem: "奇妙水果机")
  } //: Section
} //: Form
```

修改以后的代码将更具可读性和可复用性。让我们继续在 Section 中添加更多的 FormRowView，在预览窗口中的效果如图 6-16 所示。

```
Form {
  Section(header: Text("关于应用程序")) {
    FormRowView(firstItem: "应用程序", secondItem: "奇妙水果机")
    FormRowView(firstItem: "平台", secondItem: "iPhone、iPad、Mac")
    FormRowView(firstItem: "开发者", secondItem: "Happy/Liu Ming")
    FormRowView(firstItem: "设计者", secondItem: "Oscar")
    FormRowView(firstItem: "音效", secondItem: "Star")
    FormRowView(firstItem: "网站", secondItem: "www.liuming.cn")
    FormRowView(firstItem: "版本", secondItem: "0.0.1")
  } //: Section
} //: Form
```

图 6-16　InfoView 在预览窗口中的效果

最后，我们还要在 InfoView 的左上角添加一个关闭按钮，代码如下。

```
//MARK: - Body
var body: some View {
  VStack{
    LogoView()

    Spacer()

    Form {
      Section(header: Text("关于应用程序")) {
        ……
      } //: Section
    } //: Form
    .font(.system(.body, design: .rounded))
  } //: VStack
  .padding(.top, 40)
  .overlay(
    Button(action: {
      // 关闭信息视图页面
    }) {
      Image(systemName: "xmark.circle")
        .font(.title)
    }
    .padding(.top, 30)
    .padding(.trailing, 20)
    .accentColor(.secondary)
    , alignment: .topTrailing)
}
```

VStack 容器的 overlay 修饰器包含两个参数，第 1 个参数是 Button 视图，距离顶部 30 点，距离右侧 20 点。第 2 个参数设置对齐方式为右上角，效果如图 6-17 所示。

图 6-17 在 InfoView 右上角添加关闭按钮

6.5.2 实现关闭信息页面功能

要想实现关闭信息页面功能，必须调用**环境属性**（Environment Property），在 InfoView 的 Properties 部分添加一个属性，并在 Button 中添加关闭信息页面的方法。

```
//MARK: - Properties
@Environment(\.presentationMode) var presentationMode

//MARK: - Body
.overlay(
  Button(action: {
    // 关闭信息视图页面
    self.presentationMode.wrappedValue.dismiss()
  }) {
    ……
  }
```

接下来，让我们回到 ContentView，并在里面通过 Sheet 方式呈现 InfoView。

首先，在 Properties 部分添加一个被@State 封装的变量。

```
//MARK: - Properties
@State private var showingInfoView: Bool = false
```

然后，在// 相关信息按钮注释部分，在 Button 的 action 参数闭包中添加如下代码。

```
// 相关信息按钮
Button(action: {
  //print("相关信息")
  self.showingInfoView = true
}, label: {
……
})
```

最后，为 ZStack 容器添加一个 sheet 修饰器，代码如下。

```
//MARK: - Body
var body: some View {
  ZStack {
    ......
  } //: ZStack
  .sheet(isPresented: $showingInfoView) {
    InfoView()
  }
}
```

在 ContentView 中，我们创建了 showingInfoView 变量用于控制是否呈现 InfoView。一旦用户单击相关信息按钮，该变量的值就会被设置为 true，进而，sheet 修饰器会在当前屏幕上呈现 InfoView。需要注意的是，sheet 修饰器的参数一定要使用$作为前缀，它代表该变量是引用调用。

在模拟器中运行这个游戏，单击主界面中的相关信息按钮后，会呈现 InfoView。再单击 InfoView 右上角的关闭按钮，会回到游戏主界面。

图 6-18　在 ContentView 中显示 InfoView

6.6 编写游戏逻辑代码

本节，我们将编写奇妙水果机游戏的逻辑代码。

该游戏的逻辑非常简单，一旦用户单击拉杆按钮，3 个槽位就会随机显示水果图片。如果 3 个槽位的图片相同，则代表赢一局，根据所选分数值的不同，玩家将会得到 100 或 200 分；如果 3 个槽位的图片不相同，则代表输一局，玩家将会丢掉 10 或 20 分。如果玩家当前的分数减少到不够一局游戏的分数，游戏就会结束。在游戏过程中，如果玩家获得了当前的最高分，那么我们还会将它记录下来，显示在游戏的主界面上。就这么简单，让我们开始吧！

6.6.1 实现随机生成槽位水果的逻辑

首先，在 ContentView 的 Properties 部分添加一个新的属性。

```
let symbols = ["草莓", "柠檬", "牛油果", "百香果", "葡萄"]
```

我们将 5 个水果放入一个数组中，水果的名称与资源分类中水果图片的名称一致。现在，我们需要重新设置 3 个槽位的 Image 参数，将之前的 "草莓" "柠檬" 和 "牛油果" 修改为 "symbols[0]" "symbols[1]" 和 "symbols[4]"，每一个 symbols 的索引值元素都代表一种水果。因此，在预览窗口中除了显示的水果与之前不同，游戏界面没有其他变化。

接下来，我们需要创建一个 Int 类型的数组，来单独存储每个槽位的水果索引值。该数组应该具有 3 个 Int 类型的元素，分别代表 1 号槽位、2 号槽位和 3 号槽位的水果索引值。在 Properties 部分添加下面一行代码。

```
let symbols = ["草莓", "柠檬", "牛油果", "百香果", "葡萄"]
@State private var reels: Array = [0, 1, 2]
```

对于被@State 封装的 reels 数组来说，在默认情况下，1 号槽位显示的是 symbols 数组中索引值为 0 的水果——草莓，2 号槽位显示的是 symbols 数组中索引值为 1 的水果——柠檬，3 号槽位显示的是 symbols 数组中索引值为 2 的水果——牛油果。

为了在每一轮赢取更多的分数，我们还可以选择分值为 20 的拉杆，当然，如果输掉，就会扣除掉 20 分。

为了实现游戏中的相关逻辑，我们需要在 ContentView 中创建一些独立的函数，在 Body 部分的上面添加如下代码。

```
// MARK: - Functions
// MARK: - 拉杆操作
```

```
func spinReels() {
  reels[0] = Int.random(in: 0...symbols.count - 1)
  reels[1] = Int.random(in: 0...symbols.count - 1)
  reels[2] = Int.random(in: 0...symbols.count - 1)
}

//MARK: - Body
var body: some View {
……
//MARK: - 槽位 #1
  ZStack {
    ReelView()
    Image(symbols[reels[0]])
……
//MARK: - 槽位 #2
  ZStack {
    ReelView()
    Image(symbols[reels[1]])

……
//MARK: - 槽位 #3
  ZStack {
    ReelView()
    Image(symbols[reels[2]])


……
//MARK: - 拉杆
Button(action: {
  // 拉杆操作
  self.spinReels()
}, label: {
```

在 Body 部分的上方，我们创建了 spinReels()方法，该方法会生成 3 个随机整数，每个随机整数的取值范围都是从 0 到 4，也就是 symbols 数组的元素索引值。reels 数组的元素个数为 3，这是因为我们要为 3 个槽位准备随机数。

在拉杆按钮的 action 参数的闭包中，调用 spinReels()方法来修改 reels 数组的值，因为 reels 数组被@State 封装，所以当数组的值发生变化的时候会自动更新用户界面，因此程序会根据 reels 数组的值来自动更新游戏主界面中的水果图片。此时，Image 的参数变为 **symbols[reels[x]]**的形式。

为了让 spinReels()方法中的代码更加简洁，我们还可以利用数组的 map()方法遍历数组中的所有元素，并修改其值为随机整数。修改 spinReels()方法中的代码如下。

```
func spinReels() {
  reels = reels.map { _ in
    Int.random(in: 0...symbols.count - 1)
  }
}
```

Array 的 map()方法会遍历 reels 数组的所有元素,并将闭包的执行结果写回到 reels 数组中,这是一种快速调整数组中所有元素的方法。

6.6.2 实现判断输赢的逻辑

在 spinReels()方法的下面添加一个新的方法 checkWinning(),我们使用该方法判断每一局游戏的输赢。

```
// MARK: - 检测是否赢得一局游戏
func checkWinning() {
  if reels[0] == reels[1] && reels[1] == reels[2] {
    // 赢得一局游戏
    // 新的高分记录
  } else {
    // 输掉一局游戏
  }
}
```

在 checkWinning()方法中,如果 reels 数组中的 3 个元素的值相等,则代表玩家赢得一局游戏,需要判断是否为最高分记录。如果 3 个元素的值不相等,则代表玩家输掉了一局游戏。

继续在拉杆按钮的 action 参数的闭包中添加如下代码。

```
//MARK: - 拉杆
Button(action: {
  // 拉杆操作
  self.spinReels()

  // 检测是否赢得一局游戏
  self.checkWinning()
}, label: {
  ……
})
```

在 checkWinning()方法中,一旦玩家赢得游戏,则需要相应增加 100 或 200 分。然后判断当前的分数是否最高,如果是就记录下来。如果玩家输掉一局游戏,则减去相应的分值。

为了实现上面的逻辑，我们需要在 Properties 部分添加 3 个属性。

```
@State private var highScore: Int = 0
@State private var coins: Int = 100
@State private var coinsAmount: Int = 10
```

在 Body 部分，将 Text("**100**")中的参数替换为 Text("**\(coins)**")。将 Text("**200**")中的参数替换为 Text("**\(highScore)**")。

在 checkWinning()方法的下面，添加下面 3 个新的方法。

```
func playerWins() {
  coins += coinsAmount * 10
}

func newHighScore() {
  highScore = coins
}

func playerLoses() {
  coins -= coinsAmount
}
```

当玩家赢得一局游戏时要执行 playerWins()方法，在该方法中，我们将玩家的分数增加相应分值（coinsAmount）的 10 倍。接下来，如果玩家的分数高于 highScore 的值，则需要执行 newHighScore()方法，记录下最高分。如果玩家输掉一局游戏，则会执行 playerLoses()方法，将玩家的分数减去相应的分值。

在 checkWinning()方法中添加对这 3 个方法的调用代码。

```
func checkWinning() {
  if reels[0] == reels[1] && reels[1] == reels[2] {
    // 赢得一局游戏
    playerWins()
    // 新的高分记录
    if coins > highScore {
      newHighScore()
    }
  } else {
    // 输掉一局游戏
    playerLoses()
  }
}
```

现在，我们可以在预览窗口中启动 Live 模式，在我们单击拉杆按钮后，游戏可以按照之前的逻辑正常运行，效果如图 6-19 所示。

图 6-19　在 Live 模式下运行游戏的效果

6.6.3　实现玩家选择游戏分值的功能

在游戏的过程中，我们还可以让玩家选择 10 或 20 的分值来增加游戏的刺激程度。这需要我们在 playerLoses()方法的下面再添加两个新的方法。

```
func activate10() {
  coinsAmount = 10
}

func activate20() {
  coinsAmount = 20
}
```

接下来，我们需要在两个按钮的 action 参数的闭包中替换相关的代码。将 print("获得 20 分")替换为 **activate20()**，再将 print("获得 10 分")替换为 **activate10()**。

另外，我们需要继续完善游戏主界面的 Footer 部分。在 Properties 部分添加一个属性。

```
@State private var isActive10: Bool = true

func activate10() {
  coinsAmount = 10
  isActive10 = true
}
```

```
func activate20() {
  coinsAmount = 20
  isActive10 = false
}
```

在默认情况下，我们将游戏设置为每局 10 分，所以设置 isActive10 的值为 true。接下来，在 activate10() 和 activate20() 两个方法中设置 isActive10 的值分别为 true 和 false。

继续修改 Body 部分的代码，根据玩家选择 Footer 部分的分值为 10 或 20，调整相应控件的修饰器属性。

```
//MARK: -分值为 20
HStack(alignment: .center, spacing: 10) {
  Button(action: {
    activate20()
  }) {
    Text("20")
      .fontWeight(.heavy)
      .foregroundColor(isActive10 == false ? Color("ColorYellow") : .white)
      .modifier(CoinNumberModifier())
  } //: Button
  .modifier(CoinCapsuleModifier())
  
  Image("钱币")
    .resizable()
    .opacity(isActive10 == false ? 1 : 0)
    .modifier(CoinImageModifier())
} //: HStack

//MARK: -分值为 10
HStack(alignment: .center, spacing: 10) {
  Image("钱币")
    .resizable()
    .opacity(isActive10 == true ? 1 : 0)
    .modifier(CoinImageModifier())
  
  Button(action: {
    activate10()
  }) {
    Text("10")
      .fontWeight(.heavy)
      .foregroundColor(isActive10 == true ? Color("ColorYellow") : .white)
      .modifier(CoinNumberModifier())
  } //: Button
  .modifier(CoinCapsuleModifier())
} //: HStack
```

当用户单击分值为 20 的按钮以后，isActive10 的值被设置为 false，分值为 20 的按钮的文本颜色会变为黄色，与其相关的钱币图片的透明度被设置为 1。此时，分值为 10 的按钮的文本颜色变为白色，与其相关的钱币图片的透明度被设置为 0。反之，如果玩家单击分值为 10 的按钮，isActive10 的值则被设置为 true，按钮的文本颜色和钱币图片的透明度的设置正好相反。

在预览窗口中启动 Live 模式，单击 Footer 部分分值为 10 或 20 的按钮，就可以单击拉杆按钮进行游戏了，效果如图 6-20 所示。

图 6-20　在 Live 模式下运行游戏的效果

6.6.4　创建游戏结束时的自定义窗口

本节，我们将创建一个方法来提醒玩家游戏结束，当玩家单击拉杆按钮的时候会调用执行该方法。

在 // 检测游戏是否结束 注释语句的下面添加一个新的方法。

```
// 检测游戏是否结束
func isGameOver() {
  if coins <= 0 {
    // 呈现弹出窗口
    
  }
}
```

在上面的方法中，一旦玩家的 coins 小于或等于 0，就会弹出游戏结束窗口，只不过目前我们还没有编写弹出窗口的代码。

接下来，在拉杆按钮的 action 参数的闭包中，调用 isGameOver()方法。

```
//MARK: - 拉杆
Button(action: {
  // 拉杆操作
  self.spinReels()

  // 检测是否赢得一局
  self.checkWinning()

  // 检测游戏是否结束
  self.isGameOver()
}, label: {
  ……
})
```

一旦玩家当前的 coins 小于或等于 0，我们就需要通过属性变量决定是否弹出这个窗口。在 Properties 部分添加一个@State 封装的属性。

```
@State private var showingModal = false
```

```
// 检测游戏是否结束
func isGameOver() {
  if coins <= 0 {
    // 呈现弹出窗口
    showingModal = true
  }
}
```

在 isGameOver()方法的 if 语句中，如果条件为 true，就将 showingModal 的值设置为 true。

在创建弹出窗口视图之前，需要清楚，实现自定义弹出窗口效果需要两步走。第一步是将游戏主界面的视图虚化，第二步是在虚化的主界面上面呈现一个窗口视图。

为//MARK: - Interface 部分的 VStack 容器添加 blur 修饰器，该修饰器用于为视图设置虚化效果。

```
//MARK: - Interface
VStack(alignment: .center, spacing: 5) {
  ……
}
……
.frame(maxWidth: 720)
```

```
.blur(radius: $showingModal.wrappedValue ? 5 : 0, opaque: false)
```

当 showingModal 的 wrappedValue 的值为 true 时，就会产生虚化效果。blur 修饰器包含两个参数，radius 代表虚化效果，值越大效果越明显。opaque 参数是一个布尔值，值为 true 的时候是不透明虚化，值为 false 的时候是透明虚化。

在预览窗口中启动 Live 模式，一旦玩家的分值小于或等于 0，游戏界面就会虚化，效果如图 6-21 所示。

图 6-21 在 Live 模式下运行游戏后虚化的效果

接下来，我们需要在虚化的游戏主界面上面呈现一个消息窗口视图。为了便于调试，先将 showingModal 属性的初始值设置为 true，在预览窗口中，主游戏界面现在就开启了虚化效果。

```
@State private var showingModal = true
```

在 Body 部分的//MARK: - Popup 注释语句的下面添加如下代码。

```
//MARK: - Popup
if $showingModal.wrappedValue {
  ZStack {
    Color("ColorTransparentBlack").edgesIgnoringSafeArea(.all)

    VStack(spacing: 0) {
      Text("游戏结束")
    } //: VStack
    .frame(minWidth: 280, idealWidth: 280, maxWidth: 320, minHeight: 260,
```

```
idealHeight: 280, maxHeight: 320, alignment: .center)
    .background(Color.white)
    .cornerRadius(20)
    .shadow(color: Color("ColorTransparentBlack"), radius: 6, x: 0, y: 8)
} //: ZStack
} //: IfEnd
```

在上面的代码中,如果 showingModal 的值为 true 则会呈现 ZStack 容器。该容器的最底部是一个颜色透明的背景视图,并且忽略所有方向的安全区域。在背景视图的上方是一个 VStack 容器,我们设置它的尺寸、背景视图、圆角和阴影,效果如图 6-22 所示。

图 6-22 在预览窗口中弹出消息窗口后的效果

接下来,我们需要调整 VStack 容器中的内容,修改代码如下,在预览窗口中可以看到图 6-23 所示的效果。

```
VStack(spacing: 0) {
    // 标题文本
    Text("游戏结束")
        .font(.title)
        .fontWeight(.heavy)
        .padding()
        .frame(minWidth:0, maxWidth: .infinity)
        .background(Color("ColorPink"))
        .foregroundColor(.white)
    
    Spacer()
```

```
// 消息文本
VStack(alignment: .center, spacing: 16) {
    Image("槽位-草莓")
        .resizable()
        .scaledToFit()
        .frame(maxHeight: 72)
    
    Text("很不幸！你失去了所有的分数。\n让我们再来一次吧！")
        .font(.body)
        .lineLimit(2)
        .multilineTextAlignment(.center)
        .foregroundColor(.gray)
        .layoutPriority(1)
}
Spacer()
} //: VStack
```

图 6-23 消息窗口在预览窗口中的效果

最后，我们还需要在消息窗口中添加一个"新游戏"按钮。在 VStack 容器中第二个 Text 的下面添加一个 Button。

```
Text("很不幸！你失去了所有的分数。\n让我们再来一次吧！")
    ......
Button(action: {
    self.showingModal = false
    self.coins = 100
}, label: {
```

```
Text("新游戏")
  .font(.body)
  .fontWeight(.semibold)
  .accentColor(Color("ColorPink"))
  .padding(.horizontal, 12)
  .padding(.vertical, 8)
  .frame(minWidth: 128)
  .background(
    Capsule()
      .strokeBorder(lineWidth: 1.75)
      .foregroundColor(Color("ColorPink"))
  )
})
```

当游戏结束以后，玩家可以在消息窗口中单击"新游戏"按钮重新开始游戏。在 Button 的 action 参数的闭包中，我们将 showingModal 属性的值设置为 false，代表关闭消息窗口。再将 coins 的值设置为 100。

在 label 参数的闭包部分，我们为"新游戏"文本添加多个修饰器，其中背景是一个胶囊形状的粉色线框，效果如图 6-24 所示。

图 6-24　消息窗口在预览窗口中的效果

在测试游戏逻辑之前我们还需要将 Properties 部分的 showingModal 的属性值设置为 **false**，然后在预览窗口中启动 Live 模式，这样游戏就可以正常运行了。

6.7　利用 User Defaults 存储和获取数据

UserDefaults 是 Swift 语言中非常重要的一个特性，我们可以利用它方便地设置或获取简单类型的数据。目前，奇妙水果机的游戏逻辑已经完美实现，但是在玩家获得最高分后，还无法保存到应用程序中，只要程序重新启动分数记录就会被清零。

要想保存小型数据到应用程序里面，最简单的一种方法就是利用 UserDefaults 类。通过该类提供的方法，我们可以方便地存储整型（Int）、布尔型（Bool）、字符串（String）、日期（Date）、URL、数组（Array）和字典类型（Dictionary）等。

在 ContentView 中找到 newHighScore()方法，在里面添加一行代码即可。

```
func newHighScore() {
  highScore = coins
  UserDefaults.standard.set(highScore, forKey: "HighScore")
}
```

通过 UserDefaults 类的 set()方法，我们将 highScore 的值存储到了 User Defaults 数据库中，并且设置该值的键名为字符串 **HighScore**。这意味着将来我们可以通过 HighScore 标签获取最高分记录。需要注意的是，Swift 的键名是区分大小写的。HighScore 和 highscore 是两个不同的键。

接下来，我们需要在程序启动后，从 UserDefaults 中载入之前存储的最高分记录。修改 ContentView 中 Properties 部分的 highScore 变量的初始化代码。

```
@State private var highScore: Int =
             UserDefaults.standard.integer(forKey: "HighScore")
```

获取 UserDefaults 数据库中的整型数值也非常简单，只需要调用 integer()方法，将参数设置为之前调用 set()方法对应的键名即可。

除了 integer()方法，UserDefaults 类还提供了 bool()、string()、data()、array()、dictionary()等一系列方法，用于满足不同类型值的获取需求。

现在，我们可以在模拟器中运行奇妙水果机游戏了，如果我们退出游戏再进入，那么游戏会显示之前的最高分记录。

本节除了实现读取和记录游戏的最高分的功能，还要实现重置最高分记录功能。

在所有方法的下面添加一个 resetGame()方法。

```
// 重置游戏最高分记录
func resetGame() {
  UserDefaults.standard.set(0, forKey: "HighScore")
  highScore = 0
  coins = 100
  activate10()
}
```

这里我们会通过 UserDefaults 类将 HighScore 的值设置为 0，将 hightScore 属性设置为 0，将 coins 设置为 100，再执行 activate10() 方法将游戏每局的分值设置为 10。

在 reset 按钮的 action 参数的闭包中，修改之前的代码如下。

```
// 重置按钮
Button(action: {
  resetGame()
}, label: {
  ……
}
```

在模拟器中重新运行奇妙水果机游戏，当最高分记录发生变化以后，我们可以单击界面右上角的重置按钮将游戏的最高分记录重置为 0。

6.8 为游戏添加动画效果

本节我们将为程序添加必要的动画效果来增强游戏体验。我们一共要添加 3 个动画效果，第 1 个是每次拉杆后槽位中水果切换的动画，第 2 个是分值切换的动画，第 3 个是消息窗口的动画。

我们先来实现槽位中水果切换的动画效果。

在 Properties 部分添加一个新的变量。

```
@State private var animatingSymbol = false
```

然后，对 3 个槽位的 Image 同时添加下面几个修饰器，我们以槽位 1 中的 Image 为例。

```
//MARK: - 槽位 #1
ZStack {
  ReelView()
  Image(symbols[reels[0]])
    .resizable()
    .modifier(ImageModifier())
    .opacity(animatingSymbol ? 1 : 0)
    .offset(y: animatingSymbol ? 0 : -50)
    .animation(.easeOut)
    .onAppear{
      self.animatingSymbol.toggle()
    }
} //: ZStack
```

通过 onAppear 修饰器，当水果图片出现在屏幕上的时候，改变 animatingSymbol 变量的值。如果该值由 false 变为 true，则让 Image 的透明度由 0 变为 1，垂直方向的坐标从 -50 向上移动 50 点到 0，也就是当前位置，动画方式为 easeOut。在预览窗口中启动 Live 模式，我们可以发现槽位中的水果会以动画的方式呈现，但目前的效果还比较生硬。接下来我们会为三个 Image 的 easeOut 动画方式添加 duration 参数，修改槽位 1 的 animation 修饰器如下。

```
.animation(.easeOut(duration: Double.random(in: 0.5...0.7)))
```

继续修改槽位 2 的 animation 修饰器如下。

```
.animation(.easeOut(duration: Double.random(in: 0.7...0.9)))
```

最后修改槽位 3 的 animation 修饰器如下。

```
.animation(.easeOut(duration: Double.random(in: 0.9...1.1)))
```

这里为每个槽位的水果图片的呈现都设定了动画时长，其中槽位 1 的图片呈现 0.5~0.7s，槽位 2 的图片呈现 0.7~0.9s，槽位 3 的图片呈现 0.9~1.1s。在预览窗口中我们可以启动 Live 模式查看动画效果。

接下来，我们要实现在用户单击拉杆按钮后变换水果的动画效果。修改拉杆按钮的 action 参数的闭包代码如下。

```
//MARK: - 拉杆
Button(action: {
  // 设置无动画状态
  withAnimation{
    self.animatingSymbol = false
  }

  // 拉杆操作
  self.spinReels()

  // 设置动画状态
  withAnimation{
    self.animatingSymbol = true
  }

  // 检测是否赢得一局
  self.checkWinning()

  // 检测游戏是否结束
  self.isGameOver()
}, label: {
  ……
}
```

在 action 闭包中，我们先将 animationSymbol 的值设置为 false，因为水果图片出现在屏幕上的时候，该变量的值已经被切换为 true，所以这里必须先将其还原为 false。在执行完 spinReels() 方法后，我们再通过动画方式将该变量设置为 true，这样动画就会继续发生。此时，我们可以在预览窗口中启动 Live 模式，单击拉杆按钮后查看水果切换的动画效果。

现在，我们要实现分值切换的动画效果，修改每局分值为 10 和分值为 20 的 Image 修饰器。

```
//MARK: -分值为 20
HStack(alignment: .center, spacing: 10) {
  ......
  Image("钱币")
    .resizable()
    .opacity(isActive10 == false ? 1 : 0)
    .offset(x: isActive10 == false ? 0 : 20)
    .modifier(CoinImageModifier())
}

//MARK: -分值为 10
HStack(alignment: .center, spacing: 10) {
  Image("钱币")
    .resizable()
    .opacity(isActive10 == true ? 1 : 0)
    .offset(x: isActive10 == true ? 0 : -20)
    .modifier(CoinImageModifier())
  ......
}
```

当玩家单击分值为 10 的按钮时，我们让目前分值为 10 的钱币向左移动 20 点并消失。当玩家单击分值为 10 的按钮时，则让目前分值为 20 的钱币向右移动 20 点并消失。此时，我们可以在预览窗口中启动 Live 模式，通过单击不同分值来查看动画效果。

接下来，我们要实现弹出消息窗口的动画。还是需要先在 Properties 部分添加一个属性。

```
@State private var animatingModal = false
```

然后为消息窗口的 VStack 容器添加下面几个修饰器。

```
//MARK: - Popup
if $showingModal.wrappedValue {
  ZStack {
    Color("ColorTransparentBlack").edgesIgnoringSafeArea(.all)

    VStack(spacing: 0) {
      ......
```

```
    } //: VStack
    .frame(minWidth: 280, idealWidth: 280, maxWidth: 320, minHeight: 260,
idealHeight: 280, maxHeight: 320, alignment: .center)
    .background(Color.white)
    .cornerRadius(20)
    .shadow(color: Color("ColorTransparentBlack"), radius: 6, x: 0, y: 8)
    .opacity(animatingModal ? 1 : 0)
    .offset(y: animatingModal ? 0 : -100)
    .animation(Animation.spring(response: 0.6,
                                dampingFraction: 1.0, blendDuration: 1.0))
    .onAppear{
      self.animatingModal = true
    }
  } //: ZStack
} //: IfEnd
```

当游戏结束弹出消息按钮时，我们通过 onAppear 修饰器让 animatingModal 变量的值为 true，这样就会激活该消息窗口的动画效果。其中包括透明度的变化、窗口位置从上向下移动，动画方式为弹簧效果。

另外，我们需要在"新游戏"按钮的 action 参数闭包中添加两行代码，这样才能保证下次出现消息窗口的时候继续产生动画效果。

```
Button(action: {
  self.showingModal = false
  self.animatingModal = false
  self.activate10()
  self.coins = 100
}, label: {
  Text("新游戏")
  ……
}
```

在玩家单击"新游戏"按钮后，animatingModal 的值被修改回 false，并将每局的分值设置为 10。

6.9 为游戏添加声效和背景音乐

本节，我们将为游戏添加声音效果和触控反馈功能，这两个功能在游戏类应用中是非常常见的，因为任何一个成功的游戏都离不开精美的画面和动人的音效。

在奇妙水果机应用中，我们先来添加一些音效和背景音乐。

在 Helpers 文件夹中创建一个 Swift 文件，将其命名为 PlaySound。直接修改代码如下。

```
import AVFoundation

var audioPlayer: AVAudioPlayer?

func playSound(sound: String, type: String) {
  if let path = Bundle.main.path(forResource: sound, ofType: type) {
    do {
      audioPlayer = try AVAudioPlayer(contentsOf: URL(fileURLWithPath: path))
      audioPlayer?.play()
    } catch {
      print("错误：无法找到文件并播放该声效文件！")
    }
  }
}
```

在 PlaySound 文件中，我们创建了一个函数 playSound()，利用它就可以在项目中任何需要的地方播放声音了。其中，大部分的代码我们之前都见过，AVFoundation 框架适用于处理音频素材、控制摄像头，以及配置系统音频的交互等。该框架涵盖音频的捕获、处理、合成、控制、导入和导出几个任务。

playSound()函数包含两个参数，其中，sound 参数代表音频文件名称，type 参数代表音频文件类型（例如 mp3、acc、wav 等）。我们先通过 Bundle 类获取音频文件的路径 path，然后通过 **do-try-catch** 形式来处理可能发生的错误。在 **do** 闭包中，我们将 path 作为参数初始化一个 AVAudioPlayer 类型的对象，并利用 play()方法直接播放该声音。

需要注意的是，在初始化 AVAudioPlayer 类型的对象时，前面加上了 **try** 关键字，在初始化该类型对象的时候，如果发生错误（音频文件名或格式错误）则会抛出异常（**throws**），而被 **do** 定义的闭包中一旦抛出异常，就会执行 catch 闭包中的代码，从而防止程序莫名其妙地崩溃。目前在 **catch** 闭包中，我们会在控制台中输出一行文本信息。如果一切正常，则会播放指定的音频文件。

接下来，我们需要在几个地方调用 playSound()方法。在玩家单击拉杆按钮的时候需要播放 spin 音效。

```
// MARK: - 拉杆操作
func spinReels() {
  reels = reels.map { _ in
    Int.random(in: 0...symbols.count - 1)
  }
```

```
    playSound(sound: "spin", type: "mp3")
}
```

当玩家赢得一局游戏的时候，播放 win 音效。

```
// MARK: - 检测是否赢得一局游戏
func checkWinning() {
  if reels[0] == reels[1] && reels[1] == reels[2] {
    // 赢得一局游戏
    playerWins()
    // 新的高分记录
    if coins > highScore {
      newHighScore()
    } else {
      playSound(sound: "win", type: "mp3")
    }
  } else {
    // 输掉一局游戏
    playerLoses()
  }
}
```

当玩家打破最高分记录的时候，播放 high-score 音效。

```
func newHighScore() {
  highScore = coins
  UserDefaults.standard.set(highScore, forKey: "HighScore")
  playSound(sound: "high-score", type: "mp3")
}
```

当玩家切换分值的时候，播放 change 音效。

```
func activate10() {
  coinsAmount = 10
  isActive10 = true
  playSound(sound: "change", type: "mp3")
}

func activate20() {
  coinsAmount = 20
  isActive10 = false
  playSound(sound: "change", type: "mp3")
}
```

当游戏结束的时候，播放 game-over 音效。

```
// 检测游戏是否结束
```

```
func isGameOver() {
  if coins <= 0 {
    // 呈现弹出窗口
    showingModal = true
    playSound(sound: "game-over", type: "mp3")
  }
}
```

当玩家重置游戏最高分记录的时候，播放 reset 音效。

```
// 重置游戏最高分记录
func resetGame() {
  UserDefaults.standard.set(0, forKey: "HighScore")
  highScore = 0
  coins = 100
  activate10()
  playSound(sound: "reset", type: "mp3")
}
```

在添加完这些音效以后，我们可以在模拟器或者真机中进行音效测试。

我们还需要为 InfoView 添加一个背景音乐，只要玩家点开 Info 视图就会听到背景音乐，一旦玩家关闭 Info 视图，背景音乐就会停止播放。

在 InfoView 的 Body 部分，为顶级的 VStack 容器添加 onAppear 修饰器。

```
//MARK: - Body
var body: some View {
  ……
}
……
.overlay(
  Button(action: {
    // 关闭信息视图页面
    audioPlayer?.stop()
    self.presentationMode.wrappedValue.dismiss()
  }) {
    Image(systemName: "xmark.circle")
      .font(.title)
    }
    .padding(.top, 30)
    .padding(.trailing, 20)
    .accentColor(.secondary)
  , alignment: .topTrailing)
.onAppear(){
  playSound(sound: "background", type: "mp3")
}
```

在模拟器中运行游戏，在玩家点开 Info 视图以后，会播放背景音乐，关闭 Info 视图则背景音乐停止。

我们还需要为游戏添加触控反馈特性。在 ContentView 的 Properties 部分添加一个常量属性。

```
let haptics = UINotificationFeedbackGenerator()
```

然后在 spinReels()、activate10()和 activate20()三个方法的最后添加如下代码。

```
haptics.notificationOccurred(.success)
```

对于触控反馈的测试，我们必须在真机上才可以完成，你会发现在不经意间就制作了一款不可思议的游戏！

通过本章的学习，我们制作了一个奇妙水果机游戏，该游戏本身的逻辑并不复杂。我们学会了使用 UserDefaults 存储和读取最高分记录；创建了比较复杂的游戏界面；通过编写代码实现了简单的游戏逻辑；在 Swift 语言中生成了随机数；在程序项目中添加了音效；利用微动画增加了程序的吸引力，继续巩固了在项目中创建自定义视图修饰器的方法。

第 7 章
TODO 应用程序

本章我们将创建一个非常实用的 TODO 应用程序。

通过制作这个精美的 TODO 应用程序,我们将学习如何在项目中开启 Core Data 特性,利用该特性来构建本地数据库,并对数据库进行读取、存储及排序等相关操作。设置待办事项的优先级;删除不需要的待办事项;构建复杂的设置视图;使用替代图标新功能;使用 App 颜色主题新功能;在 App 中打开一个外部链接;创建微动画以增强用户体验;创建支持深色/浅色模式的用户界面。

7.1 使用 Xcode 创建项目

我们首先要在 Xcode 中创建 Todo 项目。

7.1.1 创建 Todo 项目

在启动 Xcode 以后,选择 Create a new Xcode project 选项创建一个项目,在弹出的项目模板选项卡中选择 iOS / App,单击 **Next** 按钮。

在随后出现的项目选项卡中,做如下设置。

- 在 Product Name 处填写 **Todo**。
- 如果没有苹果公司的开发者账号,那么请将 Team 设置为 **None**;如果有,则可以设置为你的开发者账号。
- Organization Identifier 项可以随意输入,但最好是你拥有的域名的反向,例如:cn.liuming。如果你目前还没有拥有任何域名,那么使用 cn.swiftui 是一个不错的选择。
- Interface 选为 **SwiftUI**。

- Lift Cycle 选为 **SwiftUI App**。
- Language 选为 **Swift**。
- 勾选 Use Core Data 选项。

在该选项卡中，必须确认勾选 Use Core Data 选项，因为在项目中我们会使用 Core Data 来管理本地数据，如图 7-1 所示，然后单击 **Next** 按钮。

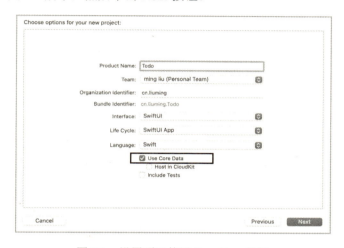

图 7-1　设置项目使用 Core Data 特性

在确定好项目的保存位置以后，单击 **Create** 按钮完成项目的创建。

需要注意的是，如果在项目开启以后出现编译器报错的情况，那么请先使用 <Command+B> 组合键将项目编译一次，错误会自动消失。之所以这样操作，是因为由模板创建的 Core Data 模型有时候需要先编译一次，才能在项目中被正常调用。

与之前的项目类似，我们还是只允许项目竖屏布局，所以单击项目导航中顶部的 Todo 图标，在项目配置面板中确认 Device Orientation 只勾选了 **Portrait**。

另外，我们需要为项目创建启动画面。先在项目的 Assets.xcassets 中创建一个文件夹"LaunchScreen"，然后从"项目资源/LaunchScreen"文件夹中将 todo-logo.png、todo-logo@2x.png 和 todo-logo@3x.png 三个文件拖曳到新建的 LaunchScreen 文件夹中。在属性检视窗中，我们将 Appearances 选项设置为"Any,Light,Dark"。再把之前添加好的 Any Appearance 的图片对应地复制到 Light Appearance 中。最后将"项目资源/LaunchScreen"文件夹中的 todo-logo-dark.png、todo-logo-dark@2x.png 和 todo-logo-dark@3x.png 三个文件拖曳到 Dark Appearance 的相应图片框中，设置好的效果如图 7-2 所示。

图 7-2 为项目设置启动画面

接下来,在项目导航中打开 Info.plist 文件,在 Launch Screen 条目中为 Todo 项目添加一个 Image Name 条目,并将其值设置为 todo-logo。当这些操作完成以后,我们就可以在模拟器中测试启动画面的效果了,如图 7-3 所示。

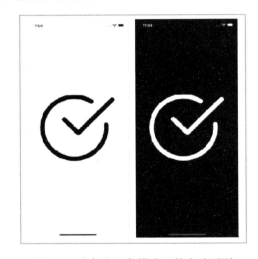

图 7-3 浅色和深色模式下的启动画面

此时,如果你点开 ContentView 文件就会发现 ContentView 结构体中的代码增加了很多,除了 body 属性,还有 addItem()、deleteItems()两个方法,以及 itemFormatter 计算属性常量,这些都是与 Core Data 操作相关的代码。请不用担心,目前你并不需要知道这些代码是干什么用的,甚至还可以直接删除这些方法和属性。我们将会在后面的学习中逐步完善项目的 Core Data 特性。

将 ContentView 的代码简化如下。

```swift
import SwiftUI

struct ContentView: View {
  //MARK: - Properties

  //MARK: - Body
  var body: some View {
    Text("ContentView")
  }
}

//MARK: - Preview
struct ContentView_Previews: PreviewProvider {
  static var previews: some View {
    ContentView()
  }
}
```

接下来，我们需要整理一下项目的架构，让它更加清晰，结构更加合理。在项目导航中选择 ContentView 文件，右击鼠标，在弹出的快捷菜单中选择 New Group from Section 选项，并设置名称为 **View**。

7.1.2 创建添加待办事项视图页面

接下来，我们要在 View 文件夹中新建一个 SwiftUI 类型的文件，将其命名为 **AddTodoView**。修改 Body 部分的代码如下。

```swift
// MARK: - Properties
@State private var name = ""
@State private var priority = "标准"

let priorities = ["高", "标准", "低"]

// MARK: - Body
var body: some View {
  NavigationView {
    VStack{
      Form {
        //MARK: - Todo Name
        TextField("待办事项", text: $name)
```

```
    //MARK: - 优先级
    Picker("优先级", selection: $priority) {
      ForEach(priorities, id: \.self) {
        Text($0)
      }
    }
    .pickerStyle(SegmentedPickerStyle())

    //MARK: - 保存按钮
    Button(action: {
      print("保存一个新的待办事项")
    }, label: {
      Text("保存")
    }) //: 保存按钮
  } //: Form

  Spacer()
} //: VStack
.navigationBarTitle("新的任务", displayMode: .inline)
} //: Navigation
}
```

在 Body 部分我们新添加了一个导航视图（NavigationView），在视图的最后添加结束注释代码//: Navigation。因为我们在为视图添加修饰器的时候，往往会分不清到底在为哪个视图或容器添加修饰器，借助尾部的注释代码，可以方便我们准确地区分各种视图。

在导航视图的内部是一个 VStack 容器，我们为其添加 navigationBarTitle 修饰器，设置导航栏的标题和显示方式。该容器中目前包含 Form 和 Spacer 两个视图。最上面的表单（Form）容器中有一个 TextField 控件，用于输入待办事项的名称。TextField 的第二个参数 text，用于接收用户输入的事项名称字符串，因为要接收用户输入的信息，所以必须在 name 变量前加$前缀，代表该变量为引用类型。

在表单容器中，我们还需要添加一个 Picker 控件，用于设置事项的优先级。它的第二个参数 selection 用于确定当前的选项，与 TextField 控件类似，它同样需要使用$作为前缀，因为 priority 变量不仅要告诉 Picker 控件当前的选项是什么，也要接收用户设置的新的事项优先级。在 Picker 内部的闭包中，我们会通过 ForEach 循环遍历 priorities 数组，它是一个字符串数组，并不符合 Identifiable 协议，所以要设置 id 参数为\.self。在循环体内部我们利用 Text($0)提供数组中的字符串，其中$0 代表循环出来的字符串。

最后，还要在表单容器中添加一个按钮，我们将通过它来保存用户新建的待办事项，只不过目前它的功能只有打印一条信息到控制台。

在预览窗口中，可以看到如图 7-4 所示的效果。

图 7-4　AddTodoView 在预览窗口中的效果

让我们回到 ContentView 中，在 Body 部分添加下面这些代码。

```
//MARK: - Body
var body: some View {
  NavigationView {
    List(0 ..< 5) { item in
      Text("ContentView")
    } //: List
    .navigationBarTitle("待办事项", displayMode: .inline)
    .navigationBarItems(trailing:
                        Button(action: {
                          // 显示添加待办事项视图
                          self.showingAddTodoView.toggle()
                        }, label: {
                          Image(systemName: "plus")
                        }) //: Button
                        .sheet(isPresented: $showingAddTodoView, content: {
                          AddTodoView()
                        })
    )
  } //: Navigation
}
```

在 Body 部分，还是先通过导航视图组织和布局用户界面。其内部是一个列表视图（List），目前只是简单地生成 5 行文本字符串。通过 navigationBarTitle 修饰器设置导航栏的标题及显示方式。

然后利用 navigationBarItems 修饰器在导航栏的尾部添加一个按钮。我们定义按钮的外观为一个 plus 系统图片。在按钮的 action 参数闭包中，我们设置 showingAddTodoView 变量为 true。showingAddTodoView 是我们在 Properties 部分定义的被@State 封装的私有布尔型变量。当该值为 true 的时候，按钮的 sheet 修饰器就会呈现之前制作的 AddTodoView 页面。

在预览窗口中启动 Live 模式，然后单击 ContentView 导航栏右上角的添加按钮，可以看到图 7-5 所示的效果。

图 7-5　在 ContentView 中呈现添加事项页面的效果

最后，我们还需要在 AddTodoView 中添加关闭自身视图的代码。在 Properties 部分添加一个环境变量。

```
// MARK: - Properties
@Environment(\.presentationMode) var presentationMode
```

再为 Body 部分的 VStack 容器添加 navigationBarItems 修饰器，如下。

```
VStack{
```

```
……
} //: VStack
.navigationBarTitle("新的任务", displayMode: .inline)
.navigationBarItems(
  trailing:
    Button(action: {
      self.presentationMode.wrappedValue.dismiss()
    }, label: {
      Image(systemName: "xmark")
    }))
} //: Navigation
```

有了 presentationMode 环境变量，一旦用户单击关闭按钮就会关闭视图。注意，一定要通过 presentationMode 的 wrappedValue 属性调用 dismiss()方法。为了方便地在预览窗口中调试关闭 AddTodoView 的功能，可以先回到 ContentView 文件，然后将预览窗口左下角的图钉（ ✱ ）图标点亮，再回到 AddTodoView 文件启动 Live 模式，这样，我们就可以从 ContentView 测试呈现和关闭 AddTodoView 页面的效果了。

7.2 了解 Core Data 特性

本节，我们将深入学习 iOS 的 Core Data 特性以及它与 SwiftUI 框架一起工作的原理。

7.2.1 Core Data 简介

Core Data 是用于管理应用程序中数据模型层对象的框架，在 iOS 5 之后才出现，它提供了对象-关系映射（ORM）的功能，既能够将 Swift 对象转化为数据，保存在 SQLite 数据库文件中，也能够将保存在数据库中的数据还原成 Swift 对象。并且，在此数据操作期间，我们不需要编写任何 SQL 语句。它的主要功能包括保持对数据的持续连接，以及存储、获取和排序本地数据库中的数据。

如果你仔细观察，会发现该项目的导航中多了一个 Todo.xcdatamodeld 文件。在单击该文件以后，你会看到 Xcode 编辑区域呈现了与之前不一样的布局，如图 7-6 所示，我们利用它来定义数据对象的属性类型和关系。

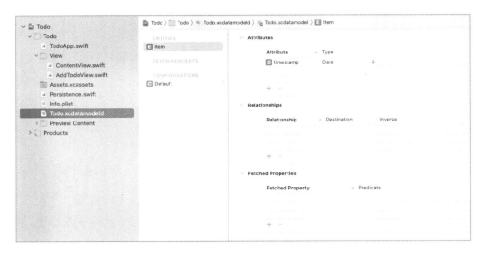

图 7-6　打开 Todo.xcdatamodeld 后的 Xcode 界面布局

此时，我们的 Xcode 编辑区域被分割为大小两部分，在左侧面板的 **Entities** 部分，目前有一个 Item 实例（Entity），它是由模板自动生成的。在 Item 实例中，可以看到它包含一个 timestamp 属性（Attribute），而该属性是日期（Date）类型。这是一个非常简单的实例，不包含任何的关系（Relationships）和获取（Fetched Properties）属性。为了方便理解，你可以将实例中的属性当作类中的属性。

7.2.2　为项目创建实例

本章我们使用 Core Data 的目的是创建实例（Entity），并在本地完成相关的读取、更新和删除操作。如果你熟悉数据库操作，就会清楚**创建**（Create）、**读取**（Read）、**更新**（Update）和**删除**（Delete）的重要性，我们经常管这 4 个常用的操作叫作 **CRUD**。

我们所创建的实例将会有一些属性，例如名称（name）和优先级（priority）等。

单击编辑区域底部的 Add Entity 按钮，此时在 Entities 中新增了一个实例 Entity，双击该实例将名称修改为 **E_Todo**。这里之所以使用 E_作为前缀，是因为实例的名称尽量不与项目名称相同，否则在运行的时候可能发生冲突。

另外，如果你想删除某个不再需要的实例（以删除 Item 实例为例），则一定要将编辑器风格修改为 Graph，然后选中需要删除的实例将其删除，如图 7-7 所示。如果你在 Table 风格下直接通过<Command+backepace>组合键删除，那么将会删除 Todo.xcdatamodeld 文件，这将是灾难性事件。

第 7 章 TODO 应用程序

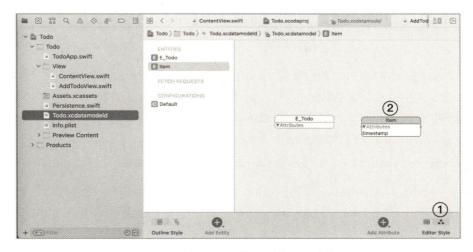

图 7-7 在 Graph 风格下删除 Item 实例

在创建好 E_Todo 实例以后，我们开始为其添加属性。单击 Attributes 部分的加号按钮，在 Attribute 部分添加一个 **id**，并将 Type 设置为 **UUID**，通过 UUID 可以为每一条数据生成唯一识别码。再新建一个属性，将 Attribute 设置为 **name**，Type 设置为 **String**。添加最后一个属性 **priority**，将 Type 同样设置为 **String**，如图 7-8 所示。

图 7-8 为 E_Todo 实例添加属性

目前还有一件非常重要的事情需要你知道，关于 E_Todo 实例，一旦我们创建好它，它就会在后台自动生成两个文件来支持这个数据模型。第一个文件是**类文件**（Class File），第二个文件是**属性文件**。这两个文件都默认具有隐藏属性，我们无法直接看到。

7.2.3 Core Date 的工作方式

Core Data 在 Xcode 和 SwiftUI 中是如何工作的呢？在上一个小节中，我们仅仅完成了

Core Data 数据模型的设置，用它来存储待办事项的信息。现在，我们就要深入了解 Core Data 是如何在 SwiftUI 项目中实现自己的功能的。

打开 TodoApp.swift 文件，其内部的 TodoApp 结构体主要负责启动初始视图，通过模板创建的项目默认初始视图为 ContentView。因为我们在创建项目的时候勾选了"Use Core Data"，所以 Xcode 会创建一个叫作 **persistenceController** 的属性。并且还将该属性附加到 ContentView 的 environment 修饰器里面作为参数。

```
let persistenceController = PersistenceController.shared
```

在定义 **persistenceController** 属性的时候，将 PersistenceController 类型的对象赋值给它，你会发现 PersistenceController 是 Persistence.swift 文件所定义的结构体，在该结构体中定义了很多属性。

因为之前我们删除了模板自动创建的 Item 实例，所以必须删除静态计算属性 preview 中的 for 循环代码，否则编译器会报错，目前的 Todo.xcdatamodeld 文件中 Item 实例已经不存在了。

```
for _ in 0..<10 {
  let newItem = Item(context: viewContext)
  newItem.timestamp = Date()
}
```

在 PersistenceController 结构体中还有一个 container 属性，它其实是 PersistenceController 的核心，当我们存储和调用数据的时候，该属性在后台为我们执行了很多操作。最重要的是，container 允许我们访问 viewContext。viewContext 就像是一个内存暂存器，我们可以在其中创建、读取、更新和删除数据对象，并将其保存到运行应用程序的持久性存储中。

你会发现，在定义 container 的时候，我们并没有为其赋值。但我们在 PersistenceController 的 init()方法中进行了赋值。在方法中，container 被赋值为 NSPersistentContainer 类型的实例，参数 name 代表 xcdatamodeld 文件的名称，因为在当前项目中使用 Todo.xcdatamodeld 文件作为 Core Data 数据文件，所以参数为 Todo。

```
init(inMemory: Bool = false) {
  container = NSPersistentContainer(name: "Todo")
  ……
}
```

现在，让我们回到 TodoApp 结构体，看看 ContentView 的 environment 修饰器。

```
ContentView()
  .environment(\.managedObjectContext,
```

persistenceController.container.viewContext)

environment 修饰器是做什么用的呢？在我们的 ContentView 作为启动视图之前，它会将我们刚才提到的 viewContext 存储到环境变量池中，并用 ManagedObjectContext 键作为标签。

environment 是系统级的存储设置空间，在该空间中存储了如 presentationMode、Locale、ColorScheme 等环境变量值，现在还保存了 persistenceController 的 container 属性中的 viewContext。这些设置值都有自己的键名。本章例子中的键名是 managedObjectContext。

现在，Todo 应用程序中的每个视图都可以将 viewContext 作为"便签本"来检索、更新和存储对象。我们只需要使用 managedObjectContext 环境键名来访问它即可。

如果你对上面的介绍还不理解，请不要担心。唯一需要记住的就是我们可以使用 managedObjectContext 来获取和保存待办事项，而且实现起来非常容易。

7.2.4　为页面添加 managedObjectContext

首先打开 ContentView 文件，在 Properties 部分创建一个环境属性。

```
//MARK: - Properties
@Environment(\.managedObjectContext) var managedObjectContext
```

然后利用被@Environment 封装的 managedObjectContext，将数据信息存储到本地数据库中。目前，我们还需要将 managedObjectContext 作为参数传递给 AddTodoView 页面，因为在该页面中要添加待办事项的数据。

在 Button 的 sheet 中为 AddTodoView 添加一个 environment 修饰器。

```
Button(action: {
  ……
}) //: Button
.sheet(isPresented: $showingAddTodoView, content: {
  AddTodoView().environment(\.managedObjectContext,
                            self.managedObjectContext)
})
```

仿照 ContentView，在 AddTodoView 的 Properties 部分添加@Environment 变量。

```
// MARK: - Properties
@Environment(\.managedObjectContext) var managedObjectContext
@Environment(\.presentationMode) var presentationMode
```

现在，这两个视图的 managedObjectContext 彼此关联。在保存按钮的 action 参数的闭包中，我们可以添加保存待办事项数据的代码了。

```
//MARK: - 保存按钮
Button(action: {
  //print("保存一个新的待办事项")
  let todo = E_Todo(context: self.managedObjectContext)
  todo.name = self.name
  todo.priority = self.priority
  
  do {
    try self.managedObjectContext.save()
  } catch {
    print(error)
  }
}, label: {
  Text("保存")
}) //: 保存按钮
```

在上面的闭包中，我们通过 E_Todo() 初始化方法为 E_Todo 实例创建了一条数据对象，然后为该对象的 name 和 priority 属性赋值。一旦我们在 Todo.xcdatamodeld 中创建好 E_Todo 实例，项目就会自动为其创建同名的类，因此我们可以直接使用它来创建相应的数据对象。

接下来，在 do-catch 代码段中，直到我们调用 managedObjectContext 的 save() 方法，才会将之前创建的 todo 数据对象存储到本地数据库中。需要清楚的是，在调用 save() 方法之前的所有修改都发生在内存中。如果在执行保存命令后出现问题则会打印错误信息到控制台。

目前，action 闭包中的代码还存在缺陷。如果用户在程序视图中故意不填写 name 信息而直接单击保存按钮，在 E_Todo 中就会增加一条 name 为空的记录。继续修改之前的代码，增加对 name 值的判断。

```
Button(action: {
  //print("保存一个新的待办事项")
  if self.name != "" {
    let todo = E_Todo(context: self.managedObjectContext)
    todo.name = self.name
    todo.priority = self.priority
    
    do {
      try self.managedObjectContext.save()
      print("新的待办事项：\(todo.name ?? ""), \(todo.priority ?? "")")
    } catch {
      print(error)
    }
```

```
    } //: IfEnd
}, label: {
```

这里除了添加 if 语句判断 name 的值是否不为空，还在 do 闭包中成功执行 save()方法后，打印一条存储数据的信息。因为 todo 的 name 和 priority 都是可选类型的属性，所以这里通过??运算符保证输出有值的内容。它的执行流程是：如果 todo.name 的值不为空，则直接输出该值。如果 todo.name 的值为空，则输出??后面定义的内容，当前为空字符串（""）。注意，空值（nil）和空字符串（""）是两种不同的类型，前者是真正意义的空，它不代表任何值。后者是字符串，只不过该字符串没有字符而已。

现在，我们可以在模拟器中测试添加数据的功能了。构建并在模拟器中运行 Todo 项目。进入 AddTodoView 页面，添加一个"学习 SwiftUI"的待办事项，并将优先级设置为"高"。当用户单击保存按钮以后，在 Xcode 控制台中会显示新的待办事项信息，如图 7-9 所示。

图 7-9　在 AddTodoView 页面中添加一个待办事项

再添加一个待办事项，这次我们需要先删除之前的事项名称，然后重新输入"创建一个 Todo 应用程序"，将优先级设置为"标准"。在单击保存按钮以后，控制台会添加一条数据信息。

最后，如果删除掉 name 文本框中的内容再单击保存按钮，则控制台不会打印任何数据信息。因为条件判断语句能完美地防止空值的 name 属性写入数据库中。

7.2.5 改善 AddTodoView 的用户体验

目前对于 AddTodoView 的添加待办事项功能,用户的使用体验并不友好,因为它缺少表单的验证与错误处理功能。在 Properties 部分添加 3 个属性:

```
// MARK: - Properties
……
@State private var errorShowing = false
@State private var errorTitle = ""
@State private var errorMessage = ""
```

在保存按钮的 action 参数闭包中的 if 语句的最后添加 else 语句。

```
//MARK: - 保存按钮
Button(action: {
  //print("保存一个新的待办事项")
  if self.name != "" {
  ……
  } else {
    self.errorShowing = true
    self.errorTitle = "无效的名称"
    self.errorMessage = "请确保你输入的内容是\n 待办事项必须的。"
    return
  }
  self.presentationMode.wrappedValue.dismiss()
}, label: {
  Text("保存")
}) //: 保存按钮
```

通过 else 中的代码,我们可以在屏幕上开启一个警告窗口来显示相关的问题信息。另外,一旦将数据对象成功写入数据库,就需要通过 presentationMode 来关闭当前的视图页面。

最后,为 VStack 容器添加一个 alert 修饰器,通过它来呈现一个警告窗口。

```
VStack {
  ……
} //: VStack
.navigationBarTitle("新的任务", displayMode: .inline)
.navigationBarItems(trailing:
                    Button(action: {
                      self.presentationMode.wrappedValue.dismiss()
                    }, label: {
                      Image(systemName: "xmark")
                    })
)
.alert(isPresented: $errorShowing) {
```

```
    Alert(title: Text(errorTitle), message: Text(errorMessage),
          dismissButton: .default(Text("确认")))
}
```

这里根据 errorShowing 的值来开启警告窗口,并且设置该窗口的标题为 errorTitle,窗口的信息为 errorMessage,窗口的关闭按钮为默认风格。在模拟器中测试的效果如图 7-10 所示。

另外,如果我们完整输入一个新的待办事项,单击保存按钮以后则会跳转到 ContentView 页面,这意味着数据记录保存成功。

图 7-10　在 AddTodoView 中呈现的警告窗口

7.2.6　显示待办事项数据信息

本节,我们将学习如何从数据库中获取记录信息,并将其显示到列表视图中。在前面一节的学习中,我们利用 managedObjectContext 将数据保存到本地数据中,本节则需要通过 Fetch Request 从数据库中获取这些数据。

在 ContentView 的 Properties 部分添加一个 @FetchRequest 封装的变量 todos。

```
//MARK: - Properties
@Environment(\.managedObjectContext) var managedObjectContext

@FetchRequest(entity: E_Todo.entity(),
    sortDescriptors:
```

```
        [NSSortDescriptor(keyPath: \E_Todo.name, ascending: true)]) var todos:
        FetchedResults<E_Todo>
```

当我们利用 @Environment 将 managedObjectContext 附加到环境变量之后,就可以使用 @FetchRequest 封装器创建相应属性了,通过该属性可以自动创建和管理 Core Data 的数据获取功能。

创建 Fetch Request 需要两部分信息:想要查询的实例(Entity)和查询返回结果的排序描述。在上面的代码中,entity 参数为 **E_Todo.entity()**,sortDescriptors 参数是一个 NSSortDescriptor 类型的数组,它可以包含多个排序描述,当第一排序描述包含多个数据记录时,可以通过第二排序描述对这些记录进行二次排序,以此类推。需要注意的是,NSSortDescriptor() 的 keyPath 参数一定要用**反斜线**(\)开头,ascending 参数为 true 代表数据记录从小到大进行排序,为 false 则按照从大到小排序。

与 @Environment 类似,在 @FetchRequest 的后面是我们声明的 todos 变量,它是 FetchedResults 类型,属于集合类型。里面存储的是通过 Fetch Request 获取的数据记录信息。因为该变量获取的是 E_Todo 实例中的数据,所以在 FetchedResults 的后面要声明**<E_Todo>**。

准备好 Fetch Request 以后,就可以在 Body 部分显示所获取的数据记录了。

```
NavigationView {
  List {
    ForEach(self.todos, id:\.self) { todo in
      HStack {
        Text(todo.name ?? "未知")
        Spacer()
        Text(todo.priority ?? "未知")
      } //: HStack
    } //: Loop
  } //: List
  .navigationBarTitle("待办事项", displayMode: .inline)
```

如果此时在预览窗口中启动 Live 模式,那么在 Preview 中是看不到任何数据记录的,这是因为目前在 ContentView_Previews 结构体中,我们还没有为其准备好 Core Data 的 context 属性。修改 ContentView 底部的 ContentView_Previews 如下。

```
//MARK: - Preview
struct ContentView_Previews: PreviewProvider {
  static var previews: some View {
    let context = PersistenceController.shared.container.viewContext
    ContentView()
    .environment(\.managedObjectContext, context)
```

            }
        }

此时，ContentView_Previews 就具备了 Core Data 功能，我们可以直接在预览窗口中操作 Core Data 数据了。但是当前在启动 Live 模式以后，预览窗口中并没有任何数据记录显示。你可能会有所疑虑，之前我们不是在模拟器中添加了几条记录吗？为什么在预览窗口没有将它们显示出来呢？这是因为模拟器中的 Todo 项目与 Xcode 预览窗口中的预览项目并不是一码事，它们是两个独立的系统。如果你现在启动模拟器，则可以在模拟器中看到之前添加的数据记录，如图 7-11 所示。

图 7-11　数据记录预览窗口和模拟器中的显示效果

7.2.7　删除和更新数据记录

除了可以向 E_Todo 实例添加数据记录，我们还需要在程序中删除和更新数据记录。在 ContentView 中添加一个新的方法，利用该方法可以删除不再需要的数据记录。

在 ContentView 的底部添加方法。

```
// MARK: - Functions
private func deleteTodo(at offsets: IndexSet) {
  for index in offsets {
    let todo = todos[index]
    managedObjectContext.delete(todo)
```

```
    do {
      try managedObjectContext.save()
    } catch {
      print(error)
    }
  } //: Loop
}
```

deleteTodo()方法会接收一个 IndexSet 类型的数组参数 offsets，它存储的是待删除的记录索引值。在方法内部，我们利用 for 循环依次遍历 offsets 中的索引值，然后从 todos 中获取相关的数据记录，并使用 managedObjectContext 的 delete()方法将其删除。注意，在我们调用 managedObjectContext 的 save()方法之前，删除操作是不会影响到本地数据库的。

接下来，为 Body 部分的 ForEach 循环添加 onDelete 修饰器。

```
ForEach(self.todos, id:\.self) { todo in
  HStack {
    Text(todo.name ?? "未知")
    Spacer()
    Text(todo.priority ?? "未知")
  } //: HStack
} //: Loop
.onDelete(perform: deleteTodo)
```

有了 onDelete 修饰器，一旦用户在预览窗口的某条数据记录上向左滑动，就会出现 Delete 按钮，如果单击它就会将该条数据记录删除，如图 7-12 所示。

图 7-12　在预览窗口中删除数据记录的效果

当前的操作只允许我们一次删除一个数据记录，下面我们要为 ContentView 导航栏添加一个编辑按钮，可以实现表格整体数据的修改。

在 Body 部分修改 List 的 navigationBarItems 修饰器，并为 List 添加 listStyle 修饰器。

```
List {
  ……
```

```
} //: List
.navigationBarTitle("待办事项", displayMode: .inline)
.listStyle(PlainListStyle())
.navigationBarItems(
  leading: EditButton(),
  trailing:
    Button(action: {
      // 显示添加待办事项视图
      self.showingAddTodoView.toggle()
    }, label: {
      Image(systemName: "plus")
    }) //: Button
    .sheet(isPresented: $showingAddTodoView, content: {
      AddTodoView().environment(\.managedObjectContext,
                                 self.managedObjectContext)
    })
)
```

修改后的 navigationBarItems 修饰器只是多了一个 leading 参数,该参数会在导航栏的左侧添加一个编辑按钮,仅此而已。通过 listStyle 修饰器,我们设置列表视图的风格为标准风格。在预览窗口中启动 Live 模式,再单击编辑按钮,会呈现图 7-13 所示的效果,此时我们可以单击要删除的记录,再单击删除按钮。

图 7-13　在预览窗口中单击编辑按钮后的效果

7.3　显示随机视图

本节我们将致力于改善 ContentView 页面的用户体验。目前在该视图的列表视图中,如果没有任何数据记录,空白表格线的效果就不理想。所以,我们会根据数据记录的有无来决定呈现表格视图还是图像,并进一步利用随机函数呈现随机图片。

7.3.1　创建 EmptyListView 页面

当前,我们希望当列表视图中没有任何数据记录的时候可以在屏幕上面显示一个新的视图。因此需要在 List View 的外面嵌套一个 ZStack 容器。

```
//MARK: - Body
var body: some View {
  NavigationView {
    ZStack {
      List {
        ……
      } //: List
      ……
      // MARK: - 没有数据记录的情况
        if todos.count == 0 {
          Text("当前没有数据记录")
        } //: IfEnd
      } //: ZStack
  } //: Navigation
}
```

在 ZStack 容器中,我们添加了一个判断,如果没有数据记录则会在列表视图的上面显示一个 Text 文本,效果如图 7-14 所示。

图 7-14　通过 ZStack 容器在列表视图的上面显示文本信息

当然,只显示一个文本信息是远远不够的,接下来我们需要在 View 文件夹中新建一个 SwiftUI 类型文件,将其命名为 EmptyListView。

然后,把"项目资源/illustrations"文件夹中的 5 个文件全部拖曳到 Assets.xcassets 中,并将它们组织到 Illustrations 文件夹中。再次选中这 5 个文件,在属性监视窗口中勾选 Preserve

Vector Data 项目,保证程序载入的是矢量图数据。

修改 EmptyListView 的代码如下。

```
//MARK: - Body
var body: some View {
  VStack(alignment: .center, spacing: 20) {
    Image("illustration-1")
      .resizable()
      .scaledToFit()
      .frame(minWidth: 256, idealWidth: 280, maxWidth: 360,
             minHeight: 256, idealHeight: 280, maxHeight: 360,
             alignment: .center)
      .layoutPriority(1)

    Text("更好的利用你的时间")
      .layoutPriority(0.5)
      .font(.headline)
  } //: VStack
  .padding(.horizontal)
}
```

在 Body 部分的 VStack 容器中,我们添加了一个 Image,设置了最小/适中/最大宽度和高度,并将它的优先级设置为 1,这样可以防止其他视图影响它的尺寸。在它下面添加一个 Text,设置其优先级为 0.5,这样就可以防止除 Image 外的视图影响到它的尺寸,在预览窗口中的效果如图 7-15 所示。

图 7-15　EmptyListView 在预览窗口中的效果

接下来，我们为视图页面添加一个背景。

在 Assets.xcassets 中添加一个颜色集 ColorBase，在属性检视窗中将其 Appearances 设置为 "Any,Light,Dark"。设置 Any 和 Light 两个颜色块的颜色为**#F1F1F6**，设置 Dark 的颜色为 #000000，最后将 ColorBase 组织到单独的文件夹 Colors 中。

对于 EmptyListView，在 VStack 容器的外层再嵌套一个 ZStack 容器，并添加相关修饰器。

```
//MARK: - Body
var body: some View {
  ZStack {
    VStack(alignment: .center, spacing: 20) {
      ……
    } //: VStack
    .padding(.horizontal)
  } //: ZStack
  .frame(minWidth: 0, maxWidth: .infinity, minHeight: 0, maxHeight: .infinity)
  .background(Color("ColorBase"))
  .edgesIgnoringSafeArea(.all)
}
```

利用 background 修饰器将当前 ZStack 容器的背景色设置为 ColorBase，在深色模式下，其背景色为黑色。利用 edgesIgnoringSafeArea 修饰器将背景色拉伸到整个屏幕。如果你在 Preview 部分为 EmptyListView 添加下面这段代码，就可以看到深色模式下的视图显示效果，如图 7-16 所示。

图 7-16 为 ZStack 容器添加背景色后的浅色和深色模式显示效果

```
//MARK: - Preview
struct EmptyListView_Previews: PreviewProvider {
  static var previews: some View {
    EmptyListView().environment(\.colorScheme, .dark)
  }
}
```

7.3.2 为视图添加微动画

接下来,我们要为 EmptyListView 中的特定视图添加微动画效果,以提升程序的用户体验。

本节,我们将为 Image 和 Text 添加动画效果,所以需要在多个位置添加动画相关代码。

```
//MARK: - Properties
@State private var isAnimated = false
```

修改 Body 部分的代码如下。

```
VStack(alignment: .center, spacing: 20) {
  Image("illustration-1")
    ……
  Text("更好的利用你的时间")
    ……
} //: VStack
.padding(.horizontal)
.opacity(isAnimated ? 1 : 0)
.offset(y: isAnimated ? 0 : -50)
.animation(Animation.easeIn(duration: 1.5), value: isAnimated)
.onAppear{
  self.isAnimated.toggle()
}
```

当 VStack 容器出现在屏幕上的时候,利用 opacity 修饰器将 VStack 容器的透明度从 0 变为 1,利用 offset 修饰器将 y 方向的位置从坐标-50 移动到坐标 0,利用 animation 修饰器设置动画效果和时长。注意,如果不指定 duration 参数,则动画时长稍短。最终,这些动画效果是通过 onAppear 修饰器实现的,在该修饰器的闭包中,我们让 isAnimated 的值变为 true,从而激活 opacity 和 offset 两个修饰器。

最后,让我们回到 ContentView 里,将之前的 **Text("当前没有数据记录")** 替换为 **EmptyListView**。在预览窗口中启动 Live 模式,我们可以测试动画的运行效果。

7.3.3 显示随机内容

现在，我们可以为 EmptyListView 添加随机图片效果了。首先在 Properties 部分添加两个数组常量。

```
let images: [String] = [
  "illustration-1",
  "illustration-2",
  "illustration-3",
  "illustration-4",
  "illustration-5",
]

let tips: [String] = [
  "更好地利用你的时间",
  "放慢你的工作节奏，效果更佳",
  "始终保持你的甜美和简捷",
  "努力工作是第一要务",
  "适当的放纵对自身更健康",
  "吾日三省吾身"
]
```

在上面的常量定义中，一共有 5 张图片供我们使用。而接下来，我们会用最简单的方法产生随机图片。将 VStack 容器中的 Image 修改如下。

```
VStack(alignment: .center, spacing: 20) {
  Image("\(images.randomElement() ?? images[0])")
  ……
```

对于数组（Array）会有一个 randomElement()方法，通过它可以随机得到数组中的元素。因为该方法的返回值为可选类型，所以可能需要处理返回值为空的情况，这里通过??运算符设置如果值为空，则直接取 images 中索引为 0 的元素值，也就是 illustration-1。接下来，对 Text 中的内容也做类似的操作。

```
VStack(alignment: .center, spacing: 20) {
  Image("\(images.randomElement() ?? images[0])")
  ……
  Text("\(tips.randomElement() ?? tips[0])")
```

在预览窗口中启动 Live 模式，可以看到如图 7-17 所示的效果。

图 7-17　ContentView 在预览窗口中的效果

7.4　改进表单的外观

实际上，iOS 系统所提供的用户界面是非常简捷的，在一般情况下用户还是可以接受的。通常我们会将这种用户界面作为设计的原始版本，然后随着功能的不断完善将界面调整到最佳。

7.4.1　改进 AddTodoView 的外观

目前的 AddTodoView 页面还有一些不尽如人意的地方，比如在表单视图中会有一条分割线，以及对按钮的相关设置。

在 AddTodoView 的 Body 部分，将之前的 Form 替换为 VStack 容器，代码如下。

```
VStack(alignment: .leading, spacing: 20) {   // 之前为 Form {
  //MARK: - Todo Name
  TextField("待办事项", text: $name)
    .padding()
    .background(Color(UIColor.tertiarySystemFill))
    .cornerRadius(9)
    .font(.system(size: 24, weight: .bold, design: .default))

  //MARK: - 优先级
```

```
Picker("优先级", selection: $priority) {
  ……
}
.pickerStyle(SegmentedPickerStyle())

//MARK: - 保存按钮
Button(action: {
  ……
}, label: {
  Text("保存")
}) //: 保存按钮

Spacer()
} //: VStack 之前为 //: Form
.padding(.horizontal)
.padding(.vertical, 30)
```

利用 VStack 容器布局控件以后，去掉了控件之间的分割线。并且这里设置了 TextField 的间隔距离、背景色、圆角边缘及字号。需要注意的是，TextField 的背景颜色被设置为 UIColor.tertiarySystemFill，它是一种系统颜色，可用于较大形状的填充，例如 TextField、Search Bar 或 Button。

接下来，我们继续设置保存按钮的外观。

```
}, label: {
  Text("保存")
    .font(.system(size: 24, weight: .bold, design: .default))
    .padding()
    .frame(minWidth: 0, maxWidth: .infinity)
    .background(Color.blue)
    .cornerRadius(9)
    .foregroundColor(.white)
}) //: 保存按钮
```

与 TextField 类似，这里设置了按钮的字体、间隔距离、尺寸、背景颜色、圆角及文字颜色。在 frame 修饰器中将 maxWidth 设置为 infinity，让按钮可以扩展到除间隔距离外的整个屏幕，效果如图 7-18 所示。

图 7-18 AddTodoView 在预览窗口中的效果

7.4.2 改进 ContentView 的外观

让我们回到 ContentView 页面，如果当前的数据记录为空，则在页面的右下角添加一个按钮。为实现这个界面效果，我们需要为 ZStack 容器添加 overlay 修饰器。

```
ZStack{
  ……
} //: ZStack
.overlay(
  Button(action: {
    self.showingAddTodoView.toggle()
  }, label: {
    Image(systemName: "plus.circle.fill")
      .resizable()
      .scaledToFit()
      .background(Circle().fill(Color("ColorBase")))
      .frame(width: 48, height: 48, alignment: .center)
  })
)
```

在 overlay 修饰器中，我们添加了一个 Button。它的外观是一个 Image，使用了系统图标。需要注意的是，我们为这个图标添加了圆形背景视图。它的作用是用背景视图填充加号。这样做是因为圆形加号图标中的加号默认是透明的，直接使用会显示出其下面的内容。另外，背景视图的颜色使用了我们自定义的自适应颜色 ColorBase，它可以根据不同的模式显示不同的颜色，当前效果如图 7-19 所示。

图 7-19　添加按钮后的效果

接下来，我们需要将按钮的位置调整到屏幕的右下角，修改 overlay 中的代码如下。

```
.overlay(
  ZStack {
    Button(action: {
      self.showingAddTodoView.toggle()
    }, label: {
      Image(systemName: "plus.circle.fill")
        .resizable()
        .scaledToFit()
        .background(Circle().fill(Color("ColorBase")))
        .frame(width: 48, height: 48, alignment: .center)
      
    })
  } //: ZStack
  .padding(.bottom, 15)
  .padding(.trailing, 15)
  ,alignment: .bottomTrailing
)
```

通过 overlay 的 alignment 参数，我们可以将 ZStack 容器放置到视图的右下角，然后通过两个 padding 修饰器让其距离右下角 15 点，效果如图 7-20 所示。

图 7-20　将按钮定位到视图右下角后的效果

接下来，我们为加号按钮添加光晕效果。

```
.overlay(
  ZStack {
    Group {
      Circle()
        .fill(Color.blue)
        .opacity(0.2)
        .frame(width: 68, height: 68, alignment: .center)
      Circle()
        .fill(Color.blue)
        .opacity(0.15)
        .frame(width: 88, height: 88, alignment: .center)
    }
    Button(action: {
      ……
    })
  } //: ZStack
```

图 7-21　为加号按钮添加光晕效果

除了光晕效果，我们还要为加号按钮添加一个微动画效果。首先，还是在 Properties 部分添加一个属性。

`@State private var animatingButton = false`

然后修改 Body 部分的两个 Circle，为其添加透明度和缩放的微动画。

```
ZStack {
  Group {
    Circle()
      .fill(Color.blue)
      .opacity(animatingButton ? 0.2 : 0)
      .scaleEffect(animatingButton ? 1 : 0)
      .frame(width: 68, height: 68, alignment: .center)
    Circle()
      .fill(Color.blue)
      .opacity(animatingButton ? 0.15 : 0)
      .scaleEffect(animatingButton ? 1 : 0)
      .frame(width: 88, height: 88, alignment: .center)
  }
  .animation(Animation.easeInOut(duration: 2)
        .repeatForever(autoreverses: true), value: animatingButton)

  Button(action: {
    self.showingAddTodoView.toggle()
  }, label: {
    Image(systemName: "plus.circle.fill")
    ……
  })
  .onAppear{
    animatingButton.toggle()
  }
} //: ZStack
```

接下来在 ZStack 容器中，为加号按钮添加 onAppear 修饰器，一旦按钮出现在屏幕上，animatingButton 的值就变为 true。让两个 Circle 的透明度分别从 0 变到 0.2 和 0.15，大小从 0 变到 1 倍尺寸，动画类型则是开始和结束放缓，动画时长 2s，动画会重复执行，并具有反向动画。

最后，我们需要为 ZStack 容器添加 sheet 修饰器，将之前 Plus Button 部分的.sheet 代码复制到 ZStack 部分。至于 Plus Button，我们将来会进行功能调整。

```
ZStack{
  ……
} //: ZStack
```

```
.sheet(isPresented: $showingAddTodoView, content: {
  AddTodoView().environment(\.managedObjectContext,
                                      self.managedObjectContext)
})
```

在预览窗口中启动 Live 模式,在单击右下角的加号按钮后,会弹出 AddTodoView 页面。

7.5 设置视图页面

本节,我们将创建一个复杂度较高的设置页面,它将嵌套多层容器视图,同时,容器中包含表单和各种文本视图。

7.5.1 创建设置视图页面

在 View 文件夹中新建一个 SwiftUI 类型的文件,将其命名为 **SettingsView**。修改 Body 部分的代码如下。

```
NavigationView {
  VStack(alignment:.center, spacing:0) {
    Form {
      Text("Hello, World!")
    } //: Form
  } //: VStack
  .navigationBarTitle("设置", displayMode: .inline)
  .background(Color("ColorBackground"))
  .edgesIgnoringSafeArea(.all)
} //: Navigation
```

在 Assets.xcassets 的 Colors 文件夹中,我们需要新建一个颜色集——ColorBackground。将其 Appearances 设置为 "Any,Light,Dark"。并将 Any 和 Light 的颜色块设置为**#F1F1F6**,将 Dark 的颜色块设置为**#1C1C1E**。

分析上面的代码,在 Body 的最外层是导航视图,其内部为 VStack 容器,容器的内部则是表单视图,目前表单视图中只有一个 Text,效果如图 7-22 所示。

图 7-22　SettingsView 在预览窗口中的效果

7.5.2　创建表单静态行视图

在创建好 SettingsView 页面的基本架构以后，我们还需要创建一个可复用的表单静态行视图。在 View 文件夹中新建一个 SwiftUI 类型的文件，将其命名为 **FormRowStaticView**。修改 Properties 和 Preview 部分的代码如下。

```
//MARK: - Properties
var icon: String
var firstText: String
var secondText: String

//MARK: - Preview
struct FormRowStaticView_Previews: PreviewProvider {
  static var previews: some View {
    FormRowStaticView(
      icon: "gear",
      firstText: "应用程序",
      secondText: "待办事项"
    )
      .previewLayout(.fixed(width: 375, height: 60))
      .padding()
  }
}
```

在 Properties 部分我们一共添加了 3 个变量，分别用于显示静态行的图标、第一文本和第二文本信息。在 Preview 部分设置预览视图的尺寸为固定值并含有标准的间隔距离。

继续修改 Body 部分的代码如下。

```
//MARK: - Body
var body: some View {
  HStack {
    ZStack {
      RoundedRectangle(cornerRadius: 8, style: .continuous)
        .fill(Color.gray)
      Image(systemName: icon)
        .foregroundColor(.white)
    } //: ZStack
    .frame(width: 36, height: 36, alignment: .center)

    Text(firstText).foregroundColor(.gray)
    Spacer()
    Text(secondText)
  } //: HStack
}
```

在表单的静态行中,我们使用 ZStack-Text-Spacer-Text 布局,其中 ZStack 容器中是一个 36 点×36 点的圆角矩形和 Image 组合,效果如图 7-23 所示。

图 7-23　FormRowStaticView 在预览窗口中的效果

让我们回到 SettingsView 中,在 Form 中添加下面的代码。

```
Form {
  //MARK: - 第四部分
  Section(header: Text("关于应用程序")) {
    FormRowStaticView(icon: "gear",
      firstText: "应用程序", secondText: "待办事项")
    FormRowStaticView(icon: "checkmark.seal",
      firstText: "兼容性", secondText: "iPhone, iPad")
    FormRowStaticView(icon: "keyboard",
      firstText: "开发人员", secondText: "liuming/ Happy")
    FormRowStaticView(icon: "paintbrush",
      firstText: "设计人员", secondText: "Oscar")
    FormRowStaticView(icon: "flag",
      firstText: "版本", secondText: "1.0.0")
  }
  .padding(.vertical, 3)
} //: Form
```

因为这部分代码复杂度不高,所以我们先设置页面第四部分的代码,效果如图 7-24 所示。

图 7-24　SettingsView 在预览窗口中的效果

7.5.3　创建可链接的静态行视图

接下来，我们为表单添加可以显示网站链接的静态行。与之前的 FormRowStaticView 类似，在 View 文件夹中新建一个 SwiftUI 类型的文件，将其命名为 **FormRowLinkView**。修改 Properties 和 Preview 部分的代码如下。

```
//MARK: - Properties
var icon: String
var color: Color
var text: String
var link: String


//MARK: - Preview
struct FormRowLinkView_Previews: PreviewProvider {
  static var previews: some View {
    FormRowLinkView(icon: "globe", color: Color.pink,
                    text: "网址", link: "www.baidu.com")
      .previewLayout(.fixed(width: 375, height: 60))
      .padding()
  }
}
```

继续修改 Body 部分的代码如下。

```
//MARK: - Body
var body: some View {
  HStack {
    ZStack {
      RoundedRectangle(cornerRadius: 8, style: .continuous)
        .fill(color)
      Image(systemName: icon)
```

```
        .imageScale(.large)
        .foregroundColor(.white)
  } //: ZStack
  .frame(width: 36, height: 36, alignment: .center)

  Text(text).foregroundColor(.gray)
  Spacer()
  Button(action: {
    // 打开一个链接
  }, label: {
    Image(systemName: "chevron.right")
      .font(.system(size: 14, weight: .semibold, design: .rounded))
  })
} //: HStack
}
```

在 HStack 容器中，我们使用 ZStack-Text-Spacer-Button 方式布局。其中 Button 的 action 参数相关功能代码我们会在后面实现，效果如图 7-25 所示。

图 7-25　FormRowLinkView 在预览窗口中的效果

接下来，我们在// 打开一个链接注释语句的下面添加打开链接功能的代码。

```
Button(action: {
  // 打开一个链接
  guard let url =
      URL(string: self.link), UIApplication.shared.canOpenURL(url) else {
        return
  }
  UIApplication.shared.open(url as URL)
}, label: {
```

guard 关键字用于判定其后面代码的返回值是否有值存在或是否为真，如果为否则执行 else 部分的代码。在这里，我们判断 link 是否为一个 url，并且可以正常打开。如果可以就通过 UIApplication 的 open()方法打开该链接。

让我们再次回到 SettingsView，在 Form 中添加第三部分的代码，在预览窗口中的效果如图 7-26 所示。

```
Form {
  //MARK: - 第三部分
  Section(header: Text("欢迎关注以下社交媒体")) {
```

```
    FormRowLinkView(icon: "globe",
            color: .pink, text: "网址", link: "https://www.baidu.com")
    FormRowLinkView(icon: "link",
            color: .blue, text: "微博", link: "https://www.baidu.com")
    FormRowLinkView(icon: "play.rectangle",
            color: .green, text: "微信", link: "https://www.baidu.com")
}
.padding(.vertical, 3)

//MARK: - 第四部分
......
}
```

图 7-26 SettingsView 在预览窗口中的效果

最后，我们还要为 SettingsView 添加关闭页面功能，与 AddTodoView 类似，在 Properties 部分添加一个环境属性。

```
//MARK: - Properties
@Environment(\.presentationMode) var presentationMode
```

在 Body 部分，为 VStack 容器添加 navigationBarItems 修饰器，在修饰器中添加一个具有关闭当前页面功能的按钮，效果如图 7-27 所示。

```
VStack{
  ......
} //: VStack
.navigationBarItems(trailing:
            Button(action: {
              self.presentationMode.wrappedValue.dismiss()
            }, label: {
              Image(systemName: "xmark")
```

```
            })
)
.navigationBarTitle("设置", displayMode: .inline)
```

图 7-27　为 SettingsView 页面添加关闭按钮

回到 ContentView 中，为了在这里打开设置页面，需要添加一个 @State 属性。

```
//MARK: - Properties
......
@State private var showingSettingsView = false
```

然后修改 Body 部分 navigationBarItems 修饰器的代码。

```
.navigationBarItems(
  leading: EditButton(),
  trailing:
    Button(action: {
      // 显示添加待办事项视图
      self.showingSettingsView.toggle()
    }, label: {
      Image(systemName: "paintbrush")
    }) //: Button
    .sheet(isPresented: $showingSettingsView,
      content: {
        SettingsView()
          .environment(\.managedObjectContext, self.managedObjectContext)
    })
)
```

通过这样的修改，ContentView 导航栏右侧的图标变成了刷子，单击以后会弹出设置页面，效果如图 7-28 所示。

图 7-28　修改导航栏中的设置按钮

现在，我们可以在模拟器中运行 Todo 项目，在设置页面中单击某一个链接，默认的 Safari 浏览器就会启动，并打开相应的链接。

7.6　创建可切换应用程序图标功能

从 iOS 10.3 开始，我们能够通过程序代码更改应用的图标，尽管我们需要进行一些设置。本节我们将学习如何利用 SwiftUI 创建多图标切换特性。它允许用户在预设好的多种原生图标之间进行切换。但需要注意的是，这些图标只能被用户手动切换。本节我们的任务一共有两个，一是添加并设置可替换的图标，二是通过程序代码改变应用程序当前的图标。

7.6.1　添加并设置可替换图标

在 Xcode 的项目导航中新添加一个文件夹 Icons，然后将"项目资源/Icons"文件夹中的所有图片拖曳到里面，在添加文件选项窗口面板中确认勾选了 Copy items if needed，效果如图 7-29 所示。

更改应用程序图标的实际代码非常简单，但是要先进行一些设置工作，必须在 Info.plist 文件中声明所有可能的图标。在项目导航中选中 Info.plist 文件，使用 Xcode 中的内置属性列表编辑器，在配置条目中添加"Icon files(iOS 5)"设置条目。

当我们添加 **Icon files(iOS 5)** 条目的时候，因为下拉列表框中的选项比较多，所以可以先输入一个字母 I，然后从被筛选出来的设置条目中快速添加，如图 7-30 所示。

图 7-29　在 Icons 文件夹中添加应用程序图标

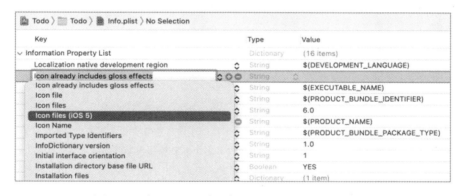

图 7-30　在 Info.plist 中添加 Icon files(iOS 5)设置条目

一旦我们选择好 Icon files(iOS 5)设置条目，就会发现其内部包含了以下几个子选项，如图 7-31 所示。

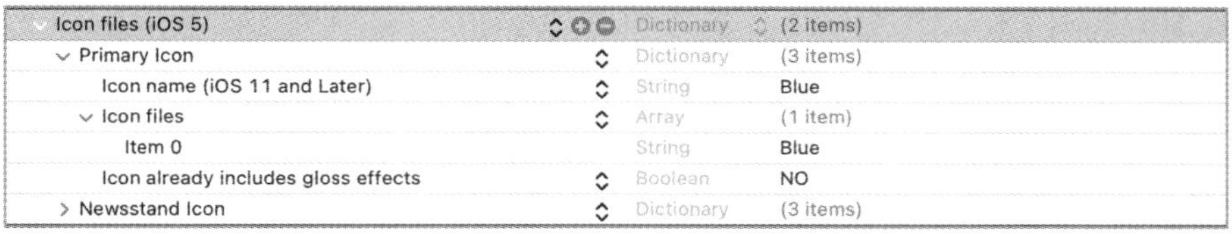

图 7-31　Icon files(iOS 5)中的子选项

其中，Primary Icon 代表应用程序默认图标，其内部有 Icon name(iOS 11 and Later)，我们将其设置为 Blue，代表调用的是 Icons 文件夹中的 Blue.png 文件，只不过这里省略了该图片文件的扩展名。Icon files 中有一个 Item 0 条目，同样设置其值为 Blue，代表 iOS 10 及以前的系统会读取这个键所对应的值。还有一个子选项是图标是否包含光影效果（Icon already includes gloss effects）。对于 Newsstand Icon 选项来说，当前的应用程序并不包含苹果系统的新闻杂志相关功能，所以直接单击其右侧的减号按钮将其删除即可。

接下来，我们需要在 Icon files(iOS 5) 的内部手动添加一个新的键 **CFBundleAlternateIcons**，它是 Dictionary 类型，代表程序中所有的替代图标。然后在 CFBundleAlternateIcons 里面添加一个 **Blue Light** 键，同样是 Dictionary 类型，代表第一个替代图标。在其内部添加布尔（Boolean）类型 UIPrerenderedIcon 键，并将值设置为 NO，代表对其添加光泽效果（虽然这种设置从 iOS 7 以后就不再起作用了）。其内部的另一个键是数组（Array）类型 CFBundleIconFiles 键，在数组的内部则是字符串（String）类型 Item 0，其值是图标文件名 Blue Light。至此，第一个替代图标我们已经在 Info.plist 中配置完成，样子如图 7-32 所示。

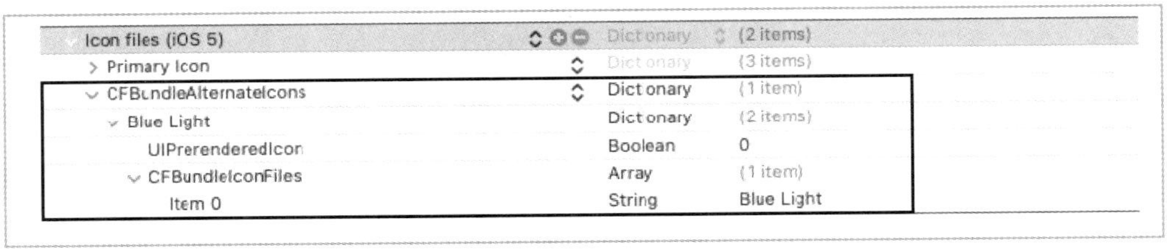

图 7-32　在 CFBundleAlternateIcons 中添加 Blue Light

在 Icons 文件夹中一共有 9 个应用程序图标，除了一个主图标，我们还需要在 CFBundleAlternateIcons 中添加 8 个类似 Blue Light 的设置。因此，选中 Info.plist 里面的 Blue Light，复制并粘贴 7 次，然后在两个地方修改图标名称。这些名称分别为 Blue Dark、Blue、Green Light、Green Dark、Green、Pink Light、Pink Dark 和 Pink，效果如图 7-33 所示。

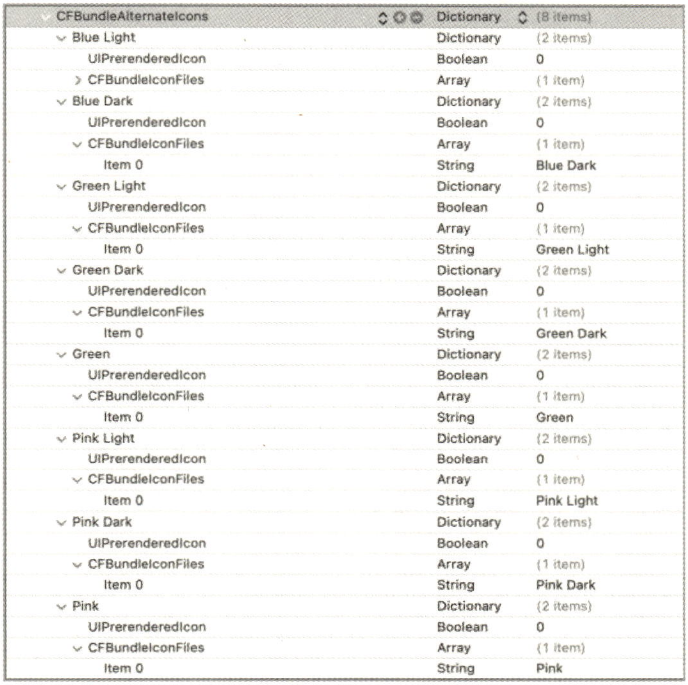

图 7-33　CFBundleAlternateIcons 中所有的替代图标设置

7.6.2　从配置文件中获取可替换图标信息

要想让用户在应用程序中使用这些可替换图标，我们需要先读取 Info.plist 配置文件中 CFBundleAlternateIcons 设置条目中的相关信息，它的值是 Dictionary 类型。本节的主要目标是获取每一个可替换图标的名称并将它们添加到一个新的数组中。

让我们在项目导航中打开 TodoApp.Swift 文件，在文件的末尾新建一个类。

```swift
// MARK: - Alternate Icons
class IconNames: ObservableObject {
  var iconNames: [String?] = [nil]
  @Published var currentIndex = 0

  func getAlternateIconNames() {
    if let icons = Bundle.main.object(forInfoDictionaryKey: "CFBundleIcons") as? [String: Any],
       let alternateIcons = icons["CFBundleAlternateIcons"] as? [String: Any]{
      for (_, value) in alternateIcons {
        guard let iconList = value as? Dictionary<String, Any> else { return }
```

```
        guard let iconFiles = iconList["CFBundleIconFiles"] as? [String] else
{ return }
        guard let icon = iconFiles.first else { return }

        iconNames.append(icon)
      }
    }
  }
}
```

在上面的代码中,我们先创建了一个新类,并且让该类符合 ObservableObject 协议。这样,一旦该类型对象的值发生变化,我们就可以发布一个通告,用户界面就可以做出相应的更新。在该类中我们还声明了一个 iconNames 数组,需要清楚的是,当前该数组存在,但数组中并没有任何元素对象,这说明当前应用程序使用的是默认图标。currentIndex 变量用于存储当前应用程序图标的索引值,我们使用@Published 对其进行封装。一旦该对象发生变化,则在整个应用程序层面都会得到该值的变更通告。

对于 getAlternateIconNames()方法,它的主要功能是读取 Info.plist 文件中指定的属性配置信息,然后利用循环将可替换的图标信息添加到一个数组中。在方法之中,我们多次使用 guard-let-else 语句,这样做是为了防止应用程序在运行的过程中发生崩溃。

现在我们还需要设置当前的应用程序图标及索引值,需要在该类的初始化方法 init()中完成。

```
// MARK: - Alternate Icons
class IconNames: ObservableObject {
  var iconNames: [String?] = [nil]
  @Published var currentIndex = 0

  init() {
    getAlternateIconNames()

    if let currentIcon = UIApplication.shared.alternateIconName {
      self.currentIndex = iconNames.firstIndex(of: currentIcon) ?? 0
    }
  }
  ……
}
```

在初始化方法 init()中,我们首先通过 getAlternateIconNames()方法获取所有的可替换图标,它们被存储到 iconNames 属性中。然后通过 UIApplication 的 alternateIconName 获取当前应用程序图标的名称,如果该名称存在,则通过数组的 firstIndex()方法从 iconNames 数组中查询出该名称在数组中的索引位置,并将该位置赋值给 currentIndex 变量。为了避免这段代码在程序运行的时候发生崩溃,我们还通过??运算符设置默认的图标索引值。

最后,在 TodoApp 结构体中,为 ContentView 添加 environmentObject 修饰器,将 IconNames 类型的实例存储到环境对象中。

```
@main
struct TodoApp: App {
  let persistenceController = PersistenceController.shared

  var body: some Scene {
    WindowGroup {
      ContentView()
        .environment(\.managedObjectContext, persistenceController.container.viewContext)
        .environmentObject(IconNames())
    }
  }
}
```

environmentObject 修饰器用于将对象注入环境,这样我们就可以在任何子视图中自动获得对该对象的访问权限。以当前的代码为例,我们将 IconNames 类型的实例注入环境。

7.6.3 生成应用程序图标选择器

在项目导航中打开 ContentView 文件,在 Properties 部分添加一个新的属性。

```
@EnvironmentObject var iconSettings: IconNames
```

这里使用了@EnvironmentObject 来封装 iconSettings 属性。@EnvironmentObject 会在环境中自动查找 IconNames 类型的对象,并把找到的结果放进 iconSettings 属性。注意:如果在环境中找不到 IconNames 对象,应用程序就会崩溃,所以在使用的时候一定要小心。

接下来,我们在 ContentView 中的设置按钮里添加如下代码。

```
Button(action: {
  self.showingSettingsView.toggle()
}, label: {
  Image(systemName: "paintbrush")
}) //: Button
.sheet(isPresented: $showingSettingsView, content: {
  SettingsView().environmentObject(self.iconSettings)
})
```

这样，我们就可以在 SettingsView 中使用从 ContentView 传递过来的 IconNames 类型的对象了。

在项目导航中打开 SettingsView 文件，在 Properties 部分添加一个新的属性，在 Preview 部分添加一个新的修饰器。

```
@EnvironmentObject var iconSettings: IconNames

//MARK: - Preview
struct SettingsView_Previews: PreviewProvider {
  static var previews: some View {
    SettingsView().environmentObject(IconNames())
  }
}
```

在预览窗口中，从 ContentView 传递过来的环境对象不方便使用，所以我们需要在 Preview 部分为其添加 environmentObject 修饰器，直接在该视图页面中使用环境对象。

接下来，我们需要在 Body 部分的表单视图中，添加如下代码。

```
Form {
  // MARK: - 第一部分
  Section(header: Text("选择应用程序图标")) {
    Picker(selection: $iconSettings.currentIndex, label: Text("应用程序图标")) {
      ForEach(0..<iconSettings.iconNames.count) { index in
        HStack {
          Image(uiImage:
            UIImage(named: self.iconSettings.iconNames[index] ?? "Blue") ?? UIImage())
            .renderingMode(.original)
            .resizable()
            .scaledToFit()
            .frame(width: 44, height: 44)
            .cornerRadius(3)

          Spacer().frame(width: 8)
          Text(self.iconSettings.iconNames[index] ?? "Blue")
            .frame(alignment: .leading)
        } //: HStack
      } //: Loop
    } //: Picker
}
......
```

在上面的代码中，我们创建了表单第一部分的内容，它主要实现可以供用户选择应用程序的图标样式功能。这里通过 Picker 获取器设置可供选择的应用程序图标。因为所有的图标文件都存储在项目文件夹中，所以这里需要使用 UIImage()方法载入图标，在预览窗口中启动 Live 模式，可以看到如图 7-34 所示的效果。

图 7-34　生成图标选择器

接下来我们需要为 Picker 获取器添加一个 onReceive 修饰器，当用户在获取器中选择好一个应用程序的图标样式后，系统就会激活该修饰器，进而执行修饰器中的代码。

```
Picker{
  ......
} //: Picker
.onReceive([self.iconSettings.currentIndex].publisher.first()) { value in
  let index = self.iconSettings.iconNames.firstIndex(of:
                        UIApplication.shared.alternateIconName) ?? 0
  if index != value {
    UIApplication.shared.setAlternateIconName(
                        self.iconSettings.iconNames[value]) { (error) in
      if let error = error {
        print(error.localizedDescription)
      }else {
        print("您成功修改了应用程序图标。")
      } //: Ifend
  }
```

```
    } //: Ifend
} //: onReceive
```

上面的这段代码非常重要，当用户选择好应用程序的图标样式后，就会激活 onReceive 修饰器。该修饰器闭包中的 value 参数代表用户所选择的图标索引值。在闭包中，通过 UIApplication 的 alternateIconName 属性获取当前应用程序图标在 iconNames 数组中的索引值，如果没有则使用索引值 0。然后判断用户所选择的图标和当前图标的索引值是否不同，如果不同则通过 UIApplication 的 setAlternateIconName()方法设置新的应用程序图标样式。该方法还包含一个用于错误处理的闭包，如果在设置完成以后出现了错误，则会通过该闭包在控制台中打印这个错误的相关信息。

在模拟器中构建并运行项目，进入设置页面以后，选择一种图标样式，这时会弹出信息面板告知你是否成功修改了应用程序图标。当我们回到主屏幕的时候，你会发现图标的样式已经修改完毕，效果如图 7-35 所示。

图 7-35 通过获取器修改应用程序图标

目前的应用程序还存在一个 Bug，当我们选择 Blue 样子的图标以后，它会呈现如图 7-36 所示的效果。这是因为 Todo 应用程序的主图标还没有设置好，所以我们需要回到 Assets.xcassets 中，将 AppIcon 设置为 Blue 样式图标。与之前的操作类似，将"项目资源/ AppIcon"文件夹中的所有文件复制到项目的 AppIcon.appiconset 文件夹中即可。

第 7 章 TODO 应用程序

图 7-36　Blue 样式的应用程序图标还没有设置

在切换应用程序图标的功能完美实现以后，我们还要修改一下获取器（Picker）的标题样式，为它添加一个图标。

```
Picker(selection: $iconSettings.currentIndex, label:
  HStack {
    ZStack {
      RoundedRectangle(cornerRadius: 8, style: .continuous)
        .strokeBorder(Color.primary, lineWidth: 2)

      Image(systemName: "paintbrush")
        .font(.system(size: 28, weight: .regular, design: .default))
        .foregroundColor(.primary)
    } //: ZStack
    .frame(width: 44, height: 44)

    Text("应用程序图标")
      .fontWeight(.bold)
      .foregroundColor(.primary)
  } //: HStack
) {
  ForEach(0..<iconSettings.iconNames.count) { index in
```

在 Picker 的 label 参数部分，我们使用 HStack 容器进行界面布局，其内部是 ZStack-Text 设计。ZStack 容器底部是一个圆角矩形边框，上面则是一个系统图标，效果如图 7-37 所示。

图 7-37 获取器的 Label 参数修改后的效果

7.7 为应用程序创建颜色主题

在这一节中，我们将学习如何通过 Swift UI 创建应用程序的颜色主题。用户可以选择蓝色、粉色或者绿色主题，一旦选中某一款颜色主题，整个应用程序就会采用该主题中的配色。另外，我们将利用 UserDefaults 存储用户所选择的颜色主题，这样应用程序就会一直沿用该颜色主题，直到用户将其修改为其他的颜色主题。

7.7.1 创建颜色主题相关文件和文件夹

首先，我们需要在项目导航中创建一个 **Theme** 文件夹，并在该文件夹中新建一个 Swift 类型的文件，将其命名为 **ThemeModel**。修改文件中的代码如下。

```swift
import SwiftUI

//MARK: - Theme Model
struct Theme: Identifiable {
  let id: Int
  let themeName: String
  let themeColor: Color
}
```

首先将导入的 Foundation 修改为 Swift UI 框架，创建的 Theme 需要符合 Identifiable 协议，所以必须有一个 id 属性。除了这个文件，我们还需要在 Theme 中新建一个 Swift 类型文件 ThemeData，我们使用它存储 Theme 类型的数据。

```swift
import SwiftUI

//MARK: - Theme Data
let themeData: [Theme] = [
  Theme(id: 0, themeName: "Pink theme", themeColor: Color.pink),
  Theme(id: 1, themeName: "Blue theme", themeColor: Color.blue),
```

```
    Theme(id: 2, themeName: "Green theme", themeColor: Color.green)
]
```

同样是先修改框架为 SwiftUI，然后创建一个 Theme 类型的数组 themeData，我们当前一共创建了 3 个 Theme 类型的对象，分别对应粉色、蓝色和绿色主题。

接下来，我们要创建一个新的 Theme 类，并通过它来激活当前用户所选择的主题。还是在 Theme 中新建一个 Swift 类型文件 ThemeSettings。

```
import SwiftUI

//MARK: - Theme Settings

class ThemeSettings: ObservableObject {
  @Published var themeSettings: Int =
    UserDefaults.standard.integer(forKey: "Theme") {
      didSet {
        UserDefaults.standard.set(self.themeSettings, forKey: "Theme")
      }
    }
  public static let shared = ThemeSettings()
}
```

ThemeSettings 类的主要任务是当用户选择一种主题后，会将该主题的 id 存储到 UserDefaults 中。这个 id 与我们之前在 themeData 数组中为每个元素定义的 id 属性匹配。比如 0 代表粉色主题，1 代表蓝色主题，2 代表绿色主题。在这里，你可以看到 themeSettings 变量使用了 **Published** 关键字进行封装，代表该变量可以被整个项目访问。

7.7.2 在 SettingsView 页面中添加切换颜色主题功能

在我们设置好应用程序的颜色主题后，就可以在 SettingsView 页面中添加相关的用户界面，供用户选择颜色主题了。

在 SettingsView 的 Properties 部分添加下面的属性。

```
// 颜色主题
let themes: [Theme] = themeData
@ObservedObject var theme = ThemeSettings()
```

themes 用上面的两个属性获取系统中所有的配色主题。theme 用于获取存储在 UserDefaults 中标签为 **Theme** 的数值，并且因为使用了 @ObservedObject 进行封装，所以一旦 theme 的值发生变化，整个程序中与该值有关的用户界面就都会发生相应的变化。

接下来让我们在 SettingsView 页面添加最后一部分的代码。在表单的第一部分和第三部分之间加入下面的代码。

```
//MARK: - 第二部分
Section(header: Text("选择应用程序的配色主题")) {
  List(themes) { item in
    HStack {
      Image(systemName: "circle.fill")
        .foregroundColor(item.themeColor)
      Text(item.themeName)
    } //: HStack
  } //: Loop
} //: Section
.padding(.vertical, 3)
```

在这部分代码中，我们通过列表视图呈现之前定义的三种颜色主题，因为 themes 是 Theme 类型的数组，而 Theme 类型又符合 Identifiable 协议，即结构中存在 id 属性，所以在使用 List 的时候我们不需要 id 参数（如 **List(themes, id:\.id)**）。在 List 闭包中的 item 参数，就是 themes 数组中每个元素的对象，这里利用 Theme 对象的 themeColor 和 themeName 属性来生成相应的用户界面，在预览窗口中的效果如图 7-38 所示。

图 7-38　利用列表视图生成颜色主题选择界面

目前，我们通过 List 创建了 3 个列表条目，但我们实际上需要 3 个按钮供用户单击以选择程序的颜色主题。修改 List 中的代码如下。

```
List(themes) { item in
  Button(action: {
    self.theme.themeSettings = item.id
  }, label: {
    HStack {
```

```
      Image(systemName: "circle.fill")
        .foregroundColor(item.themeColor)
      Text(item.themeName)
    } //: HStack
  })
  .accentColor(Color.primary)
}
```

在上面的代码中,并没有改变用户界面的外观,一旦用户单击某一个列表条目,就会将所选择的 Theme 对象的 id 写入 ThemeSettings 类的 themeSettings 属性。该属性具有 didSet 行为,这也意味着当我们将 item.id(颜色主题的 id 值)赋给 theme.themeSettings 属性以后,该属性值会被写入 UserDefaults。

接下来,为了帮助用户确认当前的颜色主题,需要修改第二部分的 Section 的 header 参数如下。

```
//MARK: - 第二部分
Section(
  header:
    HStack {
      Text("选择应用程序的配色主题")

      Image(systemName: "circle.fill")
        .resizable()
        .frame(width: 10, height: 10)
        .foregroundColor(themes[self.theme.themeSettings].themeColor)
    } //: HStack
) {
```

利用 HStack 容器,我们在 Text 的后面添加一个圆点,并使用当前的主题颜色填充它。在预览窗口中启动 Live 模式,单击不同颜色主题按钮,可以发现颜色主题指示器的颜色也会随之发生变化,效果如图 7-39 所示。

图 7-39 添加颜色主题指示器

7.7.3 更新用户界面

现在，该是我们根据用户选择的颜色主题更新必要的用户界面的时候了。首先是 SettingsView 页面，可以应用颜色主题的控件只有导航栏右上角的关闭按钮。

为 NavigationView 添加 accentColor 修饰器，修改以后的关闭按钮会变成用户选择的颜色主题。

```
NavigationView{
  ……
} //: Navigation
.accentColor(themes[self.theme.themeSettings].themeColor)
```

accentColor 修饰器用于设置主要颜色，我们的颜色来源是 themes 数组中相应的索引颜色值，而该索引值来自 UserDefaults。

在项目导航中打开 AddTodoView，在 Properties 部分添加两个属性。

```
// Theme
@ObservedObject var theme = ThemeSettings()
var themes: [Theme] = themeData
```

修改保存按钮的外观，将之前的 Color.Blue 部分替换为如下代码。

```
}, label: {
  Text("保存")
    .font(.system(size: 24, weight: .bold, design: .default))
    .padding()
    .frame(minWidth: 0, maxWidth: .infinity)
    .background(themes[self.theme.themeSettings].themeColor)
    .cornerRadius(9)
    .foregroundColor(.white)
}) //: 保存按钮
```

再仿照 SettingsView 的样子，为 NavigationView 添加 accentColor 修饰器。

```
NavigationView{
  ……
} //: Navigation
.accentColor(themes[self.theme.themeSettings].themeColor)
```

在项目导航中打开 ContentView，在 Properties 部分添加两个属性。

```
// Theme
@ObservedObject var theme = ThemeSettings()
var themes: [Theme] = themeData
```

在 ContentView 中，我们需要为导航栏中的两个按钮和右下角的添加待办事项按钮设置颜色主题。

```
.navigationBarItems(
  leading:
    EditButton().accentColor(themes[self.theme.themeSettings].themeColor),
  trailing:
    Button(action: {
      self.showingSettingsView.toggle()
    }, label: {
      Image(systemName: "paintbrush")
    }) //: Button
    .accentColor(themes[self.theme.themeSettings].themeColor)
    .sheet(isPresented: $showingSettingsView, content: {
      SettingsView().environmentObject(self.iconSettings)
    })
)
```

上面的代码会调整导航栏中左右两个按钮的颜色。

然后修改右下角添加待办事项的按钮外观。

```
Group {
  Circle()
    .fill(themes[self.theme.themeSettings].themeColor)
    ……
  Circle()
    .fill(themes[self.theme.themeSettings].themeColor)
    ……
}
.animation(Animation.easeInOut(duration: 2)
        .repeatForever(autoreverses: true), value: animatingButton)

Button(action: {
  ……
})
.accentColor(themes[self.theme.themeSettings].themeColor)
.onAppear{
  animatingButton.toggle()
}
```

对于添加待办事项按钮，我们先修改两个 Circle 的 fill 修饰器，将填充参数设置为 UserDefaults 中所存储的颜色索引值对应的颜色。然后调整按钮的 accentColor 修饰器，进行相同颜色的设置。

现在，我们可以在模拟器中构建并运行 Todo 项目，并尝试修改程序的颜色主题，看用户界面是否发生相应的变化。

7.7.4 完成设计上的最后改进

现在，如果你添加几个不同优先级的待办事项，那么在程序的主屏幕界面中，只会通过文字来进行优先级的标识，我们还可以将它做得更好。比如在待办事项的前面用不同颜色的圆圈区分事项的优先级。

首先，我们需要在 ContentView 中创建一个新的函数来处理不同优先级的情况。在 deleteToDo()方法的下面，创建一个新的私有方法 colorize()。

```
private func colorize(priority: String) -> Color {
  switch priority {
  case "高":
    return .pink
  case "标准":
    return .green
  case "低":
    return .blue
  default:
    return .gray
  }
}
```

在该方法中，我们通过传递进来的 priority 参数确定返回的颜色。参数值为高则返回粉红色，标准则返回绿色，低则返回蓝色，default 则返回灰色。

然后，我们在列表视图的 HStack 容器里添加一个 Circle，代码如下。

```
HStack {
  Circle()
    .frame(width: 12, height: 12, alignment: .center)
    .foregroundColor(self.colorize(priority: todo.priority ?? "标准"))

  Text(todo.name ?? "未知")
    .fontWeight(.semibold)

  Spacer()
  Text(todo.priority ?? "未知")
    .font(.footnote)
    .foregroundColor(Color(UIColor.systemGray2))
    .padding(3)
    .frame(minWidth: 62)
```

```
    .overlay(
        Capsule().stroke(Color(UIColor.systemGray2), lineWidth: 0.75)
    )
} //: HStack
.padding(.vertical, 10)
```

在 HStack 容器中，我们首先添加了 1 个 Circle，设定其宽度和高度都是 12 点，设置其前景色为 colorize()方法返回的颜色值。然后，针对两个 Text 控件，分别添加了一些修饰器。对于第 2 个 Text 控制器，我们利用 overlay 修饰器为其添加了 1 个胶囊形状的边框线。最后，我们为 HStack 容器添加 padding 修饰器，让其纵向间隔 10 点。在模拟器中运行 Todo 项目，分别添加 3 个不同优先级别的待办事项，效果如图 7-40 所示。

图 7-40　ContentView 最终的呈现效果

第 8 章

InYourHeart 应用程序

在本书的最后一章，我们将创建一个非常有趣的应用程序 InYourHeart。在这个项目中，我们将会设计一个非常华丽的用户界面，然后利用现今非常流行的滑动手势向用户展示一些精美的图片，并允许他们使用左右滑动手势区别喜欢或不喜欢的图片。

通过制作本应用程序，我们将巩固使用 Xcode 12 创建 iOS 应用程序的方法，为项目创建启动画面，并构建独立的卡片视图页面。使用 SwiftUI 为项目创建 Header 和 Footer 视图，创建可复用视图组件。在这一章我们还会学习有关 Binding 的知识，使用计算属性实现卡片组，利用 SwiftUI 实现滑动运动，并且在滑动的过程中显示喜爱或者不喜爱的图标等。

8.1 使用 Xcode 创建项目

我们首先要在 Xcode 中创建 InYourHeart 项目。

在启动 Xcode 以后，选择 **Create a new Xcode project** 选项创建一个项目，在弹出的项目模板选项卡中选择 **iOS / App**，单击 **Next** 按钮。

在随后出现的项目选项卡中，做如下设置：

- 在 Product Name 处填写 **InYourHeart**。
- 如果没有苹果公司的开发者账号，那么请将 Team 设置为 **None**；如果有，则可以设置为你的开发者账号。
- Organization Identifier 项可以随意输入，但最好是你拥有的域名的反向，例如：cn.liuming。如果你目前还没有拥有任何域名，那么使用 cn.swiftui 是一个不错的选择。
- Interface 选为 **SwiftUI**。
- Lift Cycle 选为 **SwiftUI App**。

- Language 选为 **Swift**。

在该选项卡中，确认 Use Core Data 和 Include Tests 选项处于未勾选状态。然后单击 **Next** 按钮。

在确定好项目的保存位置以后，单击 **Create** 按钮完成项目的创建。

与之前的项目类似，我们还是只允许项目在竖屏方向上进行布局，所以单击项目导航中顶部的 InYourHeart 图标，在项目配置面板中确认 Device Orientation 只勾选了 **Portrait**。

我们还需要为项目创建启动画面。先在项目的 Assets.xcassets 中创建一个文件夹"LaunchScreen"，然后从"项目资源/LaunchScreen"文件夹中将 inyourheart-logo.png 拖曳到新建的 LaunchScreen 中。继续在 LaunchScreen 中添加一个颜色集，并将其名称修改为 background-logo，再将 Any 和 Dark Appearance 两个颜色块均设置为#baab9b。

回到 Info.plist 配置文件中，在 LaunchScreen 中添加 Image Name 和 Background color 两个条目，并将值分别设置为 inyourheart-logo 和 background-logo，在模拟器中构建并运行项目，效果如图 8-1 所示。

图 8-1　为项目设置启动画面

另外，我们还需要为项目添加 AppIcon 图标，依照之前的方法，还是将"项目资源/Icons"文件夹中 AppIcon.appiconset 里边的所有文件都拖曳到程序项目中相应的文件夹里，效果如图 8-2 所示。

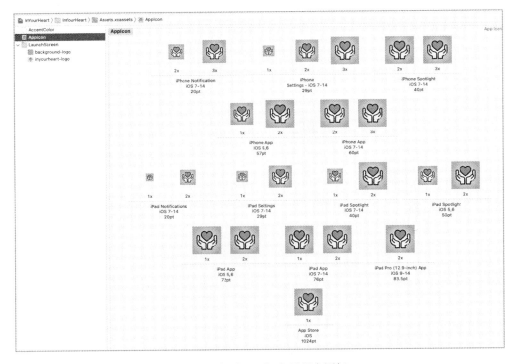

图 8-2　为项目添加应用程序图标

在添加完应用程序图标后，还需要将"项目资源/Photos"文件夹拖曳到 Assets.xcassets 里面，该文件夹中一共有 25 张图片，我们会以卡片的形式将它们呈现到视图页面上，供用户进行喜爱度选择。

除了 Photos 文件夹，我们还需要在 Assets.xcassets 里面再创建一个 Logos 文件夹，将"项目资源/Logos"文件夹中的 logo-InYourHeart.pdf 文件，拖曳到该文件夹之中。然后在属性显示窗中勾选 Preserve Vector Data，再将该图片集的 Appearance 设置为 Any,Light,Dark。与我们之前的操作类似，将 Any 图片框的内容复制到 Light Appearance 图片框中，最后再将项目资源中的 logo-InYourHeart-Dark.pdf 文件拖曳到 Dark Appearance 图片框中，效果如图 8-3 所示。

接下来，我们还需要在 Logos 文件夹中添加一个粉色版本的 logo 图片，从"项目资源/Logos"文件夹中直接拖曳 logo-InYourHeart-Pink.pdf 文件即可，然后勾选 Preserve Vector Data 选项。

最后我们需要将"项目资源/Sounds"文件夹拖曳到项目中，直接拖曳该文件夹到 InYourHeart 项目中，在弹出的添加面板中，一定要确认勾选 Copy items if needed 选项。

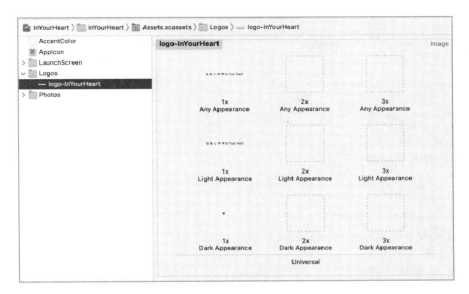

图 8-3　为项目添加 logo 图片

8.2　卡片视图

本节，我们将创建一个独立的视图页面，通过它来呈现 Photos 中的图片。

8.2.1　创建卡片视图的数据模型

在项目中新创建一个 Model 文件夹，在该文件夹中新建一个 Swift 类型的文件，并将其命名为 InYourHeartModel，修改该文件的代码如下。

```
import SwiftUI

struct Destination {
  var place: String
  var country: String
  var image: String
}
```

Destination 结构体用于定义图片的名称和所拍摄的国家、地区，该结构体涉及的三个属性均为字符串类型。

在项目中新创建一个 Data 文件夹，在该文件夹中新建一个 Swift 类型的文件，并将其命名为 InYourHeartData。我们在该文件中会创建与图片相关的模型数据信息。

修改文件中的代码如下。

```
import SwiftUI

var inYourHeartData: [Destination] =
[
  Destination(
    place: "定都阁",
    country: "中国",
    image: "building01"),
  ……
]
```

我们所定义的 inYourHeartData 数组会包含所有 25 张图片的数据信息，你可以直接从"项目资源/Data"文件夹中打开 InYourHeartData.txt 文件，直接将数据信息复制到数组中。

8.2.2 创建卡片视图

在创建好数据模型和相关的数据信息后，就可以在 ContentView 中创建用户界面了。在项目中新创建一个 View 文件夹，然后将 ContentView.swift 文件拖曳到该文件夹中。

在 View 文件夹中新建一个 SwiftUI 类型的文件，将其命名为 CardView。

首先修改 Properties 部分的代码如下。

```
//MARK: - Properties
let id = UUID()
var photo: Destination
```

id 属性用于标识每一张照片，Destination 类型的 photo 属性则是照片的数据信息。

在 Preview 中，我们需要为 CardView 添加 photo 参数值。另外，需要指定预览窗口的尺寸为固定值 375×600。

```
//MARK: - Preview
struct CardView_Previews: PreviewProvider {
  static var previews: some View {
    CardView(photo: inYourHeartData[0])
      .previewLayout(.fixed(width: 375, height: 600))
  }
}
```

继续修改 Body 部分的代码如下。

```
//MARK: - Body
var body: some View {
```

```
Image(photo.image)
  .resizable()
  .cornerRadius(24)
  .scaledToFit()
  .frame(minWidth: 0, maxWidth: .infinity)
  .overlay(
    VStack(alignment: .center, spacing: 12, content: {
      Text(photo.place)
        .foregroundColor(.white)
        .font(.largeTitle)
        .fontWeight(.bold)
        .shadow(radius: 1)
        .padding(.horizontal, 18)
        .padding(.vertical, 4)
        .overlay(
          Rectangle().fill(Color.white).frame(height: 1),
          alignment: .bottom
        )
      Text(photo.country)
        .foregroundColor(.black)
        .font(.footnote)
        .fontWeight(.bold)
        .frame(minWidth: 85)
        .padding(.horizontal, 10)
        .padding(.vertical, 5)
        .background(Capsule().fill(Color.white))
    })
    .frame(minWidth: 280)
    .padding(.bottom, 50),
    alignment: .bottom
  )
}
```

在 body 部分，我们添加了一个 Image 控件用于在视图中呈现照片，然后设置其圆角属性和最大最小宽度。通过 overlay 修饰器，我们在照片的上面添加了一个 VStack 容器，容器中包含两个文本，一个用于显示拍照的地区，另一个则显示国家。这个浮动层的最小宽度为 280 点，并且与照片底部有 50 点的距离，最后设定这个浮动层的对齐方式为与照片底部对齐。

在 VStack 容器中的第一个 Text 同样具有一个 overlay 浮动层，我们通过它让地区文字的底部出现一个白色的横线。下面的 Text 控件则利用 background 修饰器，在文字的后面添加了一个胶囊形状的白色背景，在预览窗口的效果如图 8-4 所示。

图 8-4　卡片视图在预览窗口中的效果

最后让我们回到 ContentView,在 Body 部分替换一行代码,在预览窗口的效果如图 8-5 所示。

```
//MARK: - Body
var body: some View {
  CardView(photo: inYourHeartData[0])
}
```

图 8-5　ContentView 在预览窗口中的效果

8.3 创建 Header 和 Footer 视图

本节我们将为项目创建 Header 和 Footer 视图。在 Header 视图里面将包含一个标题（Logo）视图和两个按钮。

8.3.1 创建 HeaderView 页面

在项目的 View 文件夹中新建一个 SwiftUI 类型的文件，将其命名为 HeaderView。在 Preview 部分添加 previewLayout 修饰器，将预览视图的尺寸设置为固定值 375 点×80 点。

```
HeaderView()
  .previewLayout(.fixed(width: 375, height: 80))
```

继续修改 Body 部分的代码如下。

```
//MARK: - Body
var body: some View {
  HStack {
    Button(action: {
      // 信息按钮的动作
    }, label: {
      Image(systemName: "info.circle")
        .font(.system(size: 24, weight: .regular))
    })
    .accentColor(.primary)
    
    Spacer()
    
    Image("logo-InYourHeart-Pink")
      .resizable()
      .scaledToFit()
      .frame(height: 38)
    
    Spacer()
    
    Button(action: {
      // 指南按钮的动作
    }, label: {
      Image(systemName: "questionmark.circle")
        .font(.system(size: 24, weight: .regular))
    })
    .accentColor(.primary)
  }
  .padding()
}
```

在 Body 部分我们使用 VStack 容器来组织界面,左边是一个信息按钮,右边是一个指南按钮,中间则是 Logo 图片,在预览窗口的效果如图 8-6 所示。

图 8-6　HeaderView 在预览窗口中的效果

让我们回到 ContentView 之中,将 Body 部分的代码修改为下面的样子。

```
//MARK: - Body
var body: some View {
  VStack{
    HeaderView()
    Spacer()
    CardView(photo: inYourHeartData[6])
      .padding()
    Spacer()
  }
}
```

现在的 ContentView 中,会包含 HeaderView 和 CardView 两个视图,在预览窗口中的效果如图 8-7 所示。

图 8-7　ContentView 在预览窗口中的效果

8.3.2 创建 Footer 视图页面

接下来,我们要实现 Footer 视图页面的创建。该视图包含左右两个图片和中间的部分。

在项目的 View 文件夹中新建一个 SwiftUI 类型的文件,将其命名为 FooterView。在 Preview 部分添加 previewLayout 修饰器,将预览视图的尺寸设置为固定值 375 点×80 点。

```
FooterView()
  .previewLayout(.fixed(width: 375, height: 80))
```

本节,我们将为 Image 和 Text 添加动画效果,所以需要在多个位置添加动画相关代码。

```
//MARK: - Properties
@State private var isAnimated = false
```

修改 Body 部分的代码如下。

```
//MARK: - Body
var body: some View {
  HStack {
    Image(systemName: "xmark.circle")
      .font(.system(size: 42, weight: .light))
    Spacer()
    Button(action: {
      
    }, label: {
      Text("心中的目的地")
        .font(.system(.subheadline, design: .rounded))
        .fontWeight(.heavy)
        .padding(.horizontal, 20)
        .padding(.vertical, 12)
        .accentColor(Color.pink)
        .background(
          Capsule().stroke(Color.pink, lineWidth: 2)
        )
    })
    Spacer()
    Image(systemName: "heart.circle")
      .font(.system(size: 42, weight: .light))
  }
  .padding()
}
```

在 HStack 容器中,我们用 Image-Button-Image 方式布局用户界面。最后,让我们回到 ContentView 里面,在 VStack 容器的底部添加 Footer 视图,效果如图 8-8 所示。

```
//MARK: - Body
var body: some View {
  VStack{
    HeaderView()
    Spacer()
    CardView(photo: inYourHeartData[6])
      .padding()
    Spacer()
    FooterView()
  }
}
```

图 8-8　ContentView 在预览窗口中的效果

8.4　创建可复用组件

本节，我们将使用 SwiftUI 创建可复用组件以减少代码的编写。在项目中创建一个文件夹 Component，在该文件夹中新建一个 SwiftUI 类型文件，将其命名为 HeaderComponent。

修改 Preview 部分的代码，将预览窗口的大小固定在 375 点×128 点。然后修改 Body 部分的代码。

```
//MARK: - Preview
struct HeaderComponent_Previews: PreviewProvider {
```

```
    static var previews: some View {
      HeaderComponent()
        .previewLayout(.fixed(width: 375, height: 128))
    }
}


//MARK: - Body
var body: some View {
  VStack(alignment: .center, spacing: 20) {
    Capsule()
      .frame(width: 128, height: 6)
      .foregroundColor(.secondary)
      .opacity(0.2)

    Image("logo-InYourHeart")
      .resizable()
      .scaledToFit()
      .frame(height: 28)
  }
}
```

在 Body 部分,利用 VStack 容器组织 HeaderComponent 视图,效果如图 8-9 所示。

图 8-9　HeaderComponent 在预览窗口中的效果

再新建一个 SwiftUI 类型文件,并将其命名为 GuideComponent。

在 Properties 部分添加 4 个变量属性。

```
//MARK: - Properties
var title: String
var subtitle: String
var description: String
var icon: String
```

在 Preview 部分,为 GuideComponent 添加 4 个参数。

```
//MARK: - Preview
struct GuideComponent_Previews: PreviewProvider {
  static var previews: some View {
```

```
      GuideComponent(
        title: "Title",
        subtitle: "向右滑动",
        description: "这部分文字是占位的，这部分文字是占位的，这部分文字是占位的，这部分文字是占位的。",
        icon: "heart.circle")
        .previewLayout(.sizeThatFits)
    }
}
```

最后修改 Body 的代码如下。

```
//MARK: - Body
var body: some View {
  HStack {
    Image(systemName: icon)
      .font(.largeTitle)
      .foregroundColor(.pink)
    
    VStack(alignment: .leading, spacing: 4) {
      HStack {
        Text(title)
          .font(.title)
          .fontWeight(.heavy)
        Spacer()
        Text(subtitle)
          .font(.footnote)
          .fontWeight(.heavy)
          .foregroundColor(.pink)
      }
      Divider().padding(.bottom, 4)
      Text(description)
        .font(.footnote)
        .foregroundColor(.secondary)
        .fixedSize(horizontal: false, vertical: true)
    }
  }
}
```

在 Body 部分的代码中使用 HStack 容器来组织用户界面，其内部是 Image-VStack 容器布局。而在 VStack 容器中是 HStack 容器（Text-Spacer-Text）-Divider-Text 布局。

需要注意的是 fixedSize 修饰器，这是我们第一次使用该修饰器。在当前的代码中，horizontal 参数的值为 false，vertical 参数的值为 true。代表不允许该 Text 在水平方向扩展，只允许其在垂直方向扩展，在预览窗口中的效果如图 8-10 所示。

图 8-10　GuideComponent 在预览窗口中的效果

8.5　创建指南视图页面

本节，我们将创建一个用于呈现使用指南的全新视图页面。在 View 文件夹中新建一个 SwiftUI 类型的文件，将其命名为 GuideView。修改 Body 部分的代码如下。

```
//MARK: - Body
var body: some View {
  ScrollView(.vertical, showsIndicators: false) {
    VStack(alignment: .center, spacing: 20) {
      HeaderComponent()
      
      Spacer(minLength: 10)
      
      Text("开始")
        .fontWeight(.black)
        .font(.largeTitle)
        .foregroundColor(.pink)
      
      Text("发现最美丽的目的地，只需要你动动手指头！")
        .lineLimit(nil)
        .multilineTextAlignment(.center)
    }
    .frame(minWidth: 0, maxWidth: .infinity)
    .padding(.top, 15)
    .padding(.bottom, 25)
    .padding(.horizontal, 25)
  }
}
```

在 GuideView 的 Body 中，我们使用纵向滚动视图组织用户界面，它的内部是 VStack 容器。在该容器中包含了 HeaderComponent 和两个 Text，中间使用 Spacer 撑开整个屏幕空间，效果如图 8-11 所示。

图 8-11　GuideView 在预览窗口中的效果

接下来，我们要在第二个 Text 的下面添加之前定义好的 GuideComponent 组件。

```
Text("发现最美丽的目的地，只需要你动动手指头！")
  .lineLimit(nil)
  .multilineTextAlignment(.center)
Spacer(minLength: 10)

VStack(alignment: .leading, spacing: 25) {
  GuideComponent(
    title: "喜爱",
    subtitle: "右滑照片",
    description: "如果你喜欢这张图片，就可以按住照片然后向右滑动，它将会保存到我的最爱之中。",
    icon: "heart.circle")

  GuideComponent(
    title: "不喜爱",
    subtitle: "左滑照片",
    description: "如果你不喜欢这张图片，就可以按住照片然后向左滑动，你将不会再看到它。",
    icon: "xmark.circle")

  GuideComponent(
    title: "预订",
    subtitle: "单击按钮",
    description: "如果你喜欢这个目的地，就可以单击按钮，和你的另一半度过一段美好的时光。",
    icon: "checkmark.square")
}

Spacer(minLength: 10)
Button(action: {

}, label: {
  Text("让我们继续")
    .font(.headline)
```

```
        .padding()
        .frame(minWidth: 0, maxWidth: .infinity)
        .background(
            Capsule().fill(Color.pink)
        )
        .foregroundColor(.white)
})
```

在这部分代码中,我们使用 VStack 容器组织了 3 个 GuideComponent 组件,分别用于说明左滑动、右滑动和按钮的作用。

我们在最后还添加了一个继续按钮,用于之后的操作。该视图在预览窗口中的效果如图 8-12 所示。

图 8-12　GuideView 在预览窗口中的效果

8.6　利用 Binding 实现视图之间的数据交换

本节,我们将学习如何使用 SwiftUI 的 Binding 封装属性。利用该属性,当用户在屏幕上单击"心中的目的地"按钮以后,可以从下方滑出一个窗口。

8.6.1 Binding 封装属性

@Binding 封装属性允许我们在视图内部声明一个属性值,并且可以将该值共享给另一个视图。一旦该值在某个视图中发生变化,就会影响到另一个视图。

首先让我们打开 FooterView 文件,在 Properties 部分创建一个被 Binding 封装的全局属性。

```
// MARK: - Properties
@Binding var showHeartAlert: Bool
```

我们会把该布尔类型的变量分享到 FooterView 和 ContentView 中。

然后继续修改 Preview 部分的代码,此时的 Preview 要求我们必须为 FooterView()提供一个参数。我们需要为 FooterView_Preview 添加一个被@State 封装的静态变量。

```
//MARK: - Preview
struct FooterView_Previews: PreviewProvider {
  @State static var showAlert: Bool = false
  static var previews: some View {
    FooterView(showHeartAlert: $showAlert)
      .previewLayout(.fixed(width: 375, height: 80))
  }
}
```

现在,我们已经在 FooterView 中创建了一个被 Binding 封装的属性值。接下来,我们需要实现当用户单击按钮后值会改变的功能。修改 Body 部分 Button 的 action 参数。

```
Button(action: {
  self.showHeartAlert.toggle()
}, label: {
  Text("心中的目的地")
    ……
})
```

一旦用户单击"心中的目的地"按钮,showHeartAlert 的值就会变为 true。至此,FooterView 中的代码全部修改完毕,接下来让我们打开 ContentView。

ContentView 中的编译器此时会报错,提示 FooterView 缺少 showHeartAlert 参数,如图 8-13 所示。因此,在 ContentView 的 Properties 部分需要添加一个变量属性。

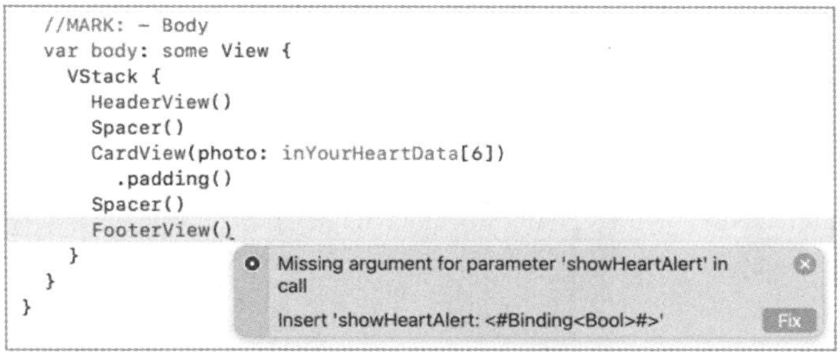

```
//MARK: - Body
var body: some View {
  VStack {
    HeaderView()
    Spacer()
    CardView(photo: inYourHeartData[6])
      .padding()
    Spacer()
    FooterView()
  }
}
```

> Missing argument for parameter 'showHeartAlert' in call
> Insert 'showHeartAlert: <#Binding<Bool>#>' Fix

图 8-13　ContentView 中的编译器报错

```
// MARK: - Properties
@State var showAlert = false
```

最后，我们将 Body 部分的 FooterView 的调用修改为 FooterView(**showHeartAlert: $showAlert**)。

这样我们就可以在两个视图之间共享 showAlert 布尔型变量了。需要注意的是，ContentView 中的变量名是 showAlert，而传递到 FooterView 中的变量名是 showHeartAlert，虽然变量名称不同，但是它们指向的值都是同一个。

在 ContentView 的 Body 部分，为 VStack 容器添加 alert 修饰器，当 showAlert 的值为 true 时，会显示一个提示窗口。

```
VStack {
  ......
  Spacer()
  FooterView(showHeartAlert: $showAlert)
} //: VStack
.alert(isPresented: $showAlert) {
  Alert(
    title: Text("成功！"),
    message: Text("希望你和你的小伙伴可以在这里度过一段令人难忘的美好时光。"),
    dismissButton: .default(Text("Have a Good Time")))
}
```

现在，我们可以在预览窗口中启动 Live 模式，单击"心中的目的地"按钮后，会看到弹出的提示窗口，效果如图 8-14 所示。

图 8-14 ContentView 在预览窗口中的效果

现在，让我们总结一下我们在本节所做的事情：在 ContentView 中，我们创建了一个被 @State 封装的 showAlert 变量，之所以用@State 封装，是因为该变量值的变化会影响用户界面（弹出提示窗口）。接下来，我们将 showAlert 以引用传递（变量名使用$前缀）的方式传递给了 FooterView。因为声明的时候 FooterView 被@Binding 封装，所以在接收到这个值以后，一旦用户在该视图中单击了"心中的目的地"按钮，就会通过 Button 的 action 参数将值设置为 true，进而 ContentView 中的 showAlert 的值也变为 true（showAlert 变量和 FooterView 中的 showHeartAlert 是同一个变量）。此时，我们就可以在 ContentView 中显示或关闭提示窗口了。

8.6.2 使用环境对象关闭视图

本节我们将继续使用 Binding 封装属性呈现一个视图页面，然后将其关闭。打开 HeaderView，在 Properties 部分为其添加一个新的 Binding 属性。在 Preview 部分添加相关参数。

```
// MARK: - Properties
@Binding var showGuideView: Bool
```

```
//MARK: - Preview
struct HeaderView_Previews: PreviewProvider {
  @State static var showGuideView = false
  static var previews: some View {
    HeaderView(showGuideView: $showGuideView)
      .previewLayout(.fixed(width: 375, height: 80))
  }
}
```

与 FooterView 的操作类似，在 Body 部分的 Button 按钮的 action 参数里面，将 showGuideView 的值修改为 true，并为其添加 sheet 修饰器，如果 showGuideView 的值为 true，则会滑出 GuideView 页面。

```
Button(action: {
  // 指南按钮的动作
  self.showGuideView.toggle()
}, label: {
  Image(systemName: "questionmark.circle")
    .font(.system(size: 24, weight: .regular))
})
.accentColor(.primary)
.sheet(isPresented: $showGuideView) {
  GuideView()
}
```

让我们回到 ContentView 页面，在 Properties 部分添加一个新的属性 showGuide。

```
// MARK: - Properties
@State var showAlert = false
@State var showGuide = false
```

同样，不要忘记在 Body 部分对 HeaderView 添加相应的参数 HeaderView (**showGuideView: $showGuide**)。如果你此时在预览窗口中启动 Live 模式，那么在 ContentView 页面中单击导航栏右侧的 Guide 按钮后，GuideView 将会从屏幕的底部滑入，如果想要关闭该页面，则可以按住 GuideView 的顶部空白处，将其向下拖曳至滑出屏幕。

目前还差最后一件事，就是当用户单击 "让我们继续" 按钮以后，可以使 GuideView 页面从屏幕底部自动滑出。在 GuideView 的 Properties 部分添加一个环境变量，并在 Body 部分的 Button 参数里面添加关闭当前页面的代码。

```
// MARK: - Properties
@Environment(\.presentationMode) var presentationMode

Button(action: {
  self.presentationMode.wrappedValue.dismiss()
```

```
}, label: {
```

让我们回到 **ContentView**，在预览窗口中启动 **Live** 模式，在单击按钮呈现 **GuideView** 以后，可以单击"让我们继续"按钮关闭该视图，效果如图 8-15 所示。

图 8-15　在 ContentView 中呈现 GuideView

8.6.3　生成信息导览页面视图

本节我们将会生成一个信息导览页面视图，该视图用于呈现应用程序及制作人的相关信息。在项目的 View 文件夹中新建一个 SwiftUI 类型的文件，并将其命名为 InfoView。

修改 Body 部分的代码如下。

```
// MARK: - Body
var body: some View {
  ScrollView(.vertical, showsIndicators: false) {
    VStack(alignment: .center, spacing: 20) {
      HeaderComponent()
    } //: VStack
    .frame(minWidth: 0, maxWidth: .infinity)
    .padding(.top, 15)
    .padding(.bottom, 25)
    .padding(.horizontal, 25)
```

```
    } //: ScrollView
}
```

在 Body 部分，我们利用垂直滚动视图来组织界面。其内部是 VStack 容器，目前里面只有一个 HeaderComponent 组件，效果如图 8-16 所示。

图 8-16　InfoView 在预览窗口中的效果

接下来，我们创建一个全新的自定义修饰器 TitleModifier，用它来修饰 InfoView 中标题的文字格式。

在项目中创建一个新的文件夹 Modifier，在该文件夹中新建一个 SwiftUI 类型文件，将其命名为 TitleModifier，修改文件中的代码如下。

```
import SwiftUI

struct TitleModifier: ViewModifier {
  func body(content: Content) -> some View {
    content
      .font(.title)
      .foregroundColor(.pink)
  }
}
```

通过上面的代码我们可以知道，自定义的 TitleModifier 修饰器的作用是设置内容的 font 和 foregroundColor 格式。

回到 InfoView 页面，在 Body 部分的 VStack 容器中 HeaderComponent 的下面添加如下代码。

```
VStack(alignment: .center, spacing: 20) {
  HeaderComponent()

  Spacer(minLength: 10)

  Text("应用程序信息")
    .fontWeight(.black)
    .modifier(TitleModifier())
```

```
HStack {
  Text("应用程序").foregroundColor(.gray)
  Spacer()
  Text("在你心中")
}

Text("职员表")
  .fontWeight(.black)
  .modifier(TitleModifier())

HStack {
  Text("照片提供人").foregroundColor(.gray)
  Spacer()
  Text("liuming")
}

Spacer(minLength: 10)

Button(action: {

}, label: {
  Text("让我们继续")
})
} //: VStack
```

目前 VStack 容器中的布局为 HeaderComponent-Spacer-Text-HStack 容器-Text- HStack 容器-Spacer-Button。效果如图 8-17 所示。

图 8-17　InfoView 在预览窗口中的效果

接着，为 Button 按钮添加修饰器，因为与 GuideView 中的 Button 风格一致，所以我们可以为其设置一个自定义修饰器。

在 Modifier 文件夹中新建一个 SwiftUI 类型文件，将其命名为 ButtonModifier，修改文件中的代码如下。

```
struct ButtonModifier: ViewModifier {
  func body(content: Content) -> some View {
    content
      .font(.headline)
      .padding()
      .frame(minWidth: 0, maxWidth: .infinity)
      .background(
        Capsule().fill(Color.pink)
      )
      .foregroundColor(.white)
  }
}
```

我们为 content 添加的修饰器与 GuideView 中 Button 的修饰器一致，所以先回到 GuideView 中，修改 Button 的 label 参数闭包如下。

```
Button(action: {
  self.presentationMode.wrappedValue.dismiss()
}, label: {
  Text("让我们继续")
    .modifier(ButtonModifier())
})
```

打开 InfoView，对 Button 做同样的操作。

```
Button(action: {

}, label: {
  Text("让我们继续")
    .modifier(ButtonModifier())
})
```

在设置好按钮风格以后，我们还需要将 InfoView 中的 HStack 容器转化为 Subview，这样不仅可以简化代码，而且更具可读性。

在 HStack 容器上面右击鼠标，在弹出的快捷面板中选择 **Extract Subview**，并将子视图名称修改为 **AppInfoView()**，如图 8-18 所示。在 InfoView 的底部，我们可以看到 AppInfoView 结构体，修改 Body 部分的代码如下。

```
struct AppInfoView: View {
  var body: some View {
    VStack(alignment: .leading, spacing: 10) {
      HStack {
```

```
            Text("应用程序").foregroundColor(.gray)
            Spacer()
            Text("在你心中")
        }
    }
  }
}
```

图 8-18 为 HStack 容器创建 Subview

还没有结束，我们需要将 AppInfoView 中的 HStack 容器再执行一次 Extract Subview 操作，并修改子视图名称为 **RowAppInfoview()**。

```
struct RowAppInfoView: View {
  // MARK: - Properties
  var itemOne: String
  var itemTow: String

  // MARK: - Body
  var body: some View {
    VStack{
      HStack {
        Text(itemOne).foregroundColor(.gray)
        Spacer()
        Text(itemTow)
      } //: HStack
      Divider()
```

```
    } //: VStack
  }
}
```

在上面的代码中,我们利用 VStack 容器组织用户界面,设置了两个变量属性,用于呈现两个 Text 的内容。

最后,让我们返回 AppInfoView 中,将 Body 的代码修改为下面的样子。

```
struct AppInfoView: View {
  var body: some View {
    VStack(alignment: .leading, spacing: 10) {
      RowAppInfoView(itemOne: "应用程序", itemTow: "在你心中")
      RowAppInfoView(itemOne: "兼容性", itemTow: "iPhone")
      RowAppInfoView(itemOne: "开发者", itemTow: "liuming / Oscar")
      RowAppInfoView(itemOne: "设计者", itemTow: "liuming / Happy")
      RowAppInfoView(itemOne: "网址", itemTow: "liuming.cn")
      RowAppInfoView(itemOne: "版本", itemTow: "1.0.0")
    }
  }
}
```

在预览窗口中启动 Live 模式,效果如图 8-19 所示。

图 8-19　InfoView 在预览窗口中的效果

8.6.4 实现 InfoView 的呈现和关闭

仿照之前的 GuideView 中的 showGuideView 属性，在 HeaderView 中添加一个 showInfoView 属性。

```
// MARK: - Properties
@Binding var showGuideView: Bool
@Binding var showInfoView: Bool

//MARK: - Preview
struct HeaderView_Previews: PreviewProvider {
  @State static var showGuideView = false
  @State static var showInfoView = false

  static var previews: some View {
HeaderView(
    showGuideView: $showGuideView,
    showInfoView: $showInfoView)
    .previewLayout(.fixed(width: 375, height: 80))
  }
}

//MARK: - Body
var body: some View {
  HStack {
    Button(action: {
      // 信息按钮的动作
      self.showInfoView.toggle()
    }, label: {
      Image(systemName: "info.circle")
        .font(.system(size: 24, weight: .regular))
    })
.accentColor(.primary)
.sheet(isPresented: $showInfoView) {
  InfoView()
}
```

在 HeaderView 中，我们一共在 3 个地方修改了代码，从而保证被 Binding 封装的属性可以正常使用。

让我们回到 ContentView，在 Properties 部分添加一个属性 showInfo，在 Body 部分修改 HeaderView() 的参数，代码如下。

```
// MARK: - Properties
@State var showAlert = false
```

```
@State var showGuide = false
@State var showInfo = false

//MARK: - Body
var body: some View {
  VStack{
    HeaderView(showGuideView: $showGuide, showInfoView: $showInfo)
```

最后，我们还需要在 InfoView 中添加环境变量，用于关闭当前视图。

```
// MARK: - Properties
@Environment(\.presentationMode) var presentationMode

// MARK: - Body
……
Button(action: {
  self.presentationMode.wrappedValue.dismiss()
}, label: {
  Text("让我们继续")
    .modifier(ButtonModifier())
})
```

回到 ContentView，并在 ContentView 中启动 Live 模式，可以看到如图 8-20 所示的效果。

图 8-20　ContentView 在预览窗口中的效果

8.7 照片卡牌

通过前面的学习，我们已经为这个应用程序做好了所有的前期准备工作。本节，我们将重点关注如何制作照片卡牌。关于照片卡牌的制作，会涉及一些比较高级的编程内容，如果你目前才刚刚开始接触 Swift 或 SwiftUI，可能会对某些代码感到困惑，不过没有关系，随着不断地深入学习和实践，相信你会对之前不理解的地方有所感悟。

所谓照片卡牌，就是将应用程序提供的世界各地的图片上下叠放在一起，我们可以通过向左或向右拖曳照片来表示不喜欢还是喜欢。一旦用户松开手，位于后面的照片就会顶替当前的照片。

当我们在拖曳照片时，用户界面会发生如下事件。

1. 隐藏界面中的 Header 和 Footer 部分。
2. 将顶部的照片按比例缩小。
3. 旋转顶部的照片到一个特定角度。
4. 在照片上显示桃心或叉子图标。
5. 播放一段音效。
6. 用下一张照片顶替之前的照片。

如果完成上述操作，那么整个视觉效果就像发扑克牌一样真实。

8.7.1 创建照片卡牌

我们需要让 CardView 结构体符合 Identifiable 协议，这样才可以在后面实现一个照片卡牌数组。打开 CardView 文件，修改代码如下。

```
struct CardView: View, Identifiable {
 //MARK: - Properties
 let id = UUID()
 var photo: Destination
 ……
```

因为在该结构体中已经定义了 id 属性，所以在添加 Identifiable 协议后编译器不会报任何错误。

接下来，打开 ContentView 文件，并在 Properties 部分添加一个计算属性 cardViews。

```
// MARK: - CardViews
var cardViews: [CardView] = {
  var views = [CardView]()

  for photo in inYourHeartData {
    views.append(CardView(photo: photo))
  }
  return views
}()
```

在上面的计算属性中，我们先定义了一个 CardView 类型的数组，然后通过 for 循环遍历 inYourHeartData 数组，并最终返回 CardView 数组。

在 Body 部分，使用下面的代码替换之前包含 CardView 的代码。

```
VStack {
  // MARK: - Header
  HeaderView(showGuideView: $showGuide, showInfoView: $showInfo)
  Spacer()

  // MARK: - Cards
  ZStack {
    ForEach(cardViews) { cardView in
      cardView
    }
  }
  .padding(.horizontal)
  Spacer()

  // MARK: - Footer
  FooterView(showHeartAlert: $showAlert)
} //: VStack
```

此时，在预览窗口中仅能看到位于数组中最后的一张照片卡牌，如图 8-21 所示。这是因为所有的照片卡牌都在 ZStack 容器中，被一张张地堆叠起来了。

图 8-21　ContentView 在预览窗口中的效果

8.7.2　对照片卡牌的改进

虽然我们已经在 ContentView 中成功呈现了所有的照片卡牌，但是从程序逻辑角度来说还不尽完美。我们希望照片卡牌按照 cardViews 数组的索引值从前往后的顺序呈现，另外，考虑到资源占用的问题，在任何时刻我们只需要显示两张照片卡牌即可。这样的话，即便需要呈现上千张照片卡牌，也不会占用太多的系统资源。

第一个问题的解决方案是利用 SwiftUI 的 zIndex 修饰器，在修饰器中可以设定 ZStack 容器中视图的前后次序。数值较高的 zIndex 视图会呈现在 ZStack 容器的顶部，而低数值的 zIndex 视图会被排在后面。让我们在 ContentView 中添加一个函数。

```
// MARK: - Top Card
private func isTopCard(cardView: CardView) -> Bool {
  guard let index = cardViews.firstIndex(where: {$0.id == cardView.id})else {
    return false
  }
  
  return index == 0
}
```

在 isTopCard() 方法中，我们通过 firstIndex() 方法搜索 cardViews 数组中第一个符合预设条件的元素。where 参数代表预设条件，即数组中每个元素对象（$0 代表的值）的 id 都等于传递进来的 cardView 参数的 id。如果在数组中没有这个索引值，则直接返回 false；如果有，则判断该索引值是否等于 0，即该元素是否在 cardViews 数组的顶部，如果在顶部，则返回 true，否则返回 false。

继续修改 Body 部分的代码如下。

```
// MARK: - Cards
ZStack {
  ForEach(cardViews) { cardView in
    cardView
      .zIndex(self.isTopCard(cardView: cardView) ? 1 : 0)
  }
}
```

在 ZStack 容器中，我们为 cardView 添加 zIndex 修饰器，一旦当前的 cardView 的 id 与 cardViews 数组的第一个元素的 id 一致，就将其 zIndex 值设置为 1，否则设置为 0。

调整过代码后，在预览窗口中，我们可以看到位于数组中首位的"定都阁"照片卡牌会呈现到视图的顶端，而其他照片会出现在它的下方。

接下来，需要解决第二个问题。我们需要初始化两个 cardView 视图对象，然后通过 zIndex 修饰器设置其前后顺序即可。在 cardViews 计算属性中修改代码如下。

```
// MARK: - CardViews
var cardViews: [CardView] = {
  var views = [CardView]()

  for index in 0..<2 {
    views.append(CardView(photo: inYourHeartData[index]))
  }
  return views
}()
```

此时的 for 循环只会执行两次，index 的值分别为 0 和 1，在循环体内部，我们只会将 inYourHeartData 数组中索引值为 0 和 1 的元素添加到 cardViews 中。

8.7.3　实现左右滑动手势

本节我们将在 SwiftUI 中实现左右滑动手势的操作。本节涉及的手势一般包括 3 种状态：

闲置、按住和拖曳。我们在 ContentView 的 Properties 部分新添加一个枚举定义。

```
//MARK: - Drag States
enum DragState {
  case inactive
  case pressing
  case dragging(translation: CGSize)
}
```

这里所定义的 DragState 枚举包含 3 种情况。inactive 代表没有任何手势操作；pressing 代表用户单击屏幕的手势；dragging 则代表真正的拖曳手势发生后的状态。

接下来，我们还需要在枚举中添加一些变量。

```
//MARK: - Drag States
enum DragState {
  case inactive
  case pressing
  case dragging(translation: CGSize)

  // 在拖曳状态下该变量会返回矩形变化后的尺寸
  var translation: CGSize {
    switch self {
    case .inactive, .pressing:
      return .zero
    case .dragging(let translation):
      return translation
    }
  }

  // 是否处于拖曳状态
  var isDragging: Bool {
    switch self {
    case .inactive, .pressing:
      return false
    case .dragging:
      return true
    }
  }

  // 是否处于按压状态
  var isPressing: Bool {
    switch self {
    case .pressing, .dragging:
      return true
    case .inactive:
```

```
            return false
        }
    }
}
```

该枚举一共有 3 种状态：inactive、pressing 和 dragging，我们通过这 3 种状态来呈现长按和拖曳手势期间的状态。dragging 状态与拖曳的位移（translation）有关。对于枚举中的 translation 变量，当 DragState 状态为 dragging 时，我们会返回一个 CGSize 类型的尺寸，用以调整照片卡片的大小。isDragging 和 isPressing 两个变量分别用于判断当前用户的手势是拖曳还是按压。

在枚举创建好以后，修改 Body 部分的代码，当用户执行按压或拖曳手势的时候，设置 Header 和 Footer 的透明度为 0。

```
// MARK: - Header
HeaderView(showGuideView: $showGuide, showInfoView: $showInfo)
  .opacity(dragState.isDragging ? 0.0 : 1.0)
  .animation(.default)
……
// MARK: - Footer
FooterView(showHeartAlert: $showAlert)
  .opacity(dragState.isDragging ? 0.0 : 1.0)
  .animation(.default)
```

接下来是最关键的一步，我们需要为 cardView 添加 gesture 修饰器，该修饰器的设置有些复杂和不好理解，但是随着不断地深入学习，相信你会逐步理解每一行代码的意义。

```
cardView
  .zIndex(self.isTopCard(cardView: cardView) ? 1 : 0)
  .gesture(
    LongPressGesture(minimumDuration: 0.01)
      .sequenced(before: DragGesture())
      .updating(self.$dragState, body: { (value, state, translation) in
        switch value {
        case .first(true):
          state = .pressing
        case .second(true, let drag):
          state = .dragging(translation: drag?.translation ?? .zero)
        default:
          break
        }
      })
  )
```

在 gesture 修饰器里面，我们定义了长按手势（LongPressGesture），不仅如此，这里还利用 sequenced 修饰器将两种手势组合成一个全新的手势。这意味着在当前的代码中，一旦用户长按 cardView 的时间在 0.01s 以上，并且开始了拖曳操作，程序就会认为当前用户激活了这个全新的长按+拖曳的组合手势。

之后的 updating 修饰器的作用在于，一旦手势的值发生了变化，就会更新手势的状态属性。当前的状态属性是 dragState，因为要更新它的状态，所以要为其加上$前缀。

updating 修饰器的第 1 个参数是 dragState 属性变量，它会随着手指在屏幕上的移动而发生值的变化。第 2 个参数 body 是手势变化值的回调闭包，它包含 3 个参数。第 1 个参数 value 代表更新后的手势状态。第 2 个参数 state 代表之前的手势状态。第 3 个参数 translation 代表手势的相关信息数据。

在 body 参数的闭包代码中，我们会通过 switch 判断当前的手势是否为组合手势的第 1 手势（长按），如果为真则将 state 更新为 pressing。如果当前手势为第 2 手势，则让 state 更新为 dragging，并且还携带 drag 参数，代表拖曳的相关参数。

在配置好 gesture 修饰器以后，就可以为 cardView 添加如下几个外观调整的修饰器了。

```
cardView
  .zIndex(self.isTopCard(cardView: cardView) ? 1 : 0)
  .offset(x: self.dragState.translation.width,
          y: self.dragState.translation.height)
  .scaleEffect(self.dragState.isDragging ? 0.85 : 1.0)
  .rotationEffect(Angle(degrees:   Double(self.dragState.translation.width   /
12)))
  .animation(.interpolatingSpring(stiffness: 120, damping: 120))
  .gesture(
  ……
```

offset 修饰器负责在拖曳的时候，设置 cardView 的位置偏移，translation.width 代表横向拖曳的偏移量，translation.height 代表纵向拖曳的偏移量。scaleEffect 修饰器负责在拖曳的时候设置 cardView 的尺寸大小为正常的 0.85 倍。rotationEffect 修饰器负责在拖曳的时候设置 cardView 的旋转角度。animation 修饰器设置动画的效果为弹簧。

此时，在预览窗口中启动 Live 模式，在 cardView 上拖曳鼠标，可以看到如图 8-22 所示的效果。

图 8-22　在 cardView 上执行拖曳操作后的效果

目前还有一个需要解决的问题就是当我们在拖曳 cardView 时，前后两张照片卡牌会被同时执行拖曳操作，因此我们需要借助 isTopCard()方法，仅针对顶部的照片卡牌应用相关的修饰器。

修改 cardView 的修饰器代码如下。

```
cardView
  .zIndex(self.isTopCard(cardView: cardView) ? 1 : 0)
  .offset(
    x: isTopCard(cardView: cardView) ? self.dragState.translation.width : 0,
    y: isTopCard(cardView: cardView) ? self.dragState.translation.height : 0)
  .scaleEffect(isTopCard(cardView: cardView) && self.dragState.isDragging ?
    0.85 : 1.0)
  .rotationEffect(Angle(degrees: isTopCard(cardView: cardView) ?
    Double(self.dragState.translation.width / 12) : 0))
  .animation(.interpolatingSpring(stiffness: 120, damping: 120))
```

在预览窗口中启动 Live 模式，可以看到如图 8-23 所示的效果。

图 8-23 在 cardView 上执行拖曳操作后的效果

8.7.4 显示喜爱或不喜爱的图标

在我们成功地实现了拖曳 cardView 的功能后，还需要在被拖曳的视图上面呈现两种不同的图标。

继续为 ContentView 中的 cardView 添加 overlay 修饰器。

```
cardView
  .zIndex(self.isTopCard(cardView: cardView) ? 1 : 0)
  .overlay(
    // 叉子图标
    Image(systemName: "x.circle")
      .foregroundColor(.white)
      .font(.system(size: 128))
      .shadow(color: Color(UIColor(red: 0, green: 0, blue: 0, alpha: 0.2)),
radius: 12, x: 0, y: 0)
  )
  ……
```

通过 overlay 修饰器，我们为每一个 cardView 都添加了叉子图标。我们可以利用自定义修饰器将代码简化。

在 Modifier 文件夹中新建一个 Swift 类型的文件，并将其命名为 SymbolModifier，修改其代码如下。

```
struct SymbolModifier: ViewModifier {
  func body(content: Content) -> some View {
    content
      .foregroundColor(.white)
      .font(.system(size: 128))
      .shadow(color: Color(UIColor(red: 0, green: 0, blue: 0, alpha: 0.2)),
radius: 12, x: 0, y: 0)
  }
}
```

让我们回到 ContentView，并修改之前的 overlay 修饰器如下。

```
.overlay(
  ZStack{
    // 叉子图标
    Image(systemName: "x.circle")
      .modifier(SymbolModifier())

    // 桃心图标
    Image(systemName: "heart.circle")
      .modifier(SymbolModifier())
  }
)
```

通过 ZStack 容器，目前的 cardView 会在顶部同时呈现叉子与桃心两个图标，如图 8-24 所示。

图 8-24　cardView 的显示效果

接下来，我们需要解决的问题是：在什么情况下需要呈现叉子图标？又在什么情况下需要呈现桃心图标？在 Properties 部分添加一个单精度常量 dragArea，并设置其值为 65.0。一旦 gesture 的 translation 的 width 大于 65 或小于-65，就会呈现不同图标。

```
// MARK: - Properties
private let dragArea: CGFloat = 65.0
```

```
.overlay(
  ZStack{
    // 叉子图标
    Image(systemName: "x.circle")
      .modifier(SymbolModifier())
      .opacity(dragState.translation.width < -dragArea && isTopCard(cardView: cardView) ? 1.0 : 0)

    // 桃心图标
    Image(systemName: "heart.circle")
      .modifier(SymbolModifier())
      .opacity(dragState.translation.width > dragArea && isTopCard(cardView: cardView) ? 1.0 : 0)
  }
)
```

对于两个 Image 的 opacity 修饰器，如果拖曳的位移大于 65 点或者小于-65 点，并且 cardView 属于顶部卡牌，就会呈现相应的图标。

8.8 移除和添加照片卡牌

本节，我们将通过编写一个函数来实现移除与添加照片卡牌的功能。

首先，在 ContentView 中的 Properties 部分添加一个变量 lastCardIndex，然后为 cardView 计算属性添加@State 封装，因为我们需要在 cardViews 数组发生变化的时候更新用户界面。

```
// MARK: - Properties
@State private var lastCardIndex = 1

// MARK: - CardViews
@State var cardViews: [CardView] = {
  var views = [CardView]()
  ……
}()
```

接下来，我们需要再添加一个 moveCards() 方法。

```
// MARK: - 移动卡片
private func moveCards() {
  cardViews.removeFirst()
  
  self.lastCardIndex += 1
  
  let inYourHeart = inYourHeartData[lastCardIndex % inYourHeartData.count]
  let newCardView = CardView(photo: inYourHeart)
  cardViews.append(newCardView)
}
```

在 moveCards() 方法中，先移除 cardViews 中位于顶部的卡片视图，然后将索引值加 1。重点在于后面两行代码，先从 inYourHeartData 数组中取出索引值为 lastCardIndex 的照片信息，将其初始化为 CardView 类型的视图，再添加到 cardViews 数组中。

最后，我们还需要为 gesture 修饰器添加一个 onEnded，一旦用户完成照片卡牌的拖曳操作，就会进行卡牌移除或保持原样的相关操作。

```
LongPressGesture(minimumDuration: 0.01)
  .sequenced(before: DragGesture())
  .updating(self.$dragState, body: { (value, state, translation) in
    ......
  })
  .onEnded( { (value) in
    guard case .second(true, let drag?) = value else { return }
    
    if drag.translation.width < -dragArea || drag.translation.width > dragArea {
      moveCards()
    }
}))
```

当用户完成拖曳操作后，可以利用 onEnded 获取相关信息，一旦偏移量大于 65 或小于-65 则执行 moveCards() 方法。

在预览窗口中启动 Live 模式，我们可以测试拖曳照片卡牌的运行效果。

通过本章的学习，我们继续巩固了使用 Xcode 12 创建 iOS 应用程序的方法，为项目创建启动画面，并构建独立的卡片视图页面。使用 SwiftUI 为项目创建 Header 和 Footer 视图，创建可复用视图组件。本章，我们还学会了有关 Binding 的知识，使用计算属性实现照片卡牌组，利用 SwiftUI 实现滑动手势，在滑动的过程中显示喜爱或者不喜爱的图标等。